工业污染防治实用技术丛书

环境管理与清洁生产

HUANJING GUANLI YU
HQINGJIE SHENGCHAN

万玉山 张志军 主编

中国石化出版社

内 容 提 要

　　本书以环境管理和清洁生产理论为指导,从资源、环境与经济发展的矛盾入手,引出环境管理和清洁生产的概念,系统、简洁地介绍了环境管理和清洁生产的主要内容。

　　本书强调逻辑的完整性、章节的独立性以及内容的实用性,可供从事环境保护工作的管理人员、技术人员使用,也可供普通高等院校相关专业师生参考。

图书在版编目（CIP）数据

　　环境管理与清洁生产 / 万玉山,张志军主编.
—北京:中国石化出版社,2013.4
　　(工业污染防治实用技术丛书)
　　ISBN 978 - 7 - 5114 - 1970 - 5

　　Ⅰ.①环… Ⅱ.①万… ②张… Ⅲ.①企业环境管理 -
研究 ②企业管理 - 生产管理 - 无污染工艺 - 研究 Ⅳ.①X322②F273

　　中国版本图书馆 CIP 数据核字（2013）第 065100 号

中国石化出版社出版发行
地址:北京市东城区安定门外大街58号
邮编:100011　电话:(010)84271850
读者服务部电话:(010)84289974
http://www. sinopec-press. com
E-mail:press@ sinopec. com
北京科信印刷有限公司印刷
全国各地新华书店经销

*

787 × 1092 毫米 16 开本 15 印张 357 千字
2013 年 5 月第 1 版　2013 年 5 月第 1 次印刷
定价:50. 00 元

《工业污染防治实用技术丛书》

编 委 会

保护环境关系到我国现代化建设的全局和长远发展，是造福当代、惠及子孙的事业。党中央、国务院历来重视环境保护工作，把保护环境作为一项基本国策，把可持续发展作为一项重大战略。党的十六大以后，我们提出树立科学发展观、构建社会主义和谐社会的重要思想，提出建设资源节约型、环境友好型社会的奋斗目标。这是我们党对社会主义现代化建设规律认识的新飞跃，也是加强环境保护工作的根本指导方针。

近年来，我们在推进经济发展的同时，采取一系列措施加强环境保护，取得积极进展。在资源消耗和污染物产生量大幅度增加的情况下，环境污染和生态破坏加剧的趋势减缓，部分流域区域污染治理取得初步成效，部分城市和地区环境质量有所改善，工业产品的污染排放强度有所下降。对于环境保护工作的成绩应予充分肯定。

同时，必须清醒地看到，我国环境形势依然十分严峻。长期积累的环境问题尚未解决，新的环境问题又在不断产生，一些地区环境污染和生态恶化已经到了相当严重的程度。主要污染物排放量超过环境承载能力，水、大气、土壤等污染日益严重，固体废物、汽车尾气、持久性有机物等污染持续增加。流经城市的河段普遍遭到污染，1/5 的城市空气污染严重，1/3 的国土面积受到酸雨影响。全国水土流失面积 356 万平方公里，沙化土地面积 174 万平方公里，90% 以上的天然草原退化，生物多样性减少。特别是 2013 年初以来北京等多地连续多天发生雾霾天气，一度覆盖全国约七分之一的陆地面积，空气污染十分严重。发达国家上百年工业化过程中分阶段出现的环境问题，在我国已经集中出现。生态破坏和环境污染，造成了巨大的经济损失，给人民生活和健康带来严重威胁，必须引起我们高度警醒。

深刻的历史教训和严峻的现实告诫我们，绝不能以牺牲后代的利益来求得经济一时的快速发展。作为我国环境污染重要来源的工业企业，理应十分重视环境保护工作，积极实施可持续发展战略，追求经济与环境的协调发展；严格遵守国家的环保法规、政策、标准，积极推行清洁生产，恪守保护环境的社会承诺；以科学发展观为指导，以实现环保稳定达标和污染物持续减排为目标，继续加大污染整治力度，全面推行清洁生产，大力发展循环经济，努力创建资源节约型、环境友好型企业。

大力推进科技进步和技术创新，研究和推广清洁生产是工业企业污染防治的关键。要综合解决目前工业企业发展中面临的资源浪费和环境污染等比较突出的问题，唯一出路就是建立资源节约型工业生产体系，走新型工业化道路。企业要在全面落实国家环境保护方针政策、强化环境保护管理的同时，针对废气、废水、废渣、噪声等主要工业污染源，开展污染控制的技术攻关，评估工业污染防治措施实施的效果，推广清洁生产、环境生物等替代技术。将企业的经济效益、社会效益和环境效益有机地结合，树立中国企业诚信守则、关注社会的良好形象。

多年来，常州大学依托石油化工行业特点开展环境保护人才培养和科学研究，积累了一定的经验，取得了一定的成果。现在，在中国石化出版社的支持下，常州大学组织学者编撰《工业污染防治实用技术丛书》，分别介绍废气、废水、废渣、噪声等主要工业污染源治理，环境影响评估、清洁生产、环境生物等技术的新成果，旨在推介环保实用技术，促进工业环保事业，彰显环保科技工作者的社会责任，实在是一件值得称道和鼓励的幸事。

愿各位同仁共同交流，加强环境保护理论和技术总结、交流与合作；愿我们携手努力，为提高全人类的生活水平和保护子孙后代的利益贡献力量，为祖国的碧水蓝天不断作出新的贡献。

中国环境科学研究院研究员
国家环境保护总局科技顾问委员会副主任
中国工程院院士

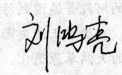

2013 年 3 月 30 日

前　言

Preface

　　我国人口众多，资源总量虽然很大，但人均占有量较少。随着经济快速发展，加上目前我国粗放型的经济增长方式尚未根本改变，造成资源浪费大，消耗高、利用率低。水、土地、石油、天然气、煤炭等资源不足的矛盾日益突出，形成国内供给不足，资源的对外依存度不断攀升。我国目前的环境污染既有传统的工业污染，又有居民日常生活产生的生活污染，以及农业施肥、畜禽养殖造成的面源污染。发达国家在过去一百多年发展历程中形成的环境问题，在我国三十年的快速发展中集中显现出来。在资源和环境的双重压力下，我国经济要保持快速健康发展，唯一的出路就是强化环境管理和实施清洁生产。

　　环境管理是伴随着人类活动而逐渐产生和发展起来的，它是一种人类管理自身行为的行为活动，它的实质是通过管理人类作用于环境的各种活动，达到保护环境和促进人类健康和谐发展的目的。长期的环境管理实践使人类逐渐积累了丰富的环境管理知识，通过对这些知识的归纳、总结和提炼，建立起了环境管理的理论和方法体系，然后再用于指导人们的环境管理活动。

　　清洁生产是将综合预防的环境策略持续地应用于生产过程和产品中，以便减少对人类和环境的风险。对生产过程而言，包括节约能源，淘汰有毒原料，在全部排放物和废物离开生产过程以前减少它们的数量和毒性；对产品而言，旨在减少产品在整个生产周期过程中对人类和环境的影响。清洁生产是一种新的创造性思想，该思想将整体预防的环境战略持续应用到生产过程、产品和服务中，用以增加生态效率。

　　根据国家的有关法律法规的要求，应将环境管理和清洁生产课程纳入高等教育、职业教育和技术培训体系，本书是在这一背景下，根据教学心得和体会编写的。

本书是在常州大学教改基金的资助下，在中国石化出版社的支持下，由常州大学万玉山(第1章第2、3节，第2、3、4、5、6章)、张志军(第1章第1节，第7、8、9、10、11、12章)编著，万玉山负责统稿。陈海群、张平、李娜、施健、黄勇、宋志琪、刘伟锋、代坤、王林、钱茂公、冯琳琳等也参与了编写工作。在编写过程中，参考、引用了大量国内外文献资料，在此向文献作者们表示诚挚的谢意。

由于编者学识有限，书中不当之处在所难免，敬请批评指正。

目 录 ·····

Contents

第一章 环境管理概述

第一节 环境问题及其危害

环境问题一般是指由于自然原因或人类的活动，使环境质量下降或生态系统失调，对人类及其他生物的生存与发展造成影响和破坏的现象。

一、环境问题的产生及其危害

环境问题贯穿于人类发展的整个阶段。但在不同历史阶段，由于生产方式和生产力水平的差异，环境问题的类型、影响范围和程度也不尽一致。依据环境问题产生的先后次序和轻重程度，环境问题的发生与发展，可大致分为三个阶段：自人类出现直至工业革命为止，早期环境问题阶段；从工业革命到 1984 年发现南极臭氧空洞为止，是近现代环境问题阶段；从 1984 年发现南极臭氧空洞，引起第二次世界环境问题高潮至今，为当代环境问题阶段。

在农业革命以前，人与自然的关系曾经历了一次历史性的、以能够利用"制造工具用的工具"为标志的大转折。伴随着火的利用和工具的制造以及农业的发展，人口出现了历史上第一次爆发性增长，由距今 1 万年前的旧石器时代末期的 532 万人增加到距今 2000 年前后的 1.33 亿人。人类利用和改造环境的力量与作用越来越大了，与此同时也产生了相应的环境问题。主要是通过大面积砍伐森林、开垦草原来扩大耕种面积，导致大量已开垦的土地生产力下降，水土流失加剧，大片肥沃的土地逐渐变成了不毛之地。为了农业灌溉的需要，水利事业得到了发展，但又往往引起土壤盐渍化和沼泽化等。生态环境的不断恶化，不仅直接影响到人们的生活，在很大程度上影响到人类文明的进程。尼罗河流域的古埃及文明、底格里斯 - 幼发拉底两河流域的古巴比伦文明、古印度文明、地中海地区各个国家的文明、玛雅文明、我国的黄河流域等，无一不是走过了"人口增长——过度开垦、无休止地砍伐森林——生态破坏——衰落"的过程。

18 世纪中叶，以蒸汽机发明而兴起的工业革命，给人类带来工业化、城市化和科学技术的进步，进入 20 世纪，电的发明以及在工业的应用，使得人类的生产力大幅度增长。然而，随着工业化的不断深入，工业生产排放的废弃物无节制地排入环境，污染问题和生态破坏也以前所未有的速度发展，终于形成了大面积乃至全球性公害。20 世纪 50 ~ 60 年代开始，污染事件层出不穷，其中，最有名的是所谓"八大公害事件"，如表 1 - 1 所示。

到目前为止，已经威胁人类生存并已被人类认识到的环境问题主要有：全球变暖、臭氧层破坏、酸雨、淡水资源危机、能源短缺、森林资源锐减、土地荒漠化、物种加速灭绝、垃圾成灾、有毒化学品污染等方面。

表 1-1 "八大公害事件"

事件名称	事件过程	原 因
马斯河谷事件	1930 年 12 月初，比利时马斯河谷的气温发生逆转，工厂排出的有害气体和煤烟粉尘，在附近的大气层中积聚。三天后，开始有人发病，一周内，60 多人和许多家畜死亡	由于几种有害气体和煤烟粉尘污染的综合作用所致，当时的大气中二氧化硫浓度高达 25～100 mg/m³
多诺拉事件	1948 年 10 月 26～31 日，美国宾夕法尼亚州的多诺拉小镇，大部分地区持续有雾，致使全镇 43% 的人口 (5911 人) 相继发病，其中 17 人死亡	由二氧化硫与金属元素、金属化合物相互作用所致
伦敦烟雾事件	1952 年 12 月 5～8 日，素有"雾都"之称的英国伦敦，突然有许多人患起呼吸系统疾病，并有 4000 多人相继死亡。此后两个月内，又有 8000 多人死亡	当时大气中尘粒浓度高达 4.46mg/m³，是平时的 10 倍，二氧化硫浓度是平时的 6 倍
洛杉矶光化学烟雾	1936 年在洛杉矶开采出石油后，刺激了当地汽车业的发展。至 20 世纪 40 年代初期，洛杉矶市已有 250 万辆汽车，每天消耗约 1600 万 L 汽油，大量光化学烟雾引发眼病、喉头炎和头痛等症状，致使当地死亡率增高，同时又使远在百里之外的柑橘减产，松树枯萎	由于汽车汽化率低，每天有大量碳氢化合物排入大气中，受太阳光的作用，形成了浅蓝色的光化学烟雾
水俣病事件	1908 年起日本九州南部水俣市一家生产氮肥的工厂，产生的甲基汞化合物直接排入水俣湾。从 1950 年开始，先是发现"自杀猫"，后是有人生怪病，因医生无法确诊而称之为"水俣病"	此病是由于食用水俣湾的鱼而引起。猫和人食用了这种被污染的鱼后中毒
富山事件	20 世纪 50 年代日本三井金属矿业公司在富山平原的神通川上游开设炼锌厂，所排废水被用来灌溉农田，许多人因此而中毒，全身疼痛，故称"骨痛症"。据统计，在 1963 年至 1968 年 5 月，共有确诊患者 258 人，死亡人数达 128 人	该厂排入神通川的废水中含有金属镉，被用来灌溉农田，使稻米含镉。许多人因食用含镉的大米和饮用含镉的水而中毒
四日事件	20 世纪 50～60 年代，日本四日市东部沿海许多居民患上哮喘等呼吸系统疾病而死亡。到 1970 年，患者已达 500 多人	四日市设立了多家石油化工厂，这些工厂排放大量含二氧化硫、金属粉尘的废气
米糠油事件	1968 年，日本九州爱知县一带 5000 余人食用米糠油后中毒，并有 16 人死亡。与此同时，用生产米糠油的副产品黑油做家禽饲料，又使数十万只鸡死亡	在生产米糠油过程中，由于生产失误，米糠油中混入了多氯联苯

(一) 全球变暖

全球变暖是指全球气温升高。近 100 多年来，全球平均气温经历了冷-暖-冷-暖两次波动，总体呈上升趋势。进入 20 世纪 80 年代后，全球气温明显上升。1981～1990 年全球平均气温比 100 年前上升了 0.48℃。导致全球变暖的主要原因是人类在近一个世纪以来的工业过程排放出大量的 CO_2 等多种温室气体，这些温室气体对来自太阳辐射的短波具有高度的透过性，而对地球反射出来的长波辐射具有高度的吸收性，形成"温室效应"，导致全球气候变暖。全球变暖的后果，会使全球降水量重新分配、冰川和冻土消融、海平面上升等，既危害自然生态系统的平衡，又威胁人类的食物供应和居住环境。

（二）臭氧层破坏

人类生产和生活所排放出的一些污染物，如作为制冷剂的氟氯烃类化合物以及其它用途的氟溴烃类等化合物，它们受到紫外线的照射后可被激化，形成活性很强的原子，与地球大气层近地面约 $20 \sim 30 km$ 的臭氧层的臭氧（O_3）作用，使其变成氧分子（O_2），这种作用连锁般地发生，臭氧迅速耗减，使臭氧层遭到破坏，丧失吸收紫外线、阻挡太阳紫外辐射对地球生物伤害的作用。

（三）酸雨

酸雨是由于空气中二氧化硫（SO_2）和氮氧化物（NO_x）等酸性污染物引起的 pH 值小于 5.6 的酸性降水。

酸雨在 20 世纪 $50 \sim 60$ 年代最早出现于北欧及中欧，当时北欧的酸雨是欧洲中部工业酸性废气迁移所至。70 年代以来，全世界使用矿物燃料的量有增无减，也使得受酸雨危害的地区进一步扩大。全球受酸雨危害严重的有欧洲、北美及东亚地区。

（四）淡水资源危机

地球表面虽然 2/3 被水覆盖，但是 97% 为无法饮用的海水，只有不到 3% 是淡水，其中又有 2% 封存于极地冰川之中。在仅有的 1% 淡水中，25% 为工业用水，70% 为农业用水，只有很少的一部分可供饮用和其他生活用途。然而，在这样一个缺水的世界里，水却被大量滥用、浪费和污染。加之区域分布不均匀，致使世界上缺水现象十分普遍，全球淡水危机日趋严重。

联合国可持续发展委员会确定的用水紧张线为 1 750m³/（人·年），严重缺水线为 500 m³/（人·年）。目前世界上 100 多个国家和地区缺水，其中 28 个国家被列为严重缺水的国家和地区。预测再过 $20 \sim 30$ 年，严重缺水的国家和地区将达 $46 \sim 52$ 个，缺水人口将达 $28 \sim 33$ 亿人。

（五）资源、能源短缺

当前，世界上资源和能源短缺问题已经在大多数国家甚至全球范围内出现。这种现象的出现，主要是人类无计划、不合理地大规模开采所至。

20 世纪 90 年代初，全世界消耗能源总数约 100 亿 t 标准煤，21 世纪初能源消耗量将翻一番。从目前石油、煤、水利和核能发展的情况来看，要满足这种需求量是十分困难的。因此，在新能源（如太阳能、快中子反应堆电站、核聚变电站等）开发利用尚未取得较大突破之前，世界能源供应将日趋紧张。

此外，其他不可再生性矿产资源的储量也在日益减少，这些资源终究会被消耗殆尽。

（六）森林锐减

森林是人类赖以生存的生态系统中的一个重要的组成部分。地球上曾经有 76 亿 hm² 的森林，到 20 世纪时下降为 55 亿 hm²，到 1976 年已经减少到 28 亿 hm²。由于世界人口的增长，对耕地、牧场、木材的需求量日益增加，导致对森林的过度采伐和开垦，使森林受到前所未有的破坏。

据统计，全世界每年约有 1200 万 hm² 的森林消失，其中绝大多数是对全球生态平衡至关重要的热带雨林。

（七）土地荒漠化

简单地说土地荒漠化就是指土地退化。1992 年联合国环境与发展大会对荒漠化的概念作了这样的定义："荒漠化是由于气候变化和人类不合理的经济活动等因素，使干旱、半干旱和具有干旱灾害的半湿润地区的土地发生了退化"。

在人类当今诸多的环境问题中，荒漠化是最为严重的灾难之一。对于受荒漠化威胁的人们来说，荒漠化意味着他们将失去最基本的生存基础——有生产能力的土地消失。到 1996 年为止，全球荒漠化的土地已达到 3600 万 km^2，占到整个地球陆地面积的 1/4，相当于俄罗斯、加拿大、中国和美国国土面积的总和。

（八）物种加速灭绝

现今地球上生存着 500 ~ 1000 万种生物。近几十年来，由于人类活动破坏了物种灭绝速度与物种生成速度的平衡，使物种灭绝速度加快，据《世界自然保护大纲》估计，每年有数千种动植物灭绝，21 世纪初地球上 10% ~ 20% 的动植物即 50 ~ 100 万种动植物将消失。物种灭绝将对整个地球的食物供给带来威胁，对人类社会发展带来的损失和影响是难以预料和挽回的。

（九）垃圾成灾

全球每年产生垃圾近 100 亿 t，而且处理垃圾的能力远远赶不上垃圾增加的速度，特别是一些发达国家，已处于垃圾危机之中。在许多城市周围，排满了一座座垃圾山，除了占用大量土地外，还污染环境。危险垃圾，特别是有毒、有害垃圾的处理问题（包括运送、存放），因其造成的危害更为严重、更为深远，而成了当今世界各国面临的一个十分棘手的环境问题。

（十）有毒化学品污染

市场上约有 7 ~ 8 万种化学品，对人体健康和生态环境有危害的约有 3.5 万种。其中有致癌、致畸、致突变作用的约 500 余种。随着工农业生产的发展，如今每年又有 1000 ~ 2000 种新的化学品投入市场。由于化学品的广泛使用，全球的大气、水体、土壤乃至生物都受到了不同程度的污染、毒害，连南极的企鹅也未能幸免。涉及有毒有害化学品的污染事件日益增多，如果不采取有效防治措施，将对人类和动植物造成严重的危害。

近年来，污染物焚烧处理过程的二噁英污染问题，也已经越来越受到关注。二噁英是由两大族组成的一大类有毒物质。一类是多氯二苯并二噁英，按氯在苯环上的取代位置不同有 75 种被关注的同系物，其中 2，3，7，8 - 四氯 - 苯并二噁英毒性最大，相当于 KCN 的 1000 余倍。另一类是多氯二苯并呋喃，按氯在苯环上的取代位置不同有 135 种被关注的同系物，这样通常所说的二噁英共包含了两类 210 种。二噁英类物质目前完全没有工业用途。CO、HCl、氯酚或多氯酚类物质在 200 ~ 400℃ 下容易生成二噁英类。因此在焚烧时要特别注意焚烧后应快速冷却和烟气处理，避免烟气中某些物质生成二噁英。二噁英总量持续增加，说明了人类目前采用的污染物末端控制手段的环境风险。

二、我国的环境问题

（一）污染问题

20 世纪 80 年代以来，随着改革开放的不断深化，我国经济高速发展，1991 年国民生产总值比 1980 年增加 1.24 倍。20 世纪 90 年代以来，我国经济以每年 10% 左右的速度稳定持续增长。经济的高速增长，城市化进程的加快，各种资源的开发和消耗不断增加，工业生产和其他经济活动以及生活废弃物产生量亦大幅度增加，对环境带来了很大的影响。

我国大气污染以煤烟型污染为主，以煤为主的能源结构是形成以城市为中心的大气污染严重的重要原因。排入大气中 90% 的 SO_2、70% 的烟尘、85% 的 CO_2 来自燃煤。主要污染物为 TSP 和 SO_2，污染程度居高不下。以 2003 年为例，根据 487 个市(县)的降水监测结果，出现酸雨的城市占上报城市数的 54.4%，酸雨频率大于 40% 的城市占 28.4%。与 2002 年相比，出现酸雨的城市比例增加 4.1 个百分点，酸雨频率超过 40% 的城市比例上升了 7.2 个百分点，酸雨污染较上年加重，污染严重的区域增多。

随着工业生产大幅度增长，工业废水的排放量不断增加，我国江河湖库水域普遍受到不同程度的污染，除部分内陆河流和大型水库外，污染呈加重趋势，工业发达城镇附近的水域污染尤为突出。七大水系中符合《地面水环境质量标准》Ⅰ、Ⅱ类的占 32.2%，符合Ⅲ类的占 28.9%，符合Ⅳ、Ⅴ类的占 38.9%。78% 的城市河段不适宜作饮用水源，50%的城市地下水受到污染。人群流行病中有 80% 是由污染水传播的。主要湖泊富营养化严重。近岸海域海水污染严重，环境状况总体较差，赤潮频繁(我国赤潮 20 世纪 60 年代以前平均每五六年发生一次，70 年代每两年一次，80 年代平均每年增至 4 次)。

随着城市居民生活水平的提高，城市生活垃圾每年以 10% 的速率增长。不少城市由于垃圾得不到及时处理而受到"垃圾围城"的困扰。工业固体废物历年储存量已达 6.49 亿 t，占地面积 5.17 万 hm^2。

根据土地利用变更调查结果，全国可耕种的耕地面积为 12339.22 万 hm^2，人均耕地已由 0.098 hm^2 降为 0.095 hm^2，不足世界人均耕地的一半。2003 年，全国净减少耕地 253.74 万 hm^2，其中生态退耕 223.73 万 hm^2，农业结构调整净减少耕地 33.13 万 hm^2，灾毁耕地面积 5.04 万 hm^2。

2003 年全国农药使用量 131.2 万 t，化肥使用量 4339.5 万 t，其中氮肥 2157.3 万 t，磷肥 712.2 万 t，钾肥 422.5 万 t，复合肥 1046.2 万 t。全国水土流失总面积 356 万 km^2，全国轻度水土流失面积为 162 万 km^2，强度为 33 万 km^2，剧烈为 38 万 km^2，占国土总面积的 37.1%，按流失强度分，中度为 80 万 km^2，强度为 43 万 km^2，极强度为 33 万 km^2，剧烈为 38 万 km^2。

由于环境污染导致我国经济损失呈不断上升的态势：1986 年环境污染损失之和为 381.55 亿元，占 GNP 的 6.75%；1992 年公布的污染损失为 1096.5 亿元，占当年 GNP 的 4.5%；1997 年世界银行统计，仅我国每年空气和水污染造成的经济损失高达 540 亿美元，相当于国内生产总值的 3% ~8%。

(二)资源问题

进入 20 世纪以来，人类生产力大发展，伴随着人口的迅速增长，资源消耗大幅度上升。整个 20 世纪，人类消耗了 1420 亿 t 石油、2650 亿 t 煤、380 亿 t 铁、7.6 亿 t 铝、4.8 亿 t 铜。而占世界人口 15% 的约 7~8 亿人口的发达国家，消费了世界 56% 的石油和 60%以上的天然气，以及 50% 以上的重要矿产资源来维持西方世界的繁荣和高质量生活水准。集现代能源和工业原料为一身的石油，按照 2003 年探明的全球石油储量为 1734 亿 t，产量为 34.04 亿 t 来计算，全球在几十年间就会将资源耗尽。根据近年公布的数据，我国石油储量仅占世界 2.3%、天然气占 1%、铁矿石不足 9%、铜矿不足 5%、铝土矿不足 2%。

从 20 世纪 80 年代开始，我国用短短 20 多年走完了发达国家上百年的历程，1990 ~ 2001 年，10 种主要工业用有色金属消耗增长 276%，2002 年以来速度更是惊人，根据商务部 2004 年 3 月 23 日公布的《2003 年生产资料市场发展状况及 2004 年展望报告》的资料，2003 年中国工业消耗的主要资源对外依存度纷纷创了新高，铁矿石 36.2%、氧化铝 47.55%、天然橡胶 68.24%。2010 年，我国的铁矿石对外依存度达到 57%，铜为 70%、铝为 80%。

尽管我国资源短缺，但在资源开采和利用中仍存在下列重大问题：

（1）矿物资源浪费严重。我国矿物资源开采过程中浪费严重，白白损失了相当多的资源量。我国矿产资源总回采率为 30% ~ 50%，比世界平均水平低 10% ~ 20%；黑色金属矿产资源利用率约 36%，有色金属资源利用率为 25%，矿产资源的总利用率不足 50%，比发达国家低 20 个百分点左右。

（2）工业生产的资源利用率低下。自 20 世纪 80 年代以来，我国经济保持了持续、快速的增长，GDP 年均增长率达 9%。另一方面，由于技术落后和管理缺陷，我国工业生产的资源利用率相当低下。与世界先进国家水平相比，我国单位产出的能耗和资源消耗水平明显偏高。从主要产品的单位能耗来看，火电供电煤耗比国际先进水平高 22.5%，大中型钢铁企业吨钢可比能耗高 21%，水泥综合能耗高 45%，乙烯综合能耗高 31%。从水资源来看，我国人均水资源拥有量仅为世界平均水平的 1/4，但水资源浪费严重，工业万元产值用水量是国外先进水平的 10 倍，单位国民生产总值所消耗的矿物原料是发达国家的 2 ~ 4 倍，我国钢材利用率为 60% ~ 65%，美国为 75% ~ 80%，预计到 2020 年我国工业单位产品平均能耗仍将比美国 20 世纪末的水平高 40%。

据有关方面统计，2003 年我国消耗了世界钢铁总产量的 30%，水泥总产量的 40%，煤炭总产量的 31%，实现的 GDP 却仅占世界的 4%。

可以预见，按照现在的经济发展势头，实现国内生产总值翻两番不成问题，但是，我国单位国土面积承受的污染强度将比发达国家高出 4 倍。因此，如果继续沿袭传统发展模式，即高开采、高消耗、高排放、低利用的"三高一低"的线性经济发展模式，不从根本上缓解经济发展与环境保护的矛盾，资源难以为继，环境不堪重负，直接危及全面建成小康社会奋斗目标的实现。

（三）生态问题

当生态环境退化超过了在现有社会经济和技术水平下能长期维持目前人类利用和发展的水平时，称为脆弱生态环境，当生态环境退化超过了现有社会经济和技术水平不能长期维持目前人类利用和发展水平的区域，称为脆弱生态环境区。造成生态环境脆弱的原因有其先天的自然背景因素，但更多的与人类活动所造成的负面影响积累有关，是自然因素与人为因素相互作用、彼此叠加的结果。即自然铸就了环境脆弱的基本骨架，人类通过开发、改造、自然资源的利用对其施加或有利或不利的影响，有可能加剧脆弱性的发展。

生态环境问题实质上是生态环境能力下降的表现。环境问题的产生根置于社会经济的运行过程之中，衡量社会经济活动对环境的影响一般用环境影响方程表示：

$$环境影响 = 人口 \times \frac{GDP}{人口} \times \frac{资源消耗量}{GDP} \times \frac{废物排放量 + 生态损耗量}{资源消耗量}$$

由上面的方程可知，生态环境问题（生态环境能力）受到人口、经济活动、资源消耗、资源利用效率的影响。事实上，资源消耗和利用效率受到技术和管理的制约，所以人口总量和增长、经济总量和态势、技术和管理水平的高低是导致环境破坏的三大影响因素。

我国经济开发与生态恶化和环境污染的矛盾日益突出。一是森林减少、水土流失、草地退化、土地沙漠化等状况日益严重。目前，我国生态功能较好的近熟林、成熟林、过熟林不足 30%；不同程度退化的草地达 90%；每年新增沙化土地以 3436 km^2 的速度增长；水土流失面积逐年增大。1949 年以来，我国仅丧失滨海湿地面积就达 219 万 hm^2，占滨海湿地总面积的 50%；淮河、辽河、黄河、海河水资源利用率，分别达到 60%、65%、62% 和 90%，远远超过国际公认的 30% ~ 40% 的水资源利用警戒线；同时，江河断流、湖泊萎缩的现象也正在加剧。二是水污染、酸雨、大气污染、沙尘暴等环境问题日益突出。我国化肥平均施用量是发达国家化肥安全施用量上限的 2 倍；在污水灌溉集中的中东部地区，受重金属污染的土地占污灌面积的 20%；全国畜禽养殖场污染物产生量是工业固体废弃物的 2 倍多；全国大城市食用蔬菜的农药总超标率达到 20% ~ 45%。三是生态功能加速衰退。一方面，水资源涵养功能退化，黄河流量比 20 世纪 60 年代平均减少22.7%；洪水蓄调功能下降，1998 年长江洪灾造成下游直接经济损失达 1 345 亿元，占当年全国水灾损失的 52%；自然生态系统防沙治沙功能减弱，沙尘暴日益频繁。

第二节　环境管理及环境管理学

一、环境管理的产生与发展

由于环境污染及其产生的危害，环境管理便应运而生，它是人类在与环境斗争的实践中产生的，其历程大致经历了如下四个阶段：

（一）限制阶段

20 世纪 50 年代前后，世界范围内相继发生了一系列污染事件，如"八大公害事件"，由于当时尚未弄清楚这些公害事件产生的原因和机理，所以只是采取一些一般性限制措施，如伦敦烟雾事件后，英国制定了法律来限制燃料的使用量和污染物排放时间。

（二）"三废"治理阶段

"三废"即废气、废水、废渣。20 世纪 60 年代初，发达国家环境污染问题日益突出，各国相继成立环境保护专门机构。当时的环境问题还只是被看作工农业发展带来的污染，所以环境保护工作主要是治理污染源，减少排污量。在法律措施上，颁布了一系列环境保护的法规和标准，加强法治。在经济措施上，采取给工厂企业补助资金，帮助工厂企业设置净化措施，并通过征收排污费或实行"谁污染、谁治理"的原则解决环境污染的治理费用问题。该阶段投入了大量资金，尽管环境污染有所控制，环境质量有所改善，但采取的是末端治理措施，从根本上来说是被动的，收效并不是特别显著。

（三）综合防治阶段

1972 年联合国召开了人类环境会议，会议通过了《人类环境宣言》。本次会议成为人类环境管理工作的历史转折点，它加深了人们对环境问题的认识，扩大了环境问题的范围。宣言指出，环境问题不仅仅是环境污染问题，还应该包括生态破坏问题；它打破了以环境论环境的狭隘观点，把环境与人口、资源和发展联系在一起，以整体的观点来解决环境问题。对环境污染问题，也开始从单项治理发展到综合防治。1973 年 1 月联合国大会决定成立联合国环境规划署，负责处理联合国在环境方面的日常事务。

（四）规划管理阶段

20 世纪 80 年代，由于发达国家经济萧条和能源危机，各国都急需协调发展、就业和环境三者之间的关系，并寻求解决的方法和途径。该阶段环境管理的重点是：制定经济增长、合理开发利用自然资源与环境保护相协调的长期政策，要在不断发展经济的同时，不断改善和提高环境质量。但环境问题仍然是对城市社会经济发展的一个重要制约因素。

1992 年 6 月，联合国在里约热内卢召开了环境与发展大会，这标志着世界环境管理工作的新起点：探求环境与人类社会发展的协调方法，实现人类与环境的可持续发展，"和平、发展与保护环境是相互依存和不可分割的"。至此，环境管理工作已从单纯的污染治理扩展到人类生存发展、社会进步这个更广阔的范围，"环境与发展"成为世界环境管理工作的主题。

二、环境管理的概念

环境管理是指根据生态学原理和在环境容量许可的范围内，依据国家的政策、法律、法规和标准，坚持宏观综合决策与微观执法监督相结合，运用各种有效管理手段，调控人类的各种行为，协调经济、社会发展与环境保护之间的关系，限制人类损害环境质量的活动以维护区域正常的环境秩序和环境安全，防止生态破坏和环境污染，实现区域社会可持续发展的行为总体。

对企业生产而言，所谓环境管理是指对其所从事活动的过程，包括制造产品及使用过程，提供服务行为的过程等进行系统的监控以杜绝或减少上述过程对环境造成不良的影响。

对政府而言，所谓环境管理是指人们依据各种信息，对全社会的环境活动进行规划（计划）、组织（实施）、监督、调节和评价，实现环境资源的有效整合，以达到特定的管理目标的一系列活动之总和。

对国家发展而言，环境管理就是以实现国家生态可持续为根本目标，根据国家有关法律、法规，运用一切手段调控人类社会经济活动与环境关系，保证生产、生活、生态三个目标协同实现的所有活动。

三、环境管理学的产生

环境科学是从 20 世纪中叶环境问题成为全球性重大问题后开始产生的，至今仅有 60 年左右的历史，在人类知识体系中是一门最年轻的科学，然而又是发展最快的一门科学。当时许多科学家在各自原有学科的基础上，运用原有学科的理论和方法，研究环境问题，通过这种研究，逐渐形成了一些新的分支学科。例如环境地学、环境生物学、环境化学、环境物理学、环境工程学、环境法学和环境经济学等。

环境管理学不同于其他的学科，没有一个独立完整的理论体系，而是借助于其他学科的理论和方法开展环境管理工作，是环境科学体系中其他学科的综合与集成。

四、环境管理学的概念

环境管理学是以环境管理的实践为基础，以可持续发展的思想为指导，研究环境管理的最一般规律、特点和方法，寻求正确处理自然生态规律与社会规律对立统一的关系的理论和方法，以便为环境管理提供理论和方法指导的科学。简言之，环境管理学是一门为环境管理工作提供理论依据、方法依据以及技术依据的科学。

第三节　环境管理的对象、内容、原则与手段

一、环境管理的对象

环境管理的对象是指"管理什么"的问题。环境管理是人类社会管理人类作用于环境的行为，环境管理本身也是一种人类的社会行为。

人类社会行为的主体可分为政府、企业和公众，因此他们都是环境管理中的管理者，而管理对象具体可分为政府行为、企业行为和公众行为。

（一）政府行为

政府行为是人类社会最重要的行为之一，根据其性质，可以分三大类：一是各级政府之间以及政府与其职能部门之间的内部行为，主要是政府内部权力职能分工协作的问题；二是相对于其他行为主体（如企业、公众、社会团体等）的国内行为，政府整体作为一个主体的行为，包括各项法律法规和政策的制定、发布、实施和监督以及社会活动的组织和管理；三是政府作为国家和社会意志的代表，与其他政府之间的行为，诸如国际政治、经济、军事和科技文化交流等各方面的行为。

政府行为的主要内容有：作为投资者为社会提供公共消费品和服务，如政府控制军队、警察等国家机器，提供供水、供电、铁路、邮政、教育、文化等公共事业服务；作为投资者为社会提供一般的商品和服务，以国有企业的形式控制国家经济命脉；掌握国有资产和自然资源的所有权及相应的经营和管理权；政府对国民经济实行宏观调控和对市场进行政策干预等。

由上可见，政府行为的内容和方式包容极广。无论是提供公共事业和服务，在重要行业实行国家垄断，还是对市场进行调控，政府行为对环境所产生的影响具有极大的特殊性，它涉及面厂、影响深远又不易察觉，既有直接的一面，又有间接的一面，既可以有重大的正面影响，又可能有巨大的难以估计的负面影响。

要防止和减轻政府行为造成环境问题，应以科学发展观为指导，主要应考虑以下几个方面：

（1）政府决策的科学化。要建立科学的决策方法和决策程序，我国提出的科学发展观是一个很好的开端。

（2）政府决策的民主化。公众（包括各种非政府组织或社会团体）能否通过各种途径对政府的决策和操作进行有效的监督是最根本和最具有决定性意义的方法。

（3）政府施政的法制化。特别是要遵守有关环境保护法规的要求，如按照《中华人民共和国环境影响评价法》的要求，有关政府部门在编制工业、农业、畜牧业、林业、能

源、水利、交通、城市建设、旅游、自然资源开发的有关专项规划时，应当进行环境影响评价。

（二）企业行为

企业是人类社会经济活动的主体，是创造物质财富的基本单位，因此企业行为是环境管理重点关注的对象。

企业和企业行为多种多样，但总起来说，企业行为可以概括为：从事生产、交换、分配、投资，包括再生产和扩大再生产等活动；通过向社会提供物质性产品或服务获得利润的活动；以追求利润为中心，对外部变化作出自主反应的活动。

企业行为对资源环境问题有非常重要的影响，主要表现在：企业是资源、能源的主要消耗者；企业特别是工业企业是污染物的主要产生者、排放者，也是主要的治理者；企业是经济活动的主体，因此也是保护环境工作的具体承担者，绝大多数的环境保护行动都需要企业的参与和落实。因此，要防止企业行为造成和引发环境问题，主要应考虑以下几个方面：

（1）从企业调控自身行为的角度出发，应当通过各种途径加强环境保护工作，推行清洁生产，使用清洁的原材料和能源，提供绿色产品和服务等。

（2）从政府对企业行为调控的角度出发。第一，形成有利于企业加强环境保护的市场竞争环境，在宏观上加强对企业环境保护工作的引导和监督。第二，严格执行环境法律法规，制定恰当的环境标准，实行各种有利于提高企业环境保护积极性的政策，创造有利于企业环境保护的法治环境。第三，加强对有优异环境表现的企业的嘉奖，与企业携手共创环境友好型的社会。

（3）从公众对企业行为调控的角度出发。第一，站在消费者的角度积极购买和消费绿色产品和服务。第二，公众作为个体或通过社会团体对企业破坏环境的行为进行监督举报。

（三）个人行为

个人作为社会经济生活的主体，主要是指个体的人为了满足自身生存和发展需要，通过生产活动或购买获得用于消费的物品和服务。其中消费品既可以直接从环境中获得，也可以通过市场来获得。

个人在消费物品的过程中将会产生各种各样的废物，并以不同的形式和方式进入环境，从而对环境产生各种负面影响。一般来说，消费对环境的负面影响可以分为以下几种情况：

（1）在对消费品进行必要的清洗、加工过程中产生的废物以生活垃圾的形式进入环境。

（2）在运输和保存消费品时使用的包装物也将成为废物，它们同样以生活垃圾的形式进入环境，如各种塑料袋等。

（3）在消费品使用后，或迟或早也成为废物进入环境，如废旧电池等。

要减轻个人行为对环境的不良影响，首先必须明确个人行为是环境管理的主要对象之一，为此必须唤醒公众的环保意识，同时还要采取各种技术的和管理的措施，诸如提供并鼓励消费者选用与环境友好的消费品，以便于收集和处理废弃物；禁止使用难于处理或严重污染环境的消费品等。

总之，在市场经济条件下，可以运用经济刺激手段和法律手段，引导和规范消费者的行为，建立合理的消费模式。

二、环境管理的内容

（一）从环境管理的范围来划分

1. 生态环境管理

生态环境是指人类赖以生存、发展的自然环境。生态环境管理是指人类对自身的自然资源开发、保护、利用、恢复行为的管理。其重点是对自然资源的管理，包括可再生资源的恢复和扩大再生产，以及不可再生资源的合理利用。

对于可再生资源，目前面临的主要问题是人类的开发利用速率远远超过它的补给速率，以至于可再生资源不断萎缩，甚至濒临枯竭。

对于不可再生资源，目前面临的主要问题是，人类的开发利用数量呈指数规律增长，以致于部分不可再生资源将会在可预见的时期内被消耗殆尽。

资源管理当前遇到的危机主要是资源使用不合理和浪费。如何以最低的环境成本确保自然资源可持续利用已成为现代环境管理的重要内容。其主要内容包括：水资源的保护与开发利用；土地资源的管理与可持续利用；森林资源的培育、保护、管理与可持续发展；海洋资源的可持续开发与保护；矿产资源的合理开发利用与保护；草地资源的开发利用与保护；生物多样性保护；能源的合理开发利用与保护等。

2. 区域环境管理

环境问题由于自然环境和社会环境的差异，存在着明显的区域性特征，因地制宜地加强区域环境管理是管理的基本原则。根据区域自然资源、社会、经济的具体情况，选择有利于环境的发展模式，建立新的经济、社会、生态环境系统，是区域环境管理的主要任务。其主要内容包括：城市环境管理，流域环境管理，地区环境管理，海洋环境管理等。

3. 专业环境管理

环境问题由于行业性质和污染因子的差异存在着明显的专业性特征。有针对性地加强专业化管理，是现代科学管理的基本原则。如何根据行业和污染因子或环境要素的特点，调整经济结构和生产布局，开展清洁生产和生产绿色产品，推广有利于环境的实用技术，提高污染防治和生态恢复工程及设施的技术水平，加强和改善专业管理，是环境管理的重要内容。按照行业划分，专业管理包括工业环境管理，农业环境管理，交通运输环境管理，商业、医疗等国民经济各部门的环境管理以及企业环境管理等。

（二）从环境管理的性质来划分

1. 环境计（规）划管理

计（规）划是一个组织为实现一定目标而科学地预计和判定未来的行动方案。计（规）划主要包括两项基本活动：一是确立目标；二是决定达到这些目标的实施方案。计（规）划能促进和保证管理人员在管理活动中进行有效的管理，计（规）划是管理的首要职能。环境计（规）划管理的主要内容包括：制定环境计（规）划，对环境计（规）划的实施情况进行检查和监督，并根据实际情况检查和调整环境计（规）划。

2. 环境质量管理

环境质量管理是为保证人类生存和健康所必需的环境质量而进行的各项管理工作，是环境管理的核心内容。环境质量管理以环境标准为依据，以改善环境质量为目标，以环境质量评价和环境监测为内容。它是一种标准化的管理，包括环境调查、监测、研究、信息交流、检查和评价等内容。环境质量管理按照环境要素可分为：大气环境管理、水环境管理、声环境管理、土壤环境管理、固体废物环境管理等。

3. 环境技术管理

环境技术管理通过制定环境技术政策、技术标准和技术规程，以调整产业结构，规范企业的生产行为，促进企业的技术改革与创新等内容，以协调技术经济发展与环境保护关系为目的，它包括环境法规标准的不断完善、环境监测与信息管理系统的建立、环境科技支撑能力的建设、环境教育的深化与普及、国际环境科技的交流与合作等，环境技术管理具有比较强的程序性、规范性和可操作性。

应该指出，以上按管理范围和管理性质所进行的环境管理内容分类，只是为了便于研究问题，事实上各类环境管理的内容是相互交叉渗透的关系。如资源环境管理当中又包括计划管理、质量管理和技术管理的内容。

三、环境管理的基本原则

（一）可持续发展原则

可持续发展是环境管理的根本性原则，其他原则都是围绕着这一原则展开的。人类需要的是可持续的发展，可持续发展是既满足当代人需要，又不损害后代人满足其自身需要能力的发展。

环境资源是支持人类生存和发展的物质基础。人类以前的发展是靠无节制地开发利用环境资源来维持的，但在实现发展的同时也引发了严重的环境问题，如环境污染、资源破坏、生态退化等，这些环境问题反过来制约了人类的发展，这种发展被世界公认为是不可持续的。因此，要实现人类的可持续发展，必须首先实现环境资源的可持续利用。而要实现环境资源的持续利用，维护生态系统的动态平衡是前提。

目前，生态环境破坏十分严重，土地沙漠化、水土流失、生物多样性减少等已经成为全球性的生态环境问题，且呈现出逐年加剧的态势，人类生存和发展的基础已经受到严重侵蚀。改变人类的发展思想和调整人类自身行为已成为环境管理的基本任务。

（二）全过程控制原则

环境管理是人类针对环境问题而对自身行为进行的调节，环境管理的内容应当包括所有对环境产生影响的人类社会经济活动，全过程控制就是指对人类社会活动的全过程进行管理控制。因此，无论是人类社会的组织行为、生产行为还是人类的生活行为，其全过程均应受到环境管理的监督控制。

目前环境管理主要针对的是人类的开发建设行为和生产加工行为对环境的污染和破坏。显然，这是不能从根本上解决问题的。产品是联系人类生产和生活行为的纽带，也是人与环境系统中物质循环的载体，因此，对产品的生命全过程进行监控，是对人类社会行为进行环境管理的一个极为重要的方面。

产品的生命全过程包括：原材料开采——生产加工——运输分配——使用消费——废弃处置。目前的环境管理大多只注重于产品生产过程中产生的环境问题，而对于产品在发挥完使用功能后对环境造成的污染危害则缺乏相应的管理。因此，以生命周期管理思想为指导，实施以产品为龙头，面向全过程的环境管理是当务之急和大势所趋。

(三)"双赢"原则

"双赢"原则是指在制定处理利益冲突的双方（也可以是多方）关系的方案时，必须注意使双方都得利，而不是牺牲一方的利益去保障另一方利益。

在处理环境与经济的冲突时，就必须去追求既能保护环境，又能促进经济发展的方案。这就是经济与环境的"双赢"，也是可持续发展的要求。"双赢"既是一种策略，也是一种结果。一般情况下，在环境管理的实际工作中，往往处理的是多方面的关系，因此，不仅要"双赢"，而且要"多赢"。

"双赢"是个比较广泛的概念，实际生活中，环境问题的发生往往涉及多个部门，而跨行政区域的环境问题则更是非某一个行政区所能单独解决的。因此在处理与多个部门、多个地区有关的环境管理问题时，就必须遵循"双赢"原则。规则是通过环境管理协调人类活动与环境保护冲突、实现"双赢"或"多赢"的基本保障。

环境管理的"双赢"规则，实际上指的是法律、标准、政策和制度。"双赢"并不是冲突双方都会得到最大限度的好处，而是彼此在遵守规则的前提下有一定程度的妥协。

四、环境管理的基本手段

环境管理是一个具有对象性、目的性的管理过程，为了实现管理目标，需要运用一定的手段对管理对象加以调控。

环境管理手段是指为了实现环境管理目标，管理主体针对客体所采取的必需、有效的措施。按其所起的具体作用可分为：行政手段、法律手段、经济手段、技术手段、宣传教育手段等。

(一)行政手段

行政手段是指各级政府根据法律、法规所赋予的权利，以命令、指示、规定等形式作用于直接管理对象，对环境保护工作实施行政决策和管理的一种手段。通常包括制定和实施环境标准、颁布和推行环境政策。

行政手段一般具有以下特征：

（1）强制性。行政机构发出的命令、指示、规定等将通过国家机器强制执行，管理对象必须绝对服从，否则将受到制裁和惩罚。

（2）权威性。行政机构的权威越高，行政手段的效力越强。因此，环境保护行政机构权威性的高低，对提高政府环境管理的效果有很大的影响。

（3）规范性。行政机构发出的命令、指示、规定等必须以文件或法规的形式予以公布和下达。

（4）执行迅速有力。依靠行政权威，形成政府的环境综合决策机制，对各地区、各部门、各行业之间的环境管理活动实行组织、指挥、协调和控制，集中力量办大事，加强生态环境监管力度，从而促使环境管理目标的有效迅速实现，并充分发挥管理的整体效能。

（5）事先控制性。它可以通过对当事人行为的直接控制，在一定程度上预防污染的发生，或将其限制在一定的范围内，管理效果直接、明显。

（6）针对性强。行政手段能因事、因地、因时制宜地处理复杂的环境问题，可以针对性地发出行政指令。

当然，行政手段也有其局限性，主要表现在以下几个方面：

（1）受主观因素的影响程度较大。从行政法规的制定者到具体措施的实施者，都有主观臆断的条件，使得行政手段的有效性取决于制定者或者实施者的个人素质而非客观规律。与客观规律相符的行政管理措施将发挥很大效能，而一旦与客观规律相悖，也将产生较大的危害性。

（2）容易造成行政关系混乱。行政执行机构与管理对象相比处于强势，两者之间悬殊的力量对比使得权力侵犯成为可能。经常的权力侵犯或对此可能性的恐惧导致向对方妥协或者自行设法回避，或者与行政实施者相勾结，从而对国家和社会造成损害。

（3）难以适应市场经济的要求。市场经济的基本要求是主体之间的平等与意志自由，在遵循价值规律的基础上以获得最大利益为动机，相比较之下，强硬的行政手段无法达到市场经济对灵活、效益的要求。

（二）法律手段

法律手段是环境管理的一种强制性措施。环境管理一方面要靠立法，把国家对环境保护的要求、做法全部以法律的形式固定下来，强制执行。另一方面还要靠执法，环境管理部门要协助和配合司法部门按环境法规、环境标准对严重污染和破坏环境的行为提起诉讼，追究法律责任，也可依据环境法规对危害人民健康、污染和破坏环境的单位或个人直接给予各种形式的处罚，责令赔偿损失等。

我国自 20 世纪 80 年代开始，从中央到地方颁布了一系列环保法律、法规，环保法制框架已经形成，但还存在立法体系不完备，执法体制不完善等问题。

我国环境保护法律规范包括 5 个层次：

（1）宪法。我国宪法是制定其他环境保护法律法规的基石。

（2）环境保护的基本法。《环境保护法》是我国环境保护的基本法，它规定了我国环境保护的目的和任务，确立了我国环境管理体系，提出了有关个人或组织应遵循的行为规范以及违法者应承担的法律责任。

（3）环境保护单行法。包括《水污染防治法》、《大气污染防治法》、《环境噪声污染防治法》、《固体废物污染环境防治法》、《海洋环境保护法》等是我国针对特定环境要素保护的需要作出的具体法律规定。

（4）环境保护行政法规和部门规章。它们是为了贯彻落实环境保护基本法、环境保护单行法而由国务院及国务院各部门制定的。

（5）环境保护地方法规和规章。它们是为了贯彻落实环境保护基本法、环境保护单行法而由地方制定的。

法律手段可直接对活动者行为进行控制，在管理效果方面具有较大的确定性。利用法规的权威性和强制性可对知法犯法者起到威慑的作用，达到预防犯罪的目的。而且，法律手段往往成为其他各种手段有效运用的重要前提，没有法律手段作保证，经济手段的灵活高效就无法充分体现，宣传教育手段就会显得软弱无力，行政手段就会无法可依。这些都是法律手段的优势。

但法律手段同样具有其局限性。法律手段往往只考虑原告、被告的法律责任关系，强调社会公平，无法兼顾裁决结果的经济可行性；法律手段是对已造成的污染和损害作出惩罚赔偿的一种事后补救措施，但环境损害的表现大多滞后，且无法弥补挽回。该方式对企业防治污染缺乏激励作用，使企业偏重于污染的末端治理，这会影响企业防治污染的积极性和主动性。

（三）经济手段

经济手段是指运用价格、税收、补贴、押金、补偿费以及有关的金融手段，引导和激励社会经济活动的主体主动采取有利于环境保护的措施。

我国政府环境管理中，现行的经济手段主要包括：

（1）排污收费制度。根据有关政策和法律的规定，排污单位或个人应根据排放的污染物种类、数量和浓度，交纳排污费。

（2）减免税制度。国家规定，对自然资源综合利用产品实行五年内免征产品税、对因污染搬迁另建的项目实行免征建筑税等。

（3）补贴政策。财政部门掌握的排污费，可以通过环境保护部门定期划拨给缴纳排污费的企事业单位，用于补助企事业单位的污染治理。

（4）贷款优惠政策。对于自然资源综合利用项目、节能项目等可按规定向银行申请优惠贷款。

与其他环境管理手段相比，经济手段具有自己的优势。该手段的运用使得环境管理行为直接与成本－效益相连，利用市场机制，以最低的成本达到所需的环境效果，并实现资源的最佳配置，达到市场均衡；灵活、多样的经济手段还为政府和污染者提供了管理上的可选择性，双方均可根据具体情况，选择有利于自身的方案，可以极大地降低双方的管理执行成本，提高管理效率；经济手段还可为企业提供经济刺激作用，激发其进行污染控制、清洁生产并实施生态管理。

（四）技术手段

技术手段是要求环境管理部门采用最科学的管理技术，排污单位采用最先进的治理技术，不断发现和解决环境污染问题，有效预防和控制环境污染。环境管理是在环境学和管理学交叉综合的基础上发展产生的，它既包括了环境保护方面的自然科学领域，也包括了社会、管理学的范畴，环境管理的有效实施在很大程度上依赖于相应的技术支持和保证。

技术手段的应用可以提高环境与经济协调的决策科学水平，促进人与自然的和谐；提高保障代内与代际的人与人之间公平的管理科学水平；提高发展既能高度满足人类消耗需要又与环境友好的新材料、新工艺的科学技术水平；提高整治生态环境破坏、治理环境污染、环境承载力的科学技术水平等。

环境管理的常用技术措施包括环境监测、环境预测、环境标准、环境审计、环境信息管理技术和环境规划等。

（五）宣传教育手段

宣传教育手段是通过广播、报纸、电视、电影、网络等各种媒体宣传环境保护的知识、内容和重要意义，激发广大群众保护环境的热情和积极性，对危害环境的各种行为实行舆论监督。

环境宣传教育可以提高人们的环境保护意识，特别是环境道德教育。通过环境宣传教育，不但要使全社会充分认识到环境保护的重要性，而且应当使全社会懂得环境保护工作需要每一个社会成员的参与。只有全体社会成员共同参与，才能从根本上使环境得到保护。

宣传教育手段主要包括以下内容：

1. 信息公开

随着经济的发展、信息媒体传播工具的强化和公众环境意识的提高，环境信息公开已成为继指令性控制手段、市场经济手段后一种新的环境管理手段，具体包括自愿公开、协商公开与被迫公开三种形式，目的在于公众参与。

环境影响评价制度、排污申报登记制度、排污许可证制度和排污收费制度、城市环境综合整治定量考核制度、环境污染限期治理制度等均要进行相关环境信息公开，以接受公众监督、提高公众参与程度、吸纳公众意见。

2. 公众参与

环境保护是我国一项基本国策，是一项全民事业。只有公众的广泛参与，才能实现保护和改善环境的目的。我国的有关法律法规就公众参与环境管理和环境建设也做出了明确的规定。

第二章 环境管理学的基本理论

环境管理学是一门环境学与管理学等交叉综合的学科，因此它的理论体系主要建立在环境学、管理学以及其他相关学科的理论基础之上。环境管理学正处在不断发展之中，其理论体系也在不断完善。目前，支持环境管理学形成和发展完善的主要理论有：可持续发展理论、循环经济理论、管理学理论、行为学理论、生态经济学理论和统计学理论。

第一节 可持续发展理论

一、可持续发展的定义

"可持续发展"亦称"持续发展"。按照世界环境和发展委员会在《我们共同的未来》中的表述，可持续发展是指"既满足当代人的需要，又对后代人满足其需要的能力不构成危害的发展"。这一定义被广泛接受，并在1992年6月巴西里约热内卢召开的联合国环境与发展大会上取得共识。具体来说，就是谋求经济、社会与自然环境的协调发展，维持新的平衡，防止出现新的环境恶化和环境污染问题，控制重大自然灾害的发生。

我国有的学者对这一定义作了如下补充：可持续发展是不断提高人群生活质量和环境承载能力的、满足当代人需求又不损害子孙后代满足其需求能力的、满足一个地区或一个国家需求又未损害别的地区或国家人群满足其需求能力的发展。

二、可持续发展的内涵

根据上述定义，可持续发展的内涵应包括以下几个方面：

（1）可持续发展不否定经济增长，但要重视如何实现经济增长。即要使经济增长与社会发展和生态改善有机结合，强调经济增长的质量，达到具有可持续意义的经济增长。因此，必须将经济增长方式由粗放型转向集约型，减少单位经济活动造成的资源耗费和环境压力，并把环境污染和生态破坏消灭在经济发展过程之中。另外，经济增长是实现可持续发展的必要前提，对于发展中国家而言，其重要性甚于发达国家。因为只有经济增长才能为解决阻碍可持续发展的贫困问题提供技术和资金。

（2）可持续发展的目标是追求以人为本的发展。人是可持续发展的主体，可持续发展重视人类物质、精神、生活多种需求的满足和生活质量的提高，重视各项社会事业的进步，进一步控制人口增长，不断提高人口素质。可持续发展是一个多层次、多目标的复合体系。它以发展为核心，综合考虑了人口、社会、经济、资源、生态环境等的相互作用，经济持续增长的实现以及人类和自然的和谐、社会的公平、代际利益的兼顾等。可持续发展内涵丰富，对人类的经济行为提出了更高要求。

（3）可持续发展要承认并要求体现环境资源的价值。

17

（4）可持续发展以合理利用自然资源为基础，与环境承载能力相协调。在经济发展的同时，必须保护生态环境，以可持续的方式利用自然资源和环境容量资源，减少自然资源的损耗速率，使经济的发展不超出地球的承载能力，并可以通过适当的经济手段、技术措施和政府干预加以实现。

（5）可持续发展强调综合决策和公众参与。

三、可持续发展的原则

从可持续发展的定义和内涵分析，可持续发展的实施必须在下列原则的指导下进行：

（一）持续性原则

持续性原则的核心思想是指人类的经济建设和社会发展不能超越自然资源与生态环境的承载能力。资源与环境是人类生存与发展的基础，离开了资源与环境就无从谈及人类的生存与发展。可持续发展主张建立在保护地球自然系统基础上的发展，因此发展必须有一定的限制因素。人类发展对自然资源的耗竭速率应充分顾及资源的临界性，应以不损害支持地球生命的大气、水、土壤、生物等自然系统为前提。换句话说，人类需要根据持续性原则调整自己生活方式、确定自己的消耗标准，而不是过度生产和过度消费。发展一旦破坏了人类生存的物质基础，发展本身也就衰退了。

（二）公平性原则

可持续发展强调发展应该追求两方面的公平：一是本代人的公平即代内平等。可持续发展要满足全体人民的基本需求和给全体人民机会以满足他们要求较好的生活的愿望。当今世界的现实是一部分富足，而占世界 1/5 的人口处于贫困状态；占全球人口 26% 的发达国家耗用了占全球 80% 的能源、钢铁和纸张等。这种贫富悬殊、两极分化的世界不可能实现可持续发展。因此，要给世界以公平的分配和公平的发展权，要把消除贫困作为可持续发展进程特别优先的问题来考虑。二是代际间的公平即世代平等。要认识到人类赖以生存的自然资源是有限的。本代人不能因为自己的发展与需求而损害人类世世代代满足需求的条件——自然资源与环境，要给世世代代以公平利用自然资源的权利。

（三）共同性原则

鉴于世界各国历史、文化和发展水平的差异，可持续发展的具体目标、政策和实施步骤不可能是唯一的。但是，可持续发展作为全球发展的总目标，所体现的公平性原则和持续性原则，则是应该共同遵从的。要实现可持续发展的总目标，就必须采取全球共同的联合行动，认识到我们的家园——地球的整体性和相互依赖性。

四、可持续发展的内容与本质

可持续发展的内容包括生态可持续发展、经济可持续发展和社会可持续发展 3 个方面。

（一）生态可持续发展

发展以保护自然为基础，与资源和环境的承载能力相适应。在发展的同时，必须保护环境，包括控制环境污染和改善环境质量，保护生物多样性和地球生态的完整性，保证以持续的方式使用可再生资源，使人类的发展保持在地球承载能力之内。

（二）经济可持续发展

鼓励经济增长，以体现国家实力和社会财富。它不仅重视增长数量，更追求改善质量、提高效益、节约能源、减少废物，改变传统的生产和消费模式，实施清洁生产和文明消费。

（三）社会可持续发展

以改善和提高人们生活质量为目的，与社会进步相适应。社会可持续发展的内涵应包括改善人类生活质量，提高人类健康水平，创造一个保障人们享有平等、自由、教育等各项权利的社会环境。

五、可持续发展基市理论的发展方向

目前，可持续发展的基本理论仍在进一步探索和形成之中，有待进一步完善。当前可持续发展理论研究可分为四大方向：生态学方向、经济学方向、社会学方向和系统学方向。它们分别从不同的角度、不同的方面，探讨了可持续发展的基本理论和方法。

（一）生态学方向

认为生态、环境和资源的可持续性是人类社会实现可持续发展的基础。该方向以生态平衡、自然保护、环境污染防治、资源合理开发与永续利用等作为其最基本的研究对象和内容，其焦点是力图把环境保护与经济发展之间取得合理的平衡作为衡量可持续发展的重要指标和基本手段。该方向的研究以挪威原首相布伦特兰夫人和巴信尔等的研究报告和演讲为代表，其最具有代表性的指标体系是生态服务指标体系。

（二）经济学方向

认为经济的可持续发展是实现人类社会可持续发展的基础和核心问题。它以区域开发、生产力布局、经济结构优化、物资供需平衡等区域可持续发展中的经济学问题作为基本研究内容，其焦点是力图把"科技进步贡献率抵消或克服投资的边际效益递减率"作为衡量可持续发展的重要指标和基本手段，充分肯定科学技术对实现可持续发展的决定性作用。该方向的研究以世界银行的《世界发展报告》、莱斯特·布朗等的"绿色经济"有关研究为代表，其最具有代表性的指标体系是世界银行的"国民财富"评价指标体系。

（三）社会学方向

认为建立可持续发展的社会是人类社会发展的终极目标。它以人口增长与控制、消除贫困、社会发展、分配公正、利益均衡等社会问题作为基本研究对象和内容，其焦点是力图把"经济效益与社会公正取得合理的平衡"作为可持续发展的重要判据和基本手段，这也是可持续发展所追求的社会目标和伦理规则。该方向的研究以联合国开发计划署的《人类发展报告》（其衡量指标以"人文发展指数"）等为代表。

（四）系统学方向

认为可持续发展研究的对象是"自然－经济－社会"这个复杂的大系统，只有应用系统学的理论和方法，才能更好地表达可持续发展理论博大精深的内涵。该方向突出特色是以综合协同的观点去探索可持续发展的本源和演化规律，将能够体现可持续发展本质特征的"发展度"、"协调度"、"持续度"三者内部的动态均衡作为中心，建立了人与自然关系、人与人关系的统一解释基础和定量的评判规则。

系统学方向的研究以中国科学院的《中国可持续发展战略研究报告（1999～2005）》为代表。该方向最具代表性的指标体系是中科院可持续发展研究组提出的"可持续能力"指标体系。

六、可持续发展与环境管理的关系

可持续发展既是一种发展模式，又是人类近期的发展目标。其核心是资源作为一种物质财富和文化作为一种精神财富，在当代人群之间以及在代与代人群之间公平合理的分配，以适应人类整体的发展要求。这是当代以及在人类可预见的未来符合人类最终发展目标的发展模式，是当前保证人类永续地生存于地球上的唯一道路。

可持续发展思想赋予环境规划与管理理论崭新的内涵。应从全新的方位和视角立足于更高的层次，对环境规划与管理的理论和方法进行探索和研究，才能建立一套保证区域社会、经济、环境协调发展的模式和运行机制。

（一）可持续环境规划与管理的研究对象

社会、经济、生态环境三个相互作用、相互依赖的系统共同构成一个庞大的区域复合生态系统。社会、经济、生态环境三个子系统不但有各自的发展变化规律，还受到其他子系统的制约，这种子系统之间相互联系、相互制约的关系构成了复合生态系统的结构，它决定着复合生态系统的运行机制及发展规律。

复合生态系统具有生产、生活、还原三个功能，它们之间相辅相成、相得益彰。区域开发活动对复合生态系统的任何一个子系统、任何一个功能造成的影响，都将干扰系统的运行机制及状态，进而破坏区域复合生态系统。

可持续发展的崭新发展模式要求新型的社会、经济、生态环境关系与之相适应。因此，面向可持续发展的环境规划与管理应从区域的社会、经济、生态环境三个子系统的深层结构入手，探索同一层次各个系统之间的关系、不同层次各个系统之间的关系以及它们之间相关联的方式、范围及紧密程度，改善区域复合生态系统的运行机制，保证社会、经济、生态环境三个子系统之间的良性循环，实现区域可持续发展。

（二）可持续环境规划与管理的研究层次

面向可持续发展的环境规划与管理必须从区域社会、经济与环境效益的统一和协调出发，以实现区域可持续作为发展的目标，以区域复合生态系统的良性循环为准绳，以区域在空间的协调发展以及在时间上的可持续发展为依据，从宏观、中观和微观三个层次审视和处理区域复合生态系统中的各种问题及它们之间的关系：宏观层次的区域可持续发展的环境保护总体战略；中观层次的区域生产力布局和产业结构调整；微观层次的区域可持续发展的费用－效益分析。

（三）可持续环境规划与管理的研究内容

（1）制定区域环境保护总体战略；

（2）区域环境规划方案的优化；

（3）区域环境综合整治；

（4）区域生态环境规划。

第二节 循环经济理论

一、循环经济的定义

循环经济是由美国经济学家肯尼思·波尔丁在 20 世纪 60 年代提出的。不同的学者由于学术背景不同、研究角度不同，所给出的定义也不尽相同。

当前，社会上普遍推行的是国家发展和改革委员会对循环经济的定义，即"循环经济是一种以资源的高效利用和循环利用为核心，以减量化、再利用、资源化为原则，以低消耗、低排放、高效率为基本特征，符合可持续发展理念的经济增长模式，是对'大量生产、大量消费、大量废弃'的传统增长模式的根本变革。"

二、循环经济的原则

循环经济有三大原则，即减量化（reduce）原则、再利用（reuse）原则和再循环（recycle）原则，简称"3R"原则。其中每一原则对循环经济的成功实施都是必不可少的。

（一）减量化原则

减量化原则针对的是输入端，旨在减少进入生产和消费过程中物质和能源流量。换句话说，即通过预防的方式而不是末端治理的方式来最大限度地减少废弃物的产生。在生产中，制造厂可以通过减少每个产品的原料使用量、通过重新设计制造工艺来节约资源和减少排放。例如，通过制造轻型汽车来替代重型汽车，既可节约金属资源，又可节省能源，仍可满足消费者乘车的安全标准和出行要求。在消费中，人们可以选择包装物较少的物品，购买耐用的可循环使用的物品而不是一次性物品，以减少垃圾的产生。

（二）再利用原则

再利用原则属于过程性方法，目的是延长产品和服务的时间强度。也就是说，尽可能多次或多种方式地使用物品，避免物品过早地成为垃圾。例如，在生产中制造商使用标准尺寸进行设计，可以使计算机、电视和其他电子装置非常容易和便捷地升级换代，而不必更换整个产品。在生活中，人们可以将可维修的物品返回市场体系或捐献自己不再需要的物品供别人使用。

（三）再循环原则

再循环原则也称资源化原则。该原则是输出端方法，其目的在于把废弃物再次变成资源以减少最终处理量，也就是我们通常所说的废品的回收利用和废弃物的综合利用。

资源化有两种：一是原级资源化，即将消费者遗弃的废弃物资源化后形成与原来相同的新产品。例如，将废纸生产出再生纸，废玻璃生产新玻璃，废钢铁生产钢铁等。二是次级资源化，即废弃物变成与原来不同类型的新产品。原级资源化利用再生资源比例高，而次级资源化利用再生资源比例低。

与资源化过程相适应，消费者应增强购买再生物品的意识，来促进整个循环经济的实现。循环经济"减量化、再利用、再循环"原则的重要性不是并列的，它们的排列是有科学顺序的。减量化属于输入端，旨在减少进入生产和消费流程的物质量；再利用属于过程，旨在延长产品和服务的时间；再循环属于输出端，旨在把废弃物再次资源化以减少最终处理量。

处理废弃物的优先顺序是：避免产生——循环利用——最终处置。首先要在生产源头——输入端就充分考虑节省资源、提高单位产品对资源的利用率，预防和减少废弃物的产生。其次是对于不能从源头削减的污染物和经过消费者使用的包装废弃物、旧货等加以回收利用，使它们回到经济循环中，只有当避免产生和回收利用都不能实现时，才允许将最终废弃物进行环境无害化处理。

环境与发展协调的最高目标是实现从末端治理到源头控制，从利用废物到减少废物的质的飞跃，要从根本上减少自然资源的消耗。有的学者在"3R"原则的基础上又提出了"5R"原则，认为循环经济的原则还应包括再思考（rethink）、再修复（repair）。再思考原则认为生产的目的除了创造社会新财富以外，还要修复与维系被破坏的自然财富——生态系统，不能以自然财富的减少为代价来片面地增加社会财富。再修复原则认为自然生态系统是社会财富的基础，要以生态建设工程不断地修复社会财富生产和被其他人类活动破坏的生态系统，在自然生态系统承载能力提高以后再增加社会财富生产，形成良性循环。

三、循环经济的新观念

循环经济作为一种科学的发展观，一种全新的经济发展模式，具有与传统经济不同的全新理念。

（一）新的系统观

循环是指在一定系统内的运动过程，循环经济的系统是由人、自然资源和科学技术等要素构成的大系统。循环经济观要求人在考虑生产和消费时不再置身于这一大系统之外，而是将自己作为这个大系统的一部分来研究符合客观规律的经济原则。

（二）新的经济观

在传统工业经济的各要素中，资本、劳动力都在循环，而唯独自然资源没有形成循环。循环经济观要求运用生态学规律，不仅要考虑工程承载能力，还要考虑生态承载能力。在生态系统中，经济活动超过资源承载能力的循环是恶性循环，会造成生态系统退化；只有在资源承载能力之内的良性循环，才能使生态系统平衡地发展。

（三）新的价值观

循环经济观在考虑自然时不再像传统工业经济那样将其作为"取料场"和"垃圾场"，也不仅仅视其为可利用的资源，而是将其作为人类赖以生存的基础，是需要维持良性循环的生态系统，在考虑科学技术时，一方面要考虑其对自然的开发能力，另一方面还要充分考虑到它对生态系统的修复能力，使之同时成为有益于环境的技术。

（四）新的生产观

传统工业经济的生产观念是最大限度地开发利用自然资源，最大限度地创造社会财富，最大限度地获取利润。而循环经济的生产观念是要充分考虑自然生态系统的承载能力，尽可能地节约自然资源，不断提高自然资源的利用效率，循环使用资源，创造良性的社会财富。

（五）新的消费观

循环经济观要求走出传统工业经济"拼命生产、拼命消费"的误区，提倡物质的适度消费、层次消费，在消费的同时就考虑到废弃物的资源化，建立循环生产和消费的观念。

四、循环经济的研究内容

循环经济的研究内容基本可归纳为4个方面：

（一）研究人类同生态环境的关系

客观事实告诉人们，世界各国家不同程度地出现的土地退化、资源浪费、环境污染、气候异常等现象，几乎无一不与人类活动相关。人口增长过快，必然会加剧地球资源需求的压力。为了增加粮食，人们就不惜毁林开荒，而滥伐树林和破坏草原的结果，必然引起水土流失、沙漠扩大乃至气候失调。人口的激增必然会引起对自然资源开发的迫切性，从而不可避免地破坏生态环境，引起生态平衡的失调。受到破坏的生态环境，反过来会影响人类的生产和生活。因此，如何协调人类经济社会发展与生态环境保护之间的关系，就成了循环经济需要研究解决的首要问题。

（二）研究生态平衡问题

实践证明，在自然界各类生物之间、非生物之间以及生物与非生物之间都是相互影响、相互联系、相互制约的。在它们的相互联系和相互影响中，彼此进行着能量和物质的交换。在较长时间内，保持生态系统各部分的功能处于相互适应、相互协调的平衡中，使生态系统的自我调节能力比较稳定。

如果不认识生态规律，只片面地按照自己的要求，以自己的主观意志对待自然，必然会遭到大自然的惩罚。这不只是一个自然环境的问题，也是一个经济社会的问题。

（三）研究各经济要素之间的联系问题

人类的活动主要包括生产活动和消费活动。人类社会的发展是生产、消费、再生产、再消费循环往复的过程。如何良性地实现再生产、再消费应该成为循环经济学研究的内容；同时各生产部门之间以及各生产要素之间也是紧密联系的，它们内部各要素之间的良性循环是使经济大循环得以实现的保证。

（四）研究废弃物循环利用的问题

有生产、消费就有生产、消费的废弃物，如何利用生态学原理实现废弃物合理利用，化害为利、变废为宝，也是经济实现循环发展必须解决的重大课题。

五、三种循环理论

到目前为止，循环经济为我们提供了三种理论，即"小循环理论"、"中循环理论"和"大循环理论"。

（一）小循环理论

小循环理论是循环经济在企业层面的实践。小循环即企业内部的循环，是指一个企业内部或者一个农村家庭，根据生态效率的理念，推行清洁生产，最终使所有的资源、能源都得到有效的利用，实现污染无害排放或者零排放的目标。企业是经济建设的主体，也是发展循环经济的基础，因此，发展循环经济应把企业作为重点，提倡建立循环型企业，要求最大限度地节约原材料和能源，淘汰有毒原材料，削减所产生废物的数量和毒性。

23

（二）中循环理论

中循环理论是循环经济在区域层面的实践。中循环即区域内企业间的循环。是根据生态系统循环、共生的原理，通过各个组团之间的交通网络衔接、环境保护协调、地区资源共享和功能互补等，使不同企业之间形成共享资源和互换副产品的产业共生组合，使上游生产过程中产生的废物成为下游生产过程的原料，实现综合利用，达到相互间资源的最优化配置，从而使经济发展和环境保护走向良性循环的轨道。

生态工业园区是继工业园区和高新技术园区的第三代工业园，它不仅重视发展经济，而且更注重环境的保护和资源的利用，使生产发展、资源利用和环境保护形成良性循环的工业可持续发展的园区建设模式。

（三）大循环理论

大循环理论是循环经济在社会层面的实践，是指在整个经济社会领域，通过工业、农业、城市、农村的资源循环利用，不排放废物，最终建立循环型社会。

在社会层面上的大循环主要是通过废旧物资的再生利用，实现消费过程中和消费过程后物质和能量的循环。其实践形式是建立循环型城市或循环型区域，在区域内，以污染预防为出发点，以物质循环流动为特征，以经济、社会、环境的协调和可持续发展力最终目标，高效利用资源和能源，减少污染物排放。

六、循环经济与环境管理

循环经济和环境管理都是为了协调人与环境的关系，促进自然－经济－社会这一复杂系统的良性循环，实现人类经济社会的可持续发展。循环经济是通过推行资源与环境的持续循环利用的理念，改变传统经济发展模式并建立和推广不同的循环经济发展模式实现上述目的。而环境管理则以政策、法律、法规、标准与规范等依据，通过各种有效的管理手段，逐步转变人类的传统发展观念，调整人类的不利于循环经济和可持续发展的错误行为而实现上述目的。

循环经济和环境管理二者相辅相成，相互促进。一方面，循环经济对环境管理具有指导作用；另一方面，环境管理对循环经济具有推动和保障作用。

（一）循环经济对环境管理的指导作用

简单地说，循环经济就是运用生态学规律，指导建立不同企业、不同区域的经济发展模式，实现物质和能量的内部循环利用。循环经济的理念就是没有"废物"，即"废物"的零排放，这恰恰就是环境管理所希望达到的。

科学的环境管理观要求我们采用科学的环境利用方式，改变过去无偿使用自然资源和环境的利用方式，把自然资源和环境纳入国民经济核算体系，使市场价格准确反映经济活动造成的环境代价，迫使企业在面向市场的同时，努力节能降耗、减少经济活动的环境代价、降低环境成本，提高企业在市场经济中的竞争力。而推行循环经济正是实现这一要求的有效措施和手段。

循环经济理念正在逐渐改变企业的传统生产模式，同时引导企业开展清洁生产活动，逐步建立"废物"零排放的循环经济发展模式。我们知道，大量的资源和能源是在工厂里消耗掉的，而在工厂里消耗的资源和能源要么转化为产品供人们生活所需，要么变成废弃物排放，如废水、废气、固体废物等污染物。

企业的环境管理活动应该按照企业的环境管理体系要求进行，其目的就是促进企业最大限度减少或避免废弃物的产生与排放，实现循环经济。企业内部的环境管理体系只有围绕循环经济的要求设计、建立和运行，才能最终实现企业环境管理的目的。

（二）环境管理对循环经济的推进作用

以前的环境管理是围绕着控制污染和实现达标排放进行的，这样的环境管理不利于促进传统经济发展模式的转变。随着可持续发展思想和循环经济理念的提出与传播，人们逐步认识到以前环境管理存在的严重缺陷，环境管理必须在可持续发展思想和循环经济理念的指导下进行，环境管理应该也必须向着有利于可持续发展战略思想的落实和推进循环经济发展的方向迈进。

第三节　管理学理论

一、管理学的定义

所谓管理，就是组织中的管理者通过充分有效地发挥组织的计划、指挥、协调、控制、激励等各种职能，科学合理地协调、分配和使用组织内部的人、财、物和信息等资源，实现组织预定目标的活动过程。

管理学是系统研究管理活动的基本规律和一般方法的科学。其目的是研究在现有的条件下，如何通过合理的组织和配置人、财、物等因素，提高生产力的水平。

二、管理学的特点

（一）一般性

管理学主要是研究管理活动中的共性原理和基础理论。既然是一般原理，它就适用于一切企业组织和事业单位，包括工厂、学校、科研机构、政府、军队、社会团体、服务机构，在特殊性中孕育着的共性即一般性。

（二）综合性

管理学涉及许多学科方面的知识，主要有哲学、心理学、人类学等近20门学科，它要在内容上和方法上综合利用上述多学科的成果，才能发挥自己的作用，这就充分地体现了该学科的综合性。

（三）实践性

管理学是为管理者提供管理的有用理论、原则、方法的实用学科，只有把管理理论同管理实践相结合，才能真正发挥这门学科的作用。需要通过在实际工作中所取得的经济效益和社会效益来验证是否真正掌握了管理学的本质和精髓。

（四）模糊性

鉴于管理工作本身既有科学性的一面，又有艺术性的一面，实际工作中所遇到的复杂因素，使它在研究方法上不同于数学和自然科学，很难完全定量化，也难于在现实生活中找出绝对理想的最优管理方案，因此就某种程度上讲，它是一门不精确的科学，具有模糊性。

三、管理学的研究方法

（一）试验法

试验法是人为地为某一试验创造一定的条件，并观察试验结果，再与未给予这些试验条件（对照组）的对比试验的实际结果进行比较分析，从中寻求外加条件与试验结果之间的因果关系，找出其中某些普遍适用的规律。

（二）归纳法

归纳法就是对一系列典型的事物进行观察分析，找出各种因素之间的因果关系，从中找出事物发展变化的一般规律，这种从典型到一般的研究方法也称为实证研究。归纳法的运用一定要注意选好典型，调查对象应有足够的数量，即要尽可能多地选取样本。

（三）演绎法

该法是指对某些较复杂的管理问题，可以从某种概念出发，运用某种逻辑推理和统计分析的方法，找出各种变量之间的相互关系，建立某种相关的数学和经济模型，反映管理活动简化了的事实，如管理学中常见的投入产出模型、决策模型、预测模型等。

四、管理学的相关基础理论

（一）古典管理理论

古典管理理论形成于 19 世纪末和 20 世纪初的欧美，它可分为科学管理理论和组织管理理论。

1. 科学管理理论

科学管理理论的核心有 4 个方面：

（1）对工人工作的各个组成部分进行科学的分析，以科学的操作方法代替陈旧的操作方法。

（2）科学地挑选工人，对工人进行培训教育以提高工人的技能，激发工人的进取心。

（3）摒弃只顾自己的思想，促进工人之间的相互协作，根据科学的方法共同努力完成规定的工作任务。

（4）管理人员和工人都必须对各自的工作负责。

2. 组织管理理论

组织管理理论着重研究管理职能和整个组织结构。

（二）行为管理理论

行为管理理论的核心主要表现在以下 4 个方面：

1. 社会人假设

该假设认为在社会上活动的员工不是各自孤立存在的，而是作为某一个群体的一员有所归属的"社会人"，是社会存在。人具有社会性的需求，人与人之间的关系和组织的归属感比经济报酬更能激励人的行为。"社会人"不仅有追求收入的动机和需求，他在生活工作中还需要得到友谊、安全、尊重和归属感等。

2. 需求因素与激励

人的需求可划分为五个层次：生理的需求、安全的需求、社会交往的需求、尊重的需求和自我实现的需求。当人处于某一需求为主的条件下，其行为动机和行为便会带有此种需求未得到满足的特征，为此管理主体可以根据该特征去满足员工的这一需求而使其得到真正的激励。

3. 作业组合

每个组织都具有由其既定的目标而产生的技术要求。实现这些目标就要求完成某些工作，而组织的成员就需要组成不同的组合以完成这些工作任务。作业组合实为完成一定工作任务的团队。

4. 领导理论

领导是一个个人向其他人施加影响的过程，影响的基础在于权力。一个领导者可以对下属施加影响在于他拥有五种不同的权力：强制权、奖励权、法定权、专长权和个人影响权。

（三）数量管理理论

数量管理理论的内容主要包括：

1. 运筹学

运筹学是数量管理理论的基础，是在第二次世界大战中，一些英国科学家为了解决雷达的合理布置问题而发展的数学分析和计算技术。就其内容讲，运筹学是一种分析的、实验的和定量的方法，专门研究在既定的物质条件（人、财和物）下，为达到一定目的，运用科学方法，进行数量分析，统筹兼顾研究对象的整个活动中各个环节之间的关系。为选择最优方案提供数量上的依据，以便作出综合性的合理安排，从而最经济最有效地使用人、财和物。

2. 系统分析

系统分析这一概念最初由美国兰德公司于 1949 年提出。运用科学和数学的方法对系统中事件进行研究和分析。其特点是解决管理问题时要从全局出发，进行分析和研究，以制定出正确的决策。

3. 决策科学化

决策科学化是指决策时要以充足的事实为依据，采取严密的逻辑思维方式按照事物的内在联系对大量的资料和数据进行系统分析和计算，遵循科学规律作出正确决策。

（四）现代管理理论

现代管理理论是指 20 世纪 70 年代开始至今的管理理论，它是古典管理理论、行为管理理论和数量管理理论三阶段演进之后的必然产物。由于现代组织管理上的新问题、新情况、新要求，企业界和理论界纷纷尝试与创新相适应的管理思路、方式、方法和手段。其中最著名的管理学思潮与流派有：系统管理学说、权变管理学说、质量管理学说、程序管理学说、经验管理学说、决策管理学说等。

五、管理学与环境管理

环境管理学是环境科学与管理科学相互交叉的综合性学科，是管理学在环境保护领域中的延伸和应用，体现了很多管理学的思想和特点。环境管理的理论是对管理科学的继承和发展，管理科学的一些理论对环境管理具有普遍的指导意义。因此，管理学中的一般管理理论、管理职能、管理思想和方法同样适用于环境管理学。

我们要一方面要学习、借鉴发达国家先进的管理经验和方法，以便迅速地提高我国的管理水平；另一方面又要考虑我们自己的国情，建立具有中国特色的环境管理体系，实现经济发展与环境保护的双赢。

第四节　行为学理论

一、行为学的定义

行为学产生于20世纪30年代初，分广义行为学和狭义行为学。

广义行为学，把行为科学看作是一个学科群，把一切与行为有关的研究，甚至包括整个自然界一切生物的行为、各种社会动态和自然现象全部列入行为科学的研究之列。

狭义行为学，把行为科学解释为运用心理学、社会学、人类社会学等学科的理论与方法，来研究工作环境中个人和群体行为的一门综合性学科，而并非一个学科群。20世纪60年代后，世界上出现的狭义行为科学叫做组织行为学、管理心理学、管理行为学等。主要是从狭义角度谈行为科学，即研究人类行为的行为科学。具体讲，就是对个人及群体的组织活动行为，以及对其行为产生的原因、行为的各种表现，进行分析研究。它涉及人的本性和需要，行为的动机、意志、欲望、情感、道德等，都属其研究之列。

二、行为学的研究内容

行为科学研究的主要内容包括个体行为、群体行为、领导行为和组织行为。

1. 个体行为

主要是对人的行为进行微观的考察和研究。它是从个体的层次上考虑影响人的行为的各种心理因素，即人对于周围环境的知觉与理解，包括人的思维方法、归因过程、动机、个性、态度、情感、能力、价值观等方面。所有这些又与实际活动中的需要、兴趣、达到目标的行为有着密切的关系。

2. 群体行为

主要研究的是群体行为的特征、作用、意义、群体内部的心理与行为、群体之间的心理与行为、群体中的人际关系、信息传递方式、群体对个体的影响、个人与组织的相互作用等。

3. 领导行为

包括领导职责与领导素质理论、领导行为理论、领导权变理论。特别注意把领导者、被领导者及周围环境作为一个整体进行研究。

4. 组织行为

研究组织变革的策略与原则，变革的力量及其成就衡量方法等，对变革进行目标管理。此外，工作生活质量、工作的扩大化与丰富化、人机和环境诸因素的合理安排、各种行为的测评方法、现代计算机在管理行为中的应用等方面，也都在组织行为研究范围之内。

行为学知识运用的范围非常广泛，包括政治、经济和文化的各个领域，凡是有关人的或人的心理行为的问题都需要行为科学的理论和知识来说明，因此从行为科学涉及的学科领域来说，它有很多分支学科，如政治行为学、教育行为学、医学行为学、消费行为学、犯罪行为学和组织行为学等。

三、行为学的基本理论

激励理论是行为学的基础与核心，激励理论主要有马斯洛的需求层次理论、麦克利兰的成就激励理论、赫茨伯格的双因素理论和阿尔德佛的 ERG 理论。

1. 马斯洛的需求层次理论

美国心理学家亚伯拉罕·马斯洛于 1943 年出版的《动机激发论》一书中提出了需求层次理论，产生了广泛的影响。在马斯洛的需求层次理论中，马斯洛将人类的需求分为五个不同的层次，它们分别是生理需求、安全需求、归属需求、尊重需求和自我实现需求。前两种为人的基本需求，属低层需求，后三种需求是在基本需求得到满足后的进一步需要，属高层需求。

2. 麦克利兰的成就激励理论

美国心理学家麦克利兰经过对成就动机的几十年研究，于 20 世纪 50 年代初提出了成就激励理论。其主要观点为：

（1）在生理需要得到基本满足的前提条件下，人的主要需要可归结为权力需要、友谊需要、成就需要三个方面。

（2）具有强烈的成就需要的人往往显示出三个共同特征，即喜欢能够发挥独立解决问题能力的工作环境、倾向于谨慎的确定有限的成就目标和希望得到他人的工作业绩的不断反馈。

（3）培养人们成就需要的方法为：①个体应努力获得有关自己工作情况的反馈，以提高自己获得成功的信心，从而增强追求成功的欲望；②选择一种获得成功的模式，如模仿成功任务的做法；③努力改变自己的形象，把自己设想为某个追求成功和挑战的人；④要根据现实情况审时度势，提出切实可行的目标，并付诸实施。

3. 赫茨伯格的双因素理论

双因素理论是美国心理学家弗里德里克·赫茨伯格于 1959 年提出来的。赫茨伯格的双因素理论认为，一些工作因素可以使员工产生满足感，而另一些只能消除员工的不满足感（无法产生满足感）。前者称为激励因素，而后者称为保健因素或环境因素。

4. 阿尔德佛的 ERG 理论

克雷顿·阿尔德佛的 ERG 理论某种程度上是对马斯洛的需要层次理论的一种延伸和扩展，但是他对于人类需要的研究成果与实际情况更为接近。与马斯洛和赫茨伯格一样，阿尔德佛也认为对人的需要进行分类是有价值的，同时低层次的需要与高层次的需要之间是有着根本性区别的。阿尔德佛将人的核心需要划分为三类：生存需要、交往需要和成长需要。

四、行为学与环境管理

环境管理学的研究对象是人类社会作用于自然环境的行为，对人类环境行为及其环境影响的管理应该成为环境管理学的核心。因此，借鉴和吸收行为科学的成熟理论和方法，完善环境管理学的理论和技术方法体系，是非常有必要的，也是非常有前途的。

第五节　　生态经济学理论

一、三种观点

目前关于经济发展和生态环境之间关系的讨论主要有三种观点：经济乐观论、环境悲观论和生态经济论。

经济乐观论认为社会首先必须发展经济，才有能力负担对环境的投资，环境问题可以在其发生的时候通过开发新的技术加以解决。

环境悲观论认为人类社会对自然界的破坏已经达到或超过自然界的承受能力，为防止生态系统的崩溃，控制人类活动是根本的措施。

经济乐观主义和环境悲观主义都看到了人类面临的严重的生态环境问题，但观点都具有片面性。经过长期的争论，派生出了一种比较现实的观点，即生态经济论的观点。

二、生态经济学的特点

1. 综合性

生态经济学是以自然科学同社会科学相结合来研究经济问题，从生态经济系统的整体上研究社会经济与自然生态之间的关系。

2. 层次性

从纵向来说，包括全社会生态经济问题的研究，以及各专业类型生态经济问题的研究，如农田生态经济、森林生态经济、草原生态经济、水域生态经济和城市生态经济等。从横向来说，包括各种层次区域生态经济问题的研究。

3. 地域性

生态经济问题具有明显的地域特殊性，生态经济学研究要以一个国家的国情或一个地区的情况为依据。

4. 战略性

社会经济发展，不仅要满足人们的物质需求，而且要保护自然资源的再生能力；不仅追求局部和近期的经济效益，而且要保持全局和长远的经济效益，永久保持人类生存、发展的良好生态环境。生态经济研究的目标是使生态经济系统整体效益优化，从宏观上为社会经济的发展指出方向，因此具有战略意义。

三、生态经济学研究的主要内容及其基本理论

(一) 生态经济学研究的主要内容

1. 生态经济基本理论

生态经济基本理论包括：社会经济发展同自然资源和生态环境的关系，人类的生存、发展条件与生态需求，生态价值理论，生态经济效益，生态经济协同发展等。

2. 生态经济区划、规划与优化模型

用生态与经济协同发展的观点指导社会经济建设，首先要进行生态经济区划和规划，以便根据不同地区的自然经济特点发挥其生态经济总体功能，获取生态经济的最佳效益。

3. 生态经济管理

计划管理应包括对生态系统的管理，经济计划应是生态经济社会发展计划。要制定国家的生态经济标准和评价生态经济效益的指标体系；从事重大经济建设项目，要做出生态环境经济评价；要改革不利于生态与经济协同发展的管理体制与政策，加强生态经济立法与执法，建立生态经济的教育、科研和行政管理体系。生态经济学要为此提供理论依据。

4. 生态经济史

生态经济问题有历史普遍性，同时随着社会生产力的发展，又有历史的阶段性。进行生态经济史研究，可以探明其发展的规律性，指导现实生态经济建设。

（二）生态经济学的基本理论

1. 生态价值理论

生态价值的存在是人类生存和发展的基础，一旦遭受破坏就意味着人类基本生存条件的受损或丧失。在人类生产实践中，不能为了经济价值去破坏生态价值，经济价值必须服从于生态价值，人类必须在自然生态系统的限度——生态平衡内从事改造自然的活动。

2. 生态经济效率理论

生态经济效率旨在最好的社会、经济和生态效益的前提下利用自然资源，在最优的技术和经济效率的前提下保护环境。由此环境保护的重点自然就从污染排放控制、废弃物处置转移到最大限度地节约资源、能源，在产品的生命周期过程中最大限度地减少环境有害物的产生和排放。

3. 自然资本论

自然资本论的核心思想是将自然看作是一种资本，并且这种资本具有稀缺性。自然资本论的主要内容包括：①自然资本主要是指人类自然栖息地及生态资源；②自然资本的使用成本、收益；③自然资本也需再投资；④自然资本理念是对经济和环境问题进行的整体性思考。

四、生态经济学与环境管理

生态经济学全新的科学意义就在于把客观存在的实体——生态经济系统作为研究对象，也就是把自然生态系统与社会经济系统视为一个整体，并揭示其规律性。这是一个认识上的飞跃。

生态经济学通过研究自然生态和经济活动的相互作用，探索生态经济社会复合系统协调和可持续发展的规律性，并为资源保护、环境管理和经济发展提供理论依据和分析方法。它既可以为宏观战略选择提供指导，又能够引导微观的生产、管理和消费行为。生态经济学虽然还是一门新兴学科，但是已经为我国的环境管理提供了一定的理论指导，在环境管理实践中得到了广泛的应用。

第六节　统计学理论

一、几个基本概念

1. 统计活动

统计活动又称统计工作，是指收集、整理和分析统计数据，并探索数据的内在数量规律性的活动过程。

2. 统计资料

统计资料或称统计数据，即统计活动过程所获得的各种数字资料和其他资料的总称。表现为各种反映社会经济现象数量特征的原始记录、统计台账、统计表、统计图、统计分析报告、政府统计公报、统计年鉴等各种数字和文字资料。

3. 统计学

统计学是指阐述统计工作基本理论和基本方法的科学，是对统计工作实践的理论概括和经验总结。它以总体的数量方面为研究对象，阐明统计设计、统计调查、统计整理和统计分析的理论与方法，是一门方法论科学。

4. 统计总体和总体单位

统计总体简称为总体，是指客观存在的、具有一个或者多个相同性质的许多个体所组成的集合体，总体中的每一个个体成为总体单位。总体与个体是相对而言的，随着研究目的的变化，一项研究中的统计总体，在另一项研究中却可以是总体单位，反之亦然。

5. 统计标志和统计测定

统计标志，简称标志，是总体单位所具有的属性或特征。例如，人口总体中每个人具有姓名、性别、年龄、身高、体重、文化程度等标志。标志的取值即标志值，也称为标志表现。

6. 统计指标和统计指标体系

统计指标，简称指标，也称综合指标，是为了反映总体量的特征而设计的。统计指标包括两部分：指标名称和指标数值，指标名称反映总体哪一方面的特征，指标数值反映总体该方面量的大小。社会经济现象各个方面之间存在着相互联系、相互制约的复杂关系，任何一个统计指标都只是反映社会经济现象某一方面的数量特征，因此必然存在着若干个有联系的统计指标。这种由若干个有联系的统计指标组成的整体成为统计指标体系。

7. 统计变量

统计总体中各个总体单位的可变的数量标志的标志值不尽相同，统计指标的数值随着时间、地点等条件的变化也不尽相同，因此可变的数量标志和指标都可以称为统计变量。

二、统计学的研究对象、特点

统计学的研究对象是自然、社会客观现象总体的数量关系。正是因为统计的这一研究的特殊矛盾，使它成为一门万能的科学。不论是自然领域，还是社会经济领域，客观现象总体的数量方面，都是统计所要分析和研究的。

统计学研究的对象具有以下特点：

1. 数量性

统计的研究对象是自然、社会经济领域中现象的数量方面，这一特点是统计（定量分析学科）与其他定性分析学科的分界线。数量性是统计研究对象的基本特点。

2. 总体性

统计的研究对象是自然、社会经济领域中现象总体的数量方面，即统计的数量研究是对总体普遍存在着的事实进行大量观察和综合分析，得出反映现象总体的数量特征和资料规律性。

3. 具体性

统计研究对象不是纯数量的研究，是具有明确的现实含义的，统计研究的数量是客观存在的、具体实在的数量表现。

4. 变异性

统计研究对象的变异性是指构成统计研究对象的总体各单位，除了在某一方面必须是同质的以外，在其他方面要有差异，而且这些差异并不是由某种特定的原因事先给定的。

三、统计学研究的基本环节

1. 统计设计

根据所要研究问题的性质，在有关学科理论的指导下，制定统计指标、指标体系和统计分类，给出统一的定义、标准，同时提出收集、整理和分析数据的方案和工作进度等。

2. 收集数据

收集统计数据的基本方法包括科学实验和统计调查。如何科学地进行调查是统计学研究的重要内容。

3. 整理与分析

统计整理分析的方法可分为描述统计和推断统计两大类。描述统计是指对采集的数据进行登记、审核、整理、归类，在此基础上进一步计算出各种能反映总体数量特征的综合指标，并用图表的形式表示经过归纳分析而得到的各种有用的统计信息。推断统计是在对样本数据进行描述的基础上，利用一定的方法根据样本数据去估计或检验总体的数量特征。

4. 统计资料的积累、开发与应用

统计资料的积累、开发与应用必须将实质性学科的理论与统计方法相结合。

四、统计研究的基本方法

统计学是一门方法论的科学，人们经过不断的概括和总结，形成了一系列专门的统计方法，构成了一个统计方法体系：

（1）搜集资料方法。主要包括大量观察法、统计实验法和统计调查法。

（2）整理资料方法。主要包括统计审核法、统计分组法和统计汇总法。

（3）统计分析方法。主要包括统计描述法和统计推断法。

五、统计学的基本理论

1. 参数估计与假设检验理论

在很多统计问题中，或者由于人力、物力、财力、时间限制，或者由于取得全部数据是不可能的，或者虽然能够取得全面数据但数据收集本身带有破坏性，不能收集全面数据，只能从中收集部分数据，依据这部分数据对所研究对象的数量特征或数量规律性进行推断。这种依据部分观测取得的数据对整体的数量特征或数量规律性进行的推断称为统计推断。

统计推断有两种类型。一类是参数估计，通过部分观测数据对研究对象整体的数量特征取值给出估计的方法。另一类是假设检验，对研究总体的分布律或分布参数作某种假

设，然后根据所得的样本，运用统计分析的方法来检验这一假设是否正确，从而作出接受或拒绝的决定。

2. 非参数统计理论

在许多实际问题中，往往不知道客观现象的总体分布或无从对总体分布做出某种假定，尤其是对品质变量和不能直接进行定量测定的一些经济管理问题，要用非参数统计方法来解决。所谓非参数统计，就是对总体分布的具体形式不必作任何限制性假定和不以总体参数具体数值估计为目的的统计。

3. 相关与回归分析理论

相关分析就是对变量之间的相关关系的分析，其任务就是对变量之间是否存在必然的联系、联系的方式、变动的方向作出符合实际的判断，并测定它们联系的密切程度，检验其有效性。

回归分析包括多种类型，根据所涉及变量的多少不同，可分为简单回归分析和多元回归分析；根据变量变化的表现形式不同，回归分析也可分为直线回归分析和曲线回归分析。

4. 统计决策理论

由统计学家瓦尔德在1950年提出的一种数理统计学的理论，把数理统计问题看成是统计学家与大自然之间的博弈。用这种观点把各种各样的统计问题统一起来，以对策论的观点来研究。

六、统计学与环境管理

环境管理所涉及的对象、内容、范围及手段，几乎都要通过统计信息的反馈来反映。在环境管理、科研工作中，不仅要及时、准确地收集、整理和上报统计报表，更重要的是应用所有的环境统计资料，提出解决问题的办法，这样才能有利于指导工作，有利于提高管理水平，发挥其整理和传递环境管理信息的作用：检查环境管理效果；监督环保方针和法规的实施；为环境工程技术咨询服务；为企业提高经济效益、环境效益服务等。

第三章　环境管理制度

1979 年,《中华人民共和国环境保护法(试行)》用法律的形式对"三同时"做出明确规定,使其成为一项环境保护法律制度。在实施"三同时"制度的基础上,又相继提出和实施了环境影响评价制度和排污收费制度,这三项环境管理制度被简称为"老三项"制度。

在环境保护作为基本国策已深入人心的基础上,1989 年召开的第三次全国环境保护会议,总结环境保护管理经验和环境管理制度的贯彻实践,提出要开拓有中国特色的环境保护道路,又集中出台了环境保护目标责任制、城市环境综合整治定量考核、排污许可证制度、污染物集中控制和限期治理等五项环境管理制度。这五项制度被简称"新五项"制度。

第一节　"三同时"制度

一、"三同时"制度的概念

"三同时"制度是指一切新建、扩建、改建项目、技术改造项目以及区域开发建设项目以及可能对环境造成损害的其他工程项目,其有关防治污染和其他公害的设施和其他环境保护设施必须与主体工程同时设计、同时施工、同时投产的制度。

"三同时"制度是我国环境管理的基本制度之一,也是我国所独创的一项环境法律制度,同时也是控制污染源的产生,实现"预防为主"方针的一条重要途径。

二、"三同时"制度的产生与发展

1972 年 6 月,在国务院批转的《国家计委、国家建委关于官厅水库污染情况和解决意见的报告》中第一次提出了工厂建设和"三废"利用工程要同时设计、同时施工、同时投产的要求。

1973 年,经国务院批转的《关于保护和改善环境的若干规定》中规定:一切新建、扩建和改建的企业,防治污染设施,必须和主体工程同时设计、同时施工、同时投产,正在建设的企业没有采取防治措施的,必须补上。各级主管部门要会同环境保护和卫生等部门,认真审查设计,做好竣工验收,严格把关。从此,"三同时"成为我国最早的环境管理制度之一。

1979 年,《中华人民共和国环境保护法(试行)》对"三同时"制度从法律上加以确认,第 6 条规定:"在进行新建、改建和扩建工程时,必须提出对环境影响的报告书,经环境保护部门和其他有关部门审查批准后才能进行设计;其中防止污染和其他公害的设施,必须与主体工程同时设计、同时施工、同时投产;各项有害物质的排放必须遵守国家规定的标准。"

1981 年 5 月，由国家计委、国家建委、国家经委、国务院环境保护领导小组联合下达的《基本建设项目环境保护管理办法》，把"三同时"制度具体化，并纳入基本建设程序。第二次全国环境保护会议以后又颁布了《建设项目环境设计规定》，进一步强化了这一制度的功能。

《中华人民共和国环境保护法》总结了实行"三同时"制度的经验，在第 26 条中规定："建设项目中防治污染的设施，必须与主体工程同时设计、同时施工、同时投产使用。防治污染的设施必须经原审批环境影响报告书的环境保护行政主管部门验收合格后，该建设项目方可投入生产或者使用。"针对现有污染防治设施运行率不高、不能发挥正常效益的问题，该条还规定："防治污染的设施不得擅自拆除或者闲置，确有必要拆除或者闲置的，必须征得所在地的环境保护行政主管部门同意。"第 36 条还对违反"三同时"的法律责任作出了规定。

三、"三同时"制度的适用范围

（1）新建、扩建、改建项目。新建项目，是指原来没有任何基础，从无到有开始建设的项目。扩建项目，是指为扩大产品的生产能力或提高经济效益，在原有建设的基础上又建设的项目。改建项目，是指在原有设施的基础上，为了改变生产工艺、产品种类或者为了提高产品产量、质量，在不断扩大原有建设规模的情况下而建设的项目。

（2）技术改造项目。技术改造项目是指利用更新改造资金进行挖潜、革新、改造的建设项目。

（3）一切可能对环境造成污染和破坏的工程建设项目。这方面的项目包括的范围特别广，几乎不分建设项目的大小、类别，也不管是新建、扩建或改建，只要可能对环境造成污染和破坏，就要执行"三同时"制度。

（4）确有经济效益的综合利用项目。

四、"三同时"制度的主要内容

1. 同时设计

要求建设项目配套的环保设施与主体工程同时设计。在项目建议书阶段，应对建设项目建成后可能造成的影响进行简要说明；在可行性研究报告书中应有环境保护的专门论述；初步设计中必须有环境保护篇章；施工图设计必须按已批准的初步设计文件及环境保护篇章规定的措施进行。其中涉及的环保设施的设计标准是浓度控制标准（达标排放）或总量控制标准，设计能力要有发展余地，其依据是建设项目环境影响报告书或环境影响报告表的要求和建议。

2. 同时施工

在建设项目施工阶段，环保设施必须与主体工程同时施工，其目的是保证同时投产。环保设施施工方案要以设计方案为依据，按照设计方案要求进行施工。达不到设计要求或者不按设计要求进行施工，其结果将无法实现浓度控制或总量控制的目标。

3. 同时投产

要求完成同时施工的环保设施与建设项目主体工程同时投入运行，同时投产的前提是环保设施与主体工程同时进行竣工验收，分期建设、分期投入生产或使用的建设项目，其相应的环境保护设施应当分期验收。环境保护设施经验收合格，该建设项目方可正式投入生产或者使用。

4. 各有关部门的职责

环境保护行政主管部门对建设项目的环境保护实施统一的监督管理：对设计任务书（可行性研究报告）和经济合同中有关环境保护的内容审查；对初步设计中的环境保护篇章的审查及建设施工的检查；对环境保护设施的竣工验收；对环保设施运转和使用情况的检查监督；对违反"三同时"制度行为者的认定和处罚等。

五、违反"三同时"制度的法律后果

（1）初步设计环境保护篇章未经环境保护行政主管部门审查批准，擅自施工的，除责令停止施工，补办审批手续外，还可以对建设单位及其责任人处以罚款；建设项目的环境保护设施没有建成或者没有达到国家规定的要求投入生产或使用的，由批准该建设项目环境影响报告书的环境保护行政主管部门责令停止生产或者使用，可以并处罚款。

（2）因违反"三同时"制度而造成环境污染破坏和其他公害的，除承担赔偿责任外，环境保护行政主管部门还可以对其给予行政处罚。

六、"三同时"制度的作用

我国对环境污染的控制包括两个方面：①对原有老企业污染的治理；②对新建项目产生的新污染的防治。

"三同时"制度是根据"预防为主"的方针，落实防治开发建设活动对环境产生污染与破坏的措施，并根据"以新带老"的原则加速治理已有的污染，防止新建项目建成投产后，出现新的环境污染与破坏，以保证经济效益、社会效益与环境效益相统一。"三同时"制度是防止新污染产生的卓有成效的法律制度。

"三同时"制度的实行和后文中的环境影响评价制度结合起来，成为贯彻"预防为主"方针的完整的环境管理制度。因为只有"三同时"而没有环境影响评价，会造成选址不当，只能减轻污染危害，而不能防止环境隐患，而且投资巨大。把"三同时"和环境影响评价结合起来，才能做到合理布局，最大限度地消除和减轻污染，真正做到防患于未然。

第二节　环境影响评价制度

一、环境影响评价的概念

环境影响评价又称环境质量预断评价和环境影响分析。《中华人民共和国环境影响评价法》第二条规定：本法所称环境影响评价，是指对规划和建设项目实施后可能造成的环境影响进行分析、预测和评估，提出预防或者减轻不良环境影响的对策和措施，进行跟踪监测的方法与制度。

环境影响评价制度是法律对进行这种调查、预测和估计的范围、内容、程序、法律后果等所作的规定，是环境影响评价在法律上的表现。

二、环境影响评价的产生与发展

环境影响评价的概念最早是在 1964 年加拿大召开的一次国际环境质量评价学术会议上提出来的。而环境影响评价作为一项正式的法律制度则首创于美国。到 20 世纪 70 年代末，美国绝大多数州相继建立了各种形式的环境影响评价制度。1977 年，纽约州还制定了专门的《环境质量评价法》。

瑞典在其 1969 年的《环境保护法》对环境影响评价制度做了规定。日本于 1972 年 6 月 6 日由内阁批准了公共工程的环境保护办法，首次引入环境影响评价思想。澳大利亚于 1974 年制定了《环境保护（拟议影响）法》，法国于 1976 年通过的《自然保护法》第 2 条规定了环境影响评价制度，英国于 1988 年制定了《环境影响评价条例》。

德国于 1990 年、加拿大于 1992 年、日本于 1997 年也先后制定了以《环境影响评价法》为名称的专门法律。俄罗斯也于 1994 年制定了《俄罗斯联邦环境影响评价条例》。我国台湾地区、香港地区亦有专门的环境影响评价法或条例。据统计，到 1996 年全世界已有 85 个国家和地区制定了有关环境影响评价的立法。

我国于 1978 年制定的《关于加强基本建设项目前期工作内容》中提出了进行环境影响评价的问题，成为基本建设项目可行性研究报告中的一项重要篇章。1979 年 9 月发布的《中华人民共和国环境保护法（试行）》将这一制度法律化。该法第 6 条规定：一切企业、事业单位的选址、设计、建设和生产，都必须充分注意防止对环境的污染和破坏。在进行新建、改建和扩建工程时，必须提出环境影响报告书，经环境保护部门和其他有关部门审查批准后才能进行设计。第 7 条还规定：在老城市改造和新城市建设中，应当根据气象、地理、水文、生态等条件，对工业区、居民区、公用设施、绿化地带等做出环境影响评价。

1981 年 5 月，国家计委、国家建委、国家经委和国务院环境保护领导小组联合颁布了《基本建设项目环境保护管理办法》，对环境影响评价的基本内容和程序做了规定，后经 5 年的实践，1986 年 3 月，以国务院环境保护委员会、国家计委、国家经委的名义又一次联合颁布了《建设项目环境保护管理办法》。1998 年又进一步完善了原有办法，颁布了《建设项目环境保护管理条例》。

现在，我国的《海洋环境保护法》、《水污染防治法》、《大气污染防治法》、《环境噪声污染防治法》、《固体废物污染防治法》、《放射性污染防治法》、《清洁生产促进法》和《草原法》、《野生动物保护法》、《水法》、《防沙治沙法》等法律中，都有关于环境影响评价的规定。全国许多省、市、自治区也根据中央的有关法律、法规、规定和办法，制定了相应的地方法规和实施细则。

1989 年颁布的《中华人民共和国环境保护法》明确规定：建设污染环境的项目，必须遵守国家有关建设项目环境保护管理的规定。建设项目的环境影响报告书，必须对建设项目产生的污染和对环境的影响作出评价，规定防治措施，经项目主管部门预审并依照规定的程序报环境保护行政主管部门批准。环境影响报告书经批准后，计划部门方可批准建设项目设计任务书。

2002 年 10 月 28 日，第九届全国人大常委会通过《中华人民共和国环境影响评价法》，从 2003 年 9 月 1 日起正式实施。该法的颁布是我国环境影响评价史的重要里程碑，环境影响评价制度自此跃上新台阶，发展到一个新阶段。

实践证明，环境影响评价报告书既是为科学决策提供依据的技术性文件，又是履行环境保护法规的法律文件。

三、环境影响评价制度的主要内容

1. 环境影响评价适用范围

（1）对环境有影响的工业、交通、水利、农林、商业、卫生、文教、科研、旅游、市政等基本建设项目、技术改造项目、区域开发建设项目以及一切引进项目，包括中外合资、中外合作和外商独资的建设项目。根据建设项目的大小、开发建设的性质、建设地点的环境敏感程度来判断开发建设项目是否对其环境会产生影响。

（2）国务院有关部门、设区的市级以上地方人民政府及其有关部门对其组织编制的土地利用的有关规划；区域、流域、海域的建设、开发利用规划；工业、农业、畜牧业、林业、能源、水利、交通、城市建设、旅游自然资源开发的相关专项规划。

2. 环境影响评价的时限

（1）建设项目环境影响评价报告书（表）应在项目的可行性研究阶段完成（铁路、交通等建设项目，经审批权的环境保护行政主管部门同意，可在初步设计完成前完成）。

（2）发展规划环评应在规划草案上报前完成。

3. 环境影响评价的形式

规划环境影响评价的形式包括环境影响篇章或说明、环境影响报告书两种。建设项目和区域环境影响评价的形式包括环境影响报告书、环境影响报告表、环境影响登记表三种。

（1）规划环境影响的篇章或者说明

规划环境影响的篇章或者说明应当对规划实施后可能造成的环境影响做出分析、预测和评估，提出预防或者减轻不良环境影响的对策和措施。规划环境影响篇章至少包括4个方面的内容：前言、环境现状描述、环境影响分析与评价、环境影响减缓措施。

（2）专项规划的环境影响报告书

专项规划的环境影响报告书包括下列内容：

① 实施该规划对环境可能造成影响的分析、预测和评估。

② 预防或者减轻不良环境影响的对策和措施。

③ 环境影响评价的结论。

（3）建设项目环境影响报告书

建设项目环境影响报告书主要内容包括：总论、建设项目概况、建设项目周围地区的环境状况调查，建设项目对环境可能造成影响的分析、预测和评估，环保措施及技术经济论证，环境监测制度建议，环境影响经济损益简要分析、结论、存在的问题与建议等方面。

（4）环境影响报告表

环境影响报告表是由建设单位向环境保护行政主管部门上报的关于建设项目概况及其环境影响的表格。其主要内容包括：项目名称，建设性质、地点、占地面积，投资规模，主要产品产量，主要原材料用量，有毒原料用量，给排水情况，年能耗情况，生产工艺流程或资源开发、利用方式简要说明；污染源及治理情况分析，包括产生污染的工艺装置或设备名称，产生的污染物名称、总量、出口浓度，治理措施、回收利用方案或其他处置措施和处理效果；建设过程中和项目建成后对环境影响的分析及需要说明的问题。

（5）环境影响登记表

环境影响登记表包括项目概况、项目内容及规模、原辅材料及主要设施规格、数量、水及能源消耗量、废水排水量及排放去向、周围环境简况、生产工艺流程简述、拟采取的防治污染措施等内容。

4. 环境影响评价的程序

环境影响评价的程序是进行环境影响评价所应遵循的步骤和履行的手续的总称。根据环境影响评价不同阶段的内容，可把环境影响评价程序分为评价形式筛选、评价工作程序和环境影响报告书（表）审批程序。

（1）评价形式筛选

① 建设项目环境影响评价形式筛选

环境影响评价形式筛选的主要任务是确定一个开发建设项目是编制环境影响报告书还是填写环境影响报告表或填报环境影响登记表。目前主要是根据开发建设项目的规模大小和对环境影响的大小来决定环境影响评价形式。

根据《建设项目环境条例》第7条的规定，国家根据建设项目对环境的影响程度，实行分类管理：

第一类是对环境可能造成重大影响的项目。该类项目应当编制环境影响报告书，对建设项目产生的污染和对环境的影响进行全面、详细的评价。

第二类是对环境可能造成轻度影响的项目。该类项目应当编制环境影响报告表，对建设项目产生的污染和对环境的影响进行分析或者专项评价。

第三类是对环境影响很小的项目。此类项目只需要填报环境影响登记表。

《建设项目环境保护分类管理名录》对重大影响、轻度影响、影响很小进行了明确界定，并对各类建设项目的具体名录进行了明列。

② 规划环境影响评价形式筛选

国务院有关部门、设区的市级以上地方人民政府及其有关部门，对其组织编制的土地利用的有关规划，区域、流域、海域的建设、开发利用规划，应当在规划编制过程中组织进行环境影响评价，编写该规划有关环境影响的篇章或者说明。国务院有关部门、设区的市级以上地方人民政府及其有关部门，对其组织编制的工业、农业、畜牧业、林业、能源、水利、交通、城市建设、旅游、自然资源开发的有关专项规划（以下简称专项规划），应当在该专项规划草案上报审批前，组织进行环境影响评价，并向审批该专项规划的机关提出环境影响报告书。

（2）评价工作程序

评价工作程序包括评价委托、评价大纲编写与审查、评价报告书编写与报送、评价报告书修改与报批。

需要编写环境影响报告书的项目，应首先由建设单位负责建设项目环境影响评价的立项和筹备工作，并委托有评价资格的评价单位承担评价工作。被委托单位针对建设项目的具体情况和项目所在地的环境特征来编制建设项目环境影响评价大纲。该大纲送环境保护行政主管部门审查，若未审查通过，则返回重编。若审查通过，则由评价工作单位正式开展评价工作，按大纲及其审查意见和要求编写环境影响报告书。

需要填报环境影响报告表的项目，建设单位应当委托有环境影响评价资质的单位填写。

需要填写环境影响登记表的项目，可以由建设单位填写，如果填写有困难应当委托有环境影响评价资质的单位填写。

环境影响报告书或环境影响报告表完成后，由委托进行环境影响评价的单位报送环保行政主管部门，由该环保部门组织环境评价文件的审查，审查后形成书面的专家意见，评价单位根据专家意见修改报告书，修改完毕报送环保行政主管部门审批。

（3）环境影响报告书（表）审批程序

环境影响报告书（表）审批程序包括评价大纲审查、评价报告书（表）审查、评价报告书审批。环境保护行政主管部门作为管理主体，对建设单位执行环境影响评价制度的情况和评价单位开展环境影响评价工作的情况进行监督和检查，提出修改意见，指导环境影响评价工作。

四、违反环境影响评价制度的法律后果

1. 建设项目环境影响评价的法律责任

（1）建设单位及其工作人员的法律责任

《环境影响评价法》第 31 条规定了建设单位在建设项目环境影响评价申的法律责任：

建设单位未依法编制、报审建设项目环境影响评价文件，擅自开工建设的，由有权审批该项目环境影响评价文件的环境保护行政主管部门责令业主停止建设，限期补办环保手续。超过限期未补办环保审批手续的，可以处业主 5 万元以上 20 万元以下罚款。对国有性质的建设单位，在上述环保行政主管部门责令停止建设和罚款的同时，由有关部门依法对直接负责的主管人员和其他直接责任人员给予行政处分。

（2）负责预审、审核、审批环境影响评价文件的部门的法律责任

《环境影响评价法》第 34 条规定：负责预审、审核、审批建设项目环境影响评价文件的部门在审批中收取费用的，由其上级机关或者监察机关责令退还；情节严重的对直接负责的主管人员和其他直接责任人员依法给予行政处分。

《环境影响评价法》第 35 条规定：环保行政主管部门或者其他部门的工作人员徇私舞弊，滥用职权，玩忽职守，违法批准建设项目环境影响评价文件的，依法给予行政处分；构成犯罪的，依法追究刑事责任。

2. 规划环境影响评价的法律责任

（1）规划编制部门有关人员的法律责任

《环境影响评价法》第 29 条规定：规划编制机关违反本法规定，组织环境影响评价时弄虚作假或者有失职行为，造成环境影响评价严重失实的，对直接负责的主管人员和其他责任人员，由上级机关或者监察机关依法给予行政处分。

（2）规划审批机关有关人员的法律责任

《环境影响评价法》第 30 条规定：规划审批机关对依法应当编写有关环境影响的篇章或者说明而未编写的规划草案，依法应当附送环境影响报告书而未附送的专项规划草案，

违法予以批准的，对直接负责的主管人员和其他直接责任人员，由上级机关或者监察机关依法给予行政处分。

五、环境影响评价制度的作用

环境影响评价制度和"三同时"制度，是我国贯彻"预防为主"、控制污染的两项主要制度，实施环境影响评价制度具有以下作用：

（1）环境影响评价制度在保证建设项目选址的合理性上起了突出作用。

（2）从国家的技术政策方面对新建项目提出了新的要求和限制，以减少重复建设、杜绝新污染的产生。

（3）对可以开发建设的项目提出了超前的污染预防对策和措施，强化了建设项目的环境管理。

（4）实施环境影响评价制度的步骤和程序都贯穿在基本建设各个阶段，使计划管理、经济管理、建设管理都包含环境保护的内容，从而把建设项目环境管理纳入国民经济计划轨道，促进经济建设和环境保护的协调发展。

（5）进行环境影响评价可以调动社会各方面保护环境的积极性，如科研院所和高等院校具备较齐全的实验测试条件，容易保证评价的科学性。工程设计单位由于熟悉国内外该类工程项目的发展水平和发展趋势，能有针对性地提出综合治理对策，做到技术、经济上的可行、合理。而管理单位熟悉各种法规，便于组织协调和监督。从而促进了国家检测技术、预测技术和管理水平的提高。

（6）为开展区域政策环境影响评价，实施环境与发展综合决策创造了条件。

六、目前我国环境影响评价制度中的问题

（1）时间滞后。由于建设项目所在地的环境质量现状、污染状况等背景资料欠缺，需要做大量的调查和测试工作，花费时间较长。

（2）环境影响评价中提出的环境保护措施在工程的建设过程中得不到落实，使环境影响评价失去了指导作用。

（3）许多城市功能分区不明确或没有功能分区，合理布局得不到落实。

（4）由于一些项目的环境评价质量不高，常常带来不应有的纠纷或损失。

（5）公众参与度不高。

第三节　排污收费制度

一、排污收费制度的概念

排污收费制度是对环境排放污水、废气、固废、噪声、放射性等各类污染物，按照一定标准收取一定数额的费用，以及有关排污费可以计入生产成本，排污费专款专用，以及主要用于补助重点污染与治理等基本原则规定的总称。

这项制度是运用环境价值的理论，运用体现经济效益的机制，促进排污单位防治污染的一项独特的制度。

二、排污收费制度的产生与发展

20世纪70年代末期，按照"污染者负担"的原则，我国提出了"谁污染谁治理"的环境政策，在这个政策的指导下，产生了排污收费制度，这是我国环境管理中最早提出并普遍实行的管理制度之一。

随着我国经济建设、改革开放和环保事业的不断发展，排污收费制度结合我国国情，在实践中不断探索、改革和完善，大体经历了四个发展阶段。

（一）排污收费制度的提出和试行阶段（1978～1981年）

1978年12月中共中央批转的原国务院环境保护领导小组《环境保护工作要点汇报》中首次提出在我国实行"排放污染物收费制度"的设想，1979年9月《中华人民共和国环境保护法（试行）》第18条规定："超过国家规定的标准排放污染物，要按照排放污染物的数量和浓度，根据规定收取排污费"。从法律上确定了我国排污收费制度。自1979年苏州市在全国率先进行排污收费试点开始至1981年底，全国有27个省、自治区、直辖市逐步开展了排污收费试点工作。

（二）排污收费制度的建立和实施阶段（1982～1987年）

1982年2月国务院在总结全国27个省、自治区、直辖市开展排污收费制度试点经验的基础上，发布了《征收排污费暂行办法》，对实行排污收费的目的、排污费的征收、管理和使用做出了统一规定，标志着我国排污收费制度的正式建立。从此，排污收费制度在全国普遍推行。到1987年，我国排污收费额已达14.3亿元，比排污收费制度试行初期增长近10倍。在此期间，我国制定了强化征收，严格管理，改革使用，完善规章，理顺关系的排污收费工作方针，提出了排污收费"拨改贷"设想，为排污收费制度的改革打下了基础。

（三）排污收费制度改革、发展阶段（1988～2003年）

1988年7月，国务院颁布了《污染源治理专项基金有偿使用暂行办法》，在全国实行了排污收费有偿使用，由此揭开了我国排污收费制度改革的帷幕。根据《中华人民共和国水污染防治法》的规定，我国部分省、市开始实行征收超标排污费的同时，开征了污水排污费，原有不合理的收费标准逐步得到调整，现代科学的管理手段——计算机也开始应用于排污收费监理工作。

1991年7月召开了全国排污收费工作会议，会议提出了我国"八五"时期排污收费工作的目标和任务，以及"依法征收、深化改革、科学管理、健全体制、提高效益"的工作方针。

从1993年10月起，在全国范围内开征污水排污费。经国务院批准，我国开始在广东、贵州两省和杭州、宜昌等九个城市进行征收工业燃煤二氧化硫排污费的试点工作。污水排污费征收工作的全面实施和工业燃煤二氧化硫排污费征收试点工作的开展，标志着我国的排污收费开始由征收超标排污费向征收排污费，由浓度收费向总量收费方面的重大转变。广西、福建、内蒙古等省、自治区已开始征收环境资源利用的环境补偿费，这是排污收费制度由环境污染向自然生态破坏领域深化扩展的重要起步。

近年来，我国的经济体制发生了重大变化，环境法制建设也获得了长足的进展，在这种新形势下，排污收费制度面临着密切相关的三个不同层次的问题：一是宏观上面临着如何适应社会主义市场经济体制的问题；二是在环境保护管理体制体系框架中，面临着如何与其他环境管理制度和措施相协调的问题；三是从自身建设要求看，它面临着如何完善内部运行机制和有效贯彻落实的问题。这使我国的排污收费制度改革势在必行。

（四）排污收费制度完善阶段（2003 年至今）

2003 年 7 月 1 日《排污费征收使用管理条例》正式实施，与原《征收排污费暂行办法》比较，《排污费征收使用管理条例》主要有四个转变：①由超标收费转向排污就收费，在废水、废气污染物的征收上实行"排污收费，超标处罚"形式。②部分收费项目的收费由浓度收费转向总量与浓度收费相结合的收费形式。③部分收费项目的收费由单因子收费转向多因子收费的形式。④排污收费标准的设计由略高于治理设施的运行成本转向高于污染治理成本。

三、排污收费制度的主要内容

（一）排污费的征收对象

《排污费征收使用管理条例》明确规定排污费的征收对象为"直接向环境排放污染物的单位和个体工商户"（简称排污者）。《条例》所指排污者范围包括工业企业、商业机构、服务机构、政府机构、公用事业单位、军队下属的企业事业单位和行政机关等。实际上包括了一切生产、经营、管理和科研单位，统称排污者。但征收排污费的对象不包括向环境排污的居民户和家庭。对居民和家庭消费引起污染行为的排污收费，国家将另行制定收费办法，一般是采用征收环境税或使用费的形式收费，如污水处理和垃圾处理费的征收形式。

（二）排污费征收的条件

《排污费征收使用管理条例》明确征收排污费的条件是排污者直接向环境排放污染物，同时明确不得重复收费的原则。它规定："排污者向城市污水集中处理设施排放污水，缴纳污水处理费用的，不再缴纳排污费。排污者建成工业固体废物贮存或者处理设施、场所并符合环境保护标准，或者其原有工业固体废物贮存或者处置设施、场所经改造符合环境保护标准的，自建成或者改造完成之日起，不再缴纳排污费。"另外，对于集中处理工业废水的工业区内的排污单位属未直接向环境排放污水的排污者，不缴纳污水排污费。但工业区内的污水厂营运单位属于排污者，应缴纳污水排污费，超标排放的污染物还应当加倍收费。

（三）排污费征收的政策

1. 实行排污就收费的政策

对废气、废水中的污染物根据相关的法律实行排污就收费，超标就处罚或加倍的政策；对固体废物根据相关的法律实行排污就一次性收费的政策；对噪声根据相关的法律实行超标排放收费的政策。

2. 排污费的强制征收和限期缴纳政策

排污费是排污者对其污染环境行为的一种经济补偿，是纳入财政预算的一种专项资金，征收排污费是一种法律规定的政府行为，排污者必须按规定，按时、如数缴纳。如有迟缴、拒缴行为，将会受到相应的行政处罚，环保部门可以向法律部门申请强制执行，对逾期缴费的按规定还要征收滞纳金。

3. 排污费的征收管理实行程序化

程序化的管理便于全国征收排污费工作的统一、明晰，更有利于排污申报和排污收费数据和资料的信息化管理。

4. 排污费工作实行政务公开

在排污费确定和排污费减免、缓缴等项工作中实行公示制度，有利于排污收费工作公平、公正的实施。

5. 排污费减免和缓缴的规定

对排污者遇到不可抗力自然灾害和突发事件或非盈利性社会公益事业单位，符合规定的条件，可以申报减免排污费。对遇到不可抗力自然灾害和突发事件申请减免排污费期间或经营困难的排污者，可以按照规定申请缓缴排污费。

6. 缴纳排污费不免除其他法律责任

《排污费征收使用管理条例》第12条规定排污者缴纳排污费，不免除其防治污染、赔偿污染损害的责任和法律、行政法规规定的其他责任。

(四) 排污费收费标准

污水、废气排污费按污染物种类、数量以污染当量为单位实行总量排污收费。

1. 污水

对向水体排放污染物的，按照排放污染物的种类、数量计征污水排污费；超过国家或者地方规定的水污染物排放标准的，按照排放污染物的种类、数量和《排污费征收标准管理办法》规定的收费标准计征的收费额加倍征收超标排污费。对向城市污水集中处理设施排放污水、按规定缴纳污水处理费的，不再征收污水排污费。

污水排污费按排污者排放污染物的种类、数量以污染当量计征，每一污染当量征收标准为0.7元。

对每一排放口征收污水排污费的污染物种类数，以污染当量数从多到少的顺序，最多不超过3项。其中，超过国家或地方规定的污染物排放标准的，按照排放污染物的种类、数量和《排污费征收标准管理办法》规定的收费标准计征污水排污费的收费额加倍征收超标排污费。

污水排污费计算方法为：污水排污费收费额 = 0.7元 × 前3项污染物的污染当量数之和。对超过国家或者地方规定排放标准的污染物，应在该种污染物排污费收费额基础上加倍征收超标准排污费。同一排放口中的化学需氧量(COD)、生化需氧量（BOD_5)和总有机碳(TOC)，只征收一项。

2. 废气

对向大气排放污染物的，按照排放污染物的种类、数量计征废气排污费。对机动车、飞机、船舶等流动污染源暂不征收废气排污费。

废气排污费按排污者排放污染物的种类、数量以污染当量计算征收，每一污染当量征收标准为0.6元。其中，二氧化硫排污费，第一年每一污染当量征收标准为0.2元，第二年(2004年7月1日起)每一污染当量征收标准为0.4元，第三年(2005年7月1日起)达到与其他大气污染物相同的征收标准，即每一污染当量征收标准为0.6元。氮氧化物在2004年7月1日前不收费，2004年7月1日起按每一污染当量0.6元收费。

对每一排放口征收废气排污费的污染物种类数，以污染当量数从多到少的顺序，最多不超过 3 项。

大气污染物排污费计算方法为：废气排污费征收额 = 0.6 元 × 前 3 项污染物的污染当量数之和。

对难以监测的烟尘，可按林格曼黑度征收排污费。

3. 固废

对没有建成工业固体废物贮存、处置设施或场所，或者工业固体废物贮存、处置设施或场所不符合环境保护标准的，按照排放污染物的种类、数量计征固体废物排污费。对以填埋方式处置危险废物不符合国务院环境保护行政主管部门规定的，按照危险废物的种类、数量计征危险废物排污费。

在固体废物及危险废物排污费征收标准方面规定：对无专用贮存或处置设施和专用贮存或处置设施达不到环境保护标准排放的工业固体废物，一次性征收固体废物排污费。对以填埋方式处置危险废物不符合国家有关规定的，危险废物排污费征收标准为每次每吨 1000 元。

4. 噪声

对环境噪声污染超过国家环境噪声排放标准，且干扰他人正常生活、工作和学习的，按照噪声的超标分贝数计征噪声超标排污费。对机动车、飞机、船舶等流动污染源暂不征收噪声超标排污费。

（五）排污费征收的程序

（1）排污申报登记；

（2）排污申报登记审核；

（3）排污申报核定；

（4）计算排污费；

（5）征收排污费；

（6）排污费结缴入库。

（六）排污费征收管理与使用

排污费征收管理按国务院的规定转为"收支两条线"。即由环保部门确定排污并送达排污费通知单，银行、财政部门收缴、管理排污费的程序。排污费必须纳入财政预算，列入环保专项资金管理，主要用于下列项目的拨款补助或者贷款贴息：

（1）重点污染源防治；

（2）区域性污染防治；

（3）污染防治新技术、新工艺的开发、示范和应用；

（4）国务院规定的其他污染防治项目。

四、排污收费制度发挥的作用

（一）促进了老污染源治理

在全国开征排污费以前，防治工业污染的进展非常缓慢。当时企业治理污染主要是向国家伸手要钱、要物，缺乏防治污染的自觉性和主动性。近些年来，通过开展环境保护宣传教育，特别是运用经济杠杆和法律手段进行环境监督，深入开展征收排污费工作，促进"谁污染谁治理"政策的落实，提高了企业防治污染的自觉性。

（二）有力地控制了新污染源

对不执行"三同时"或有治理设施不运转，排放污染物又超过排放标准的单位实行加倍收费，有力地控制了新污染源。

（三）促使排污单位加强经营管理

征收排污费促使排污单位从经济上分析比较治理与不治理的利害得失，促使其加强经营管理，建立规章制度，严格管理，减少跑、冒、滴、漏，提高设备完好率。

（四）推动了综合利用，提高了资源、能源的利用率

工业"三废"排放量越大，原材料利用率越低，资源能源的消耗量越多，生产成本也就越高，很多可以综合利用、回收的资源、能源白白浪费掉了。征收排污费大大促进企业节约和综合利用资源。

（五）为防治污染提供了大量专项资金

（六）加强了环境保护部门自身建设，促进了环境保护工作

综上所述，排污收费在环境管理中的地位和作用日益显示出来，随着这项制度的健全和完善，必将发挥其越来越大的作用。

第四节　环境保护目标责任制度

一、环境保护目标责任制度的概念

环境保护目标责任制度是一种具体落实到地方各级人民政府和有污染的单位对环境质量负责的行政管理制度。

环境保护目标责任制度与其他管理制度的主要区别是明确地方政府的区域环境质量责任。因此，这项制度的执行主体是各级地方政府，环保部门作为政府的职能部门具有指导与监督的作用。

二、环境保护目标责任制度的依据和机制

（一）以社会主义初级阶段的基本国情为基础

从环境状况看，我国人口众多，人均资源少，科学技术水平低，环境污染和生态破坏都相当严重。广大人民群众对改善和保护环境的要求日益迫切，对政府强化环境管理，搞好环境保护工作坚决拥护。

从社会制度看，我国经济运行体制是社会主义市场经济，国家依靠行政手段，强化政府职能，各级政府行政首长具有很大的责任和权限。同时，由于我国人口素质还不高，人们法制观念还比较淡薄，这些都使运用行政权威遏制污染蔓延成为现实可行的手段。

从经济实力看，我国不可能拿出许多钱来治理污染。我国的环境污染在很大程度上是管理不善造成的，在现阶段环境保护工作就是要向管理要质量，而强化管理必须依靠行政力量，环境保护目标责任制则是一项有效的行政管理制度。

（二）以现行法律为依据

《环境保护法》第16条规定："地方各级人民政府，应当对本辖区的环境质量负责，采取措施改善环境质量。"第14条规定："产生环境污染和其他公害的单位，必须把环境

保护工作纳入计划，建立环境保护责任制度，采取有效措施，防治在生产建设或其他活动中产生的废气、废水、废渣、粉尘、恶臭气体、放射性物质以及噪声、振动、电磁波辐射等对环境的污染和危害。"这就是推行环境目标责任制的法律依据。从国家基本法上解决了谁对环境质量负责的问题，明确了责任者应尽的义务。

（三）以责任制为核心

在过去相当长的时间里，资源的利用和保护环境方面没有明确的责任，呈现一种责任界定模糊状态。在治理污染、保护资源和环境方面又互相推诿。资源利用和培植不合理，必然会导致低效、高费和对环境的严重污染。而环境保护目标责任制诱发了内在动因，启动了责任机制，有效地解决了资源培植方面环境保护责任不明的弊端。

（四）以行政制约为机制

环境保护目标责任制的责任者主要是政府的行政首长。因而行政制约有很强的力量。通过层层签订责任书，层层分解环境责任，逐级负责，这就使各个层次的领导都有了责任压力，加之以广泛的社会舆论监督和必要的奖罚手段，会进一步强化行政制约机制的作用。

三、环境保护目标责任制的特点

环境保护目标责任制作为一项新制度虽然出台时间不长，但在社会上产生了强烈影响，究其原因，是由其性质决定的。环境保护目标责任制的性质就是社会主义制度下各级政府领导人依照法律应当承担的环境保护责任、义务和权利，用建立责任制的形式固定下来，并把它引入到环境管理中来的一种特有的环境管理模式。

环境保护目标责任制经过充实和发展，逐步形成了如下特点：

（1）有明确的时间和空间界限。一般以一届政府的任期为时间界限，以行政单位所辖地域或行业、企业为空间界限。

（2）有明确的环境质量目标，定量要求和可分解的质量指标。

（3）有明确的年度工作指标。

（4）以责任制等形式层层落实。

（5）有配套的措施，支持保证系统和考核奖惩办法。

（6）有定量化的监测和控制系统。

四、环境保护目标责任制的类型

（1）确定政府任期目标和环境管理指标，通过行政机构逐层签订责任书，对指标进行层层分解，逐级下达，直至企业。这种类型最普遍，其中"五长负责制"最具代表性，即省长对市长、市长对区县长、区县长对乡长或厂长经理签状，层层负主责。

（2）各个系统、各个部门都签责任书。这样立体垂直进行杜绝了死角和缺口，使各行各业、方方面面都有保护环境的义务和责任。

（3）政府直接与企业签订责任书或实行环境保护指标承包。政府依据本市工业企业承包经营责任制的执行情况和环保工作任务的轻重，分批下达实行企业环境保护责任制的企业名单，与企业厂长或经理签订"企业环保目标责任书"。

（4）把环境效益与城市经济效益挂钩签订责任书。城市的环境质量状况及环境保护工作目标完成程度与全市机关事业单位广大干部职工的奖金挂钩，奖金的核定根据环境质量状况与环境保护目标完成程度而上下浮动，便全体干部、全体职工都关心环境质量的改善。

五、环境保护目标责任制的工作程序

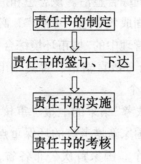

责任书的制定

↓

责任书的签订、下达

↓

责任书的实施

↓

责任书的考核

六、环境保护目标责任制的作用

环境保护目标责任制的作用主要表现在以下几个方面：

（1）加强了各级政府对环境保护的重视和领导，使环保真正列入各级政府的议事日程，使环境保护这一国策得以具体贯彻。

（2）有利于把环境保护纳入国民经济和社会发展计划及年度工作计划，疏通环保资金渠道，便环保工作得以真正落实。

（3）有利于协调环保部门和政府有关部门齐抓共管环保工作，调动各部门的积极性，大家动手，改变过去环保部门一家孤军作战的局面。

（4）有利于由单项治理、分散治理转向区域综合防治，实现整体环境的改善。

（5）有利于把环保工作从软任务变成硬指标，实现由一般化管理向科学化、定量化、指标化管理的转变。

（6）促进了环保机构的建设，强化了环保部门的统一监督管理职能。

（7）增加了环保工作的透明度，有利于动员全社会对环境保护参与和监督。

总之，这项制度是环境管理制度的"龙头"，它既可以将上述"老三项制度"纳入责任状，也可将其他四项制度纳入责任状，所以，从环保角度讲，这项制度具有全局性。它已成为各级环境保护部门全方位推进环保管理工作的载体，是协调环境与发展的有效手段。

第五节　城市环境综合整治定量考核制度

一、城市环境综合整治定量考核制度的概念

城市环境综合整治定量考核制度是以城市环境综合整治规划为依据，在城市政府的统一领导下，通过科学的、定量化的城市环境综合整治指标体系，把城市各行各业、各个部门组织起来，开展以环境、社会、经济效益统一为目标的环境建设、城市建设、经济建设，使城市环境综合整治定量化。

二、城市环境综合整治定量考核制度的产生与发展

作为环境保护发展到一定阶段产生的环境保护思想和技术手段，城市环境综合整治自1984 年起在我国得到广泛推行。1984 年 10 月中共中央在《关于经济体制改革的决定》中明确指出城市政府应当进行环境的综合整治。该思想和措施在全国推行后，在城市环境治理中取得了较好的成效，为了巩固成效和进一步推广，必须把城市环境综合整治纳入法制管理轨道，由此产生了我国环境管理中的"城市环境综合整治定量考核制度"。

截至 2003 年底国家环保总局考核直辖市、省会城市、计划单列市、重点旅游城市、沿海开放和经济特区城市共计 47 个。

2004 年，国家环保总局对"城考"结果的上报、审核和发布方式进行了改革，全国正式上报结果的城市达到 500 个。国家新增考核的环保重点城市 66 个，由国家公布"城考"结果的环保重点城市增加到 113 个。国家首次公布各省、自治区、直辖市对所辖城市的"城考"的排名结果。

三、实施的法律依据

1985 年 10 月，国务院召开了"全国城市环境保护工作会议"，原则通过了《关于加强城市环境综合整治的决定》。1988 年 9 月，国务院在《关于城市环境综合整治定量考核的决定》中确定了考核的范围。同年 12 月，国务院环委会发出《定量考核实施办法》及有关技术文件，决定自 1989 年 1 月开展考核工作。

1989 年第三次全国环境保护会议把城市环境综合整治定量考核确定为一项环境管理制度。1997 年 8 月 21 日原国家环保局又发出了《关于调整"九五"城市环境综合整治定量考核指标的通知》，从 1997 年起，国家对城市环境综合整治定量考核采用新体系。

四、城市环境综合整治定量考核制度的主要内容

（一）考核对象

主要是城市政府。从实施考核的主体看，可分为两级：

（1）国家级考核。由国家直接对部分重点城市的环境综合整治工作进行考核。目前，国家直接考核的城市共有 47 个，包括中央直辖市、省会和自治区首府城市、部分风景旅游城市和计划单列市。

（2）省、自治区考核。省、自治区考核本辖区内县级以上城市，具体名单由各省、自治区人民政府自行确定。

（二）考核指标

1. 指标包括的内容

根据国家环境保护总局颁发的《"十一五"期间城市环境综合整治定量考核指标实施细则》的要求，定量考核的内容包括 4 个方面的内容，即环境质量、污染控制能力、环境基础设施水平、环境管理水平，共 16 项指标（见表 3 - 1），总计 100 分。

表 3－1　城市环境综合整治定量考核的指标表

定量考核方面	指标个数	所占分数	指　　标
环境质量	5	44	API 指数≤100 的天数占全年天数比例（20 分） 集中式饮用水源地水质达标率（8 分） 城市水环境功能区水质达标率（8 分） 区域环境噪声平均值（4 分） 交通干线噪声平均值（4 分）
污染控制	6	30	清洁能源使用率（3 分） 机动车环保定期检测率（2 分） 工业固体废物处置利用率（5 分） 危险废物处置利用率（5 分） 重点工业企业排放稳定达标率（7 分） 万元工业增加值主要污染物排放强度（8 分）
环境建设	3	20	城市生活污水集中处理率（8 分） 生活垃圾无害化处理率（8 分） 建成区绿化覆盖率（4 分）
环境管理	2	6	环境保护机构建设（3 分） 公众对城市环境保护的满意率（3 分）

2. 各项指标的权重分配

权重的设计主要遵循两条原则：一是从指标内容对城市环境质量影响的大小考虑。如大气污染量大、面广，而且危害严重，与城市居民生活息息相关，应当作为考核的重点；二是从指标内容在综合整治中的难易程度和对改善环境的作用考虑。除根据上述原则外，同时参考了远期和近期环境规划目标的不同要求。

（三）考核程序

定量考核每年进行一次。考核的具体程序是，每年年终由城市政府组织有关部门对各项指标完成情况进行汇总，填写《城市环境综合整治定量考核结果报表》，经省（自治区）环保局总审查后报国家环保总局复查。结果核实后，按得分排出全国名次，公布结果。各省、自治区政府组织对所辖城市进行考核，并在当地公布结果。

（四）考核结果名次排列

（1）按综合指标得分情况排列；

（2）按环境质量指标得分情况排列；

（3）按污染控制指标得分情况排列；

（4）按城市建设指标得分情况排列。

五、城市环境综合整治定量考核制度的作用

（1）可以使城市环境保护工作逐步由定性管理转向定量管理，有利于污染物排放总量控制制度和排污许可证制度的实施。

（2）明确了城市政府在城市环境综合整治中的职责，可以给城市环境保护工作和各级领导带来动力和压力。通过考核评比，能大致衡量城市环境综合整治的状况和水平，找出差距和问题，促进这项工作的深入发展。

（3）可以增加透明度，接受社会和群众的监督，发动广大人民群众共同关心和参与环

环境管理

境保护工作。

（4）促进城市政府运用行政的、法律的、经济的、教育的多种手段，把环境管理与治理紧密结合起来，以管促治，防治结合，控制新老污染的发展。政府将城市的环境建设、经济建设、城市建设紧密地结合起来，通过综合规划、合理布局、调整经济结构、改变能源结构、技术改造、治理污染源、控制污染物排放以及相应的环境监督管理措施等多种形式，保护和改善城市环境。

第六节　排污许可证制度

一、概念

环境保护许可证制度，是指从事有害或可能有害环境的活动之前，必须向有关管理机关提出申请，经审查批准，发给许可证后，方可进行该活动的一整套管理措施。它是环境行政许可的法律化，是环境管理机关进行环境保护监督管理的重要手段。

环境保护许可证，从其作用看，可分为二大类：一是防止环境污染许可证，如排污许可证，海洋倾废许可证，危险废物收集、贮存、处置许可证，放射性同位素与射线装置的生产、使用、销售许可证，废物进口许可证等。二是防止环境破坏许可证，如林木采伐许可证等。从表现形式看，有的叫许可证，有的称为许可证明书、批准证书、注册证书、批件等。

排污许可证制度是指以改善环境质量为目标，以污染物总量控制为基础，对排污的种类、数量、性质、去向、方式等所作的具体规定，是一项具有法律含义的行政管理制度。

我国的污染物排放许可证制度是以改善环境质量为目标，以污染物排放总量控制为基础，由排污单位的申报登记、排污指标的规划分配、许可证的申请和审批颁发、执行情况的监督检查等四步组成的一项环境管理制度。

二、产生与发展

国家环境保护行政主管部门在长期的水环境管理中，认识到当前我国水环境存在的主要问题和环境管理中的弱点，决心将总量控制和排污许可证制度作为一项新的环境管理制度推向全国，于1987年开始了历时三年的排污许可证制度的试点工作。

1988年初，原国家环保局组建了国家环保局排污许可证技术协调组。1988年5月，原国家环保局在北京召开"水污染物排放许可证试点城市工作会议"，此次会议对试点工作的目的、意义作了说明，对试点工作提出了任务和要求。1988年8月，原国家环保局在北戴河环境技术交流中心召开了"水污染物排放许可证管理工作研讨会"，会议期间，各地代表介绍了近年来实施排污许可证制度的工作情况，经验及存在的问题，讨论了技术协调组提交的"水污染物排放许可证试点工作的阶段和要求"、《水污染物排放申报登记与排污许可证审批表》、《填报说明》等三个技术文件，并提出了修改意见。此次会议明确了实施许可证制度的四个阶段及每个阶段的任务和要求。

1989年9月，第二次全国水污染防治工作会议在河南安阳市召开，总量控制和排污许可证制度是会议的中心议题。1990年5月，原国家环保局在上海召开排污许可证技术交流会议。1989年初，作为我国排污许可证制度发源地的上海市，首先完成了总量控制和排污许可证制度的试点工作。随后，常州、徐州、金华、石河子、湘潭等试点城市也都通过了验收。1991 年上半年，其余 12 个试点城市都较好地完成了试点工作任务，通过检查和验收，为期 3 年多的总量控制和排污许可证制度的试点工作全部结束。

1997 年全国环境保护总局发布《关于全面推行排污申报登记的通知》，对在全国范围内全面进行排污申报登记提出具体要求。

三、工作步骤

排污许可证制度主要包括排污单位的申报登记、分配排污量、发放许可证、发证后的监督管理四步工作。

（一）排污申报登记

排污申报登记制度是环境行政管理的一项特别制度。凡是排放污染物的单位，须按规定向环境保护行政主管部门申报登记所拥有的污染物排放设施、污染物处理设施和正常作业条件下排放污染物的种类、数量和浓度。

根据《排污费征收使用管理条例》和《关于排污费征收核定有关工作的通知》的规定，直辖市、设区的市级环境监察部门和县级环境监察部门负责辖区内排污者的排污申报登记管理工作。

排污申报登记的对象是辖区内一切排污者和个体工商户（简称排污者）。向环境排放污染物的排污者，必须按照国家规定如实向所在地环境保护行政主管部门申报登记所拥有的污染物排放设施、处理设施和正常作业条件下排放污染物的种类、数量、浓度、强度等排污有关的正常排污变化等情况。

排污者必须按规定于每年的 12 月 15 日前向当地县级以上环境保护行政主管部门的环境监察机构申报下一年度正常作业条件下排放污染物的种类、数量、浓度及排污情况等有关的各种情况，如实填报《全国排放污染物申报登记表》，并提供与污染排放有关的资料。排污者申报下一年度排放污染物的情况，应以本年度污染物排放的实际情况和下一年度生产计划所需排放污染物的情况为依据。

新、扩、改建和技术改造建设项目的排污申报登记，应在建设项目试生产前 3 个月内上报申报手续。在建制镇及以上范围内产生建筑施工噪声的单位必须在开工前 15 日内办理排污申报登记手续，填报《建筑施工场所排污申报登记表》。排污者可以采取书面填表、网上申报等申报方式进行排污申报。

（二）总量审核分配

确定污染物排放总量控制指标、分配污染物总量削减指标是发放和管理排污许可证最核心的工作。确定污染物削减总量，是实施排污许可证制度的前期工作。各地可按环境容量的大小来确定当地污染物削减量，在水体功能划分时，也可以按水环境质量目标的某一年的污染物排放总量来确定。削减量确定后，应根据经济发展、财政实力、治理技术等因素，按年度确定污染物总量削减指标。如何将总量指标分配到各个单位，这是一项政策性、法律性和技术性很强的工作。排污指标的削减，不能采取一刀切的分配方法，而应坚持集中控制，突出重点和投资最省的原则。

（三）审批发证

排污单位必须在规定的时间内，持当地环境保护行政主管部门批准的排污申报登记表申请排污许可证。

环境保护部门根据当地污染物总量控制的目标，污染源排放状况及经济、技术的可行性等核批排放单位的污染物允许排放量，对不超出排污总量控制指标的单位，颁发排污许可证，对超出排污总量控制指标的单位，颁发临时排污许可证并限期治理，削减排污量。

排污许可证的审批，主要是对排污量、排放方式、排放去向、排污口位置、排放时间加以限制。每个污染源被允许的排污量必须与分配的总量控制指标相一致，整个区域所批准的排放总量必须与总量控制指标相协调。排污许可证的审批颁发工作应由专人管理，从申请、审核、批准、颁发到变更要有一套工作程序。

排污许可证必须按国家办法统一编码。

（四）执行情况的监督管理

执行情况的监督检查是排污许可证制度能否认真贯彻的关键。实行这一制度的地区，各单位必须严格按照排污许可证的规定排放污染物，禁止无证排放。重点排污单位应配有监测人员和设备，对本单位排放的污染物按国家统一方法进行监测，定期将数据报告环保部门。排污单位所有的排污口都须具备采样和测试条件，对违反排污许可证管理规定的，要依法予以处罚。环保部门应根据实际情况，制定排污许可证监督、监测检查制度；建立排污许可证的复核、通报、定期或不定期抽查、排污企业自检自报及奖惩等管理制度；环保部门应加强监督队伍建设，形成监督管理网络，保证排污许可证制度的实施。

四、排污申报登记制度和排污许可证制度的差异

排污申报登记是实行排污许可证制度的第一个环节，也是环境行政管理的一项特别制度，它在性质上、程序上和实施范围上与排污许可证制度有明显的差异。

（一）性质不同

排污申报登记制度在性质上是环境保护行政主管部门收集和掌握辖区的污染和治理情况的一种途径，其目的是为当地人民政府和环保部门监督监察提供依据。原则上，排污者均须进行申报登记，具有普遍性。

排污许可证是指排污单位的排污活动，应向环境保护行政主管部门申请，并经批准领取许可证后才能进行，排污许可证在性质上是主管机关对申请排污单位的排污活动是否准允的一种态度、决定。其目的在于控制和约束排污行为，只对少数排污单位实施，不具有普遍性。

（二）程序不同

排污申报登记制度只是要求排污单位按时如实地向环保部门申报登记规定的排污方面的事项，只要履行登记手续，环保部门不需对申报单位的排污量做出否或可的表示。而排污许可证则要求申请单位向主管机关提出申请，受理机关审查批准，发给许可证，并定期监督检查。

（三）实施范围不同

排污申报登记原则上要求所有排污单位均应申报登记，排污许可证制度的实施范围只限于重点保护水域、重点污染源单位的主要污染物排放。

五、排污许可证制度的作用

实施排污总量控制，执行排污许可证制度，综合考虑了环保目标的要求与排污单位的

位置、排污方式、排污量、技术与经济条件，综合保护目标要求，对污染源从整体上有计划、有目的地削减污染物排放量，使环境质量逐步得到改善，使环境管理由定性管理向定量管理转变，是控制环境污染的有效途径。

实施排污许可证制度的作用如下：

（一）有利于环境保护目标的实现

排污许可证制度基于排污总量控制技术，使污染源直接与环境质量挂钩，按照环境保护目标要求，确定污染源排放负荷，并采取相应的排污控制措施，使排入环境的污染物总量不超过环境所允许的纳污量。因此，保证了环境保护目标的实现。

（二）增强总量控制的概念，节省污染治理投资

（1）总量控制所追求的是区域总体上的治理费用最省，既不要求每个排污单位都治理，也不要求各治理单位进行同等级技术的治理，而是各单位区别对待。这是由于不同单位处理费用是不同的，这种方法正是利用了各单位处理费用的差别这一条件，花钱少的可多削减，以降低处理费用。

（2）浓度控制是在车间或厂区的排污口，并要求在排污口全部达标排放。因此，不能利用排污口以外的环境容量。总量控制是协调污染源与保护目标间的关系，它研究的是点源排放多少污染物，经过中间流动过程净化后进入保护目标的污染程度。在这一过程中，充分利用了环境容量。

（3）在削减污染种类方面，总量控制只削减那些降低环境使用功能的种类，不对所有种类的污染物均进行削减，从而减少治理费用。

（三）能有效地管理新老污染

总量控制是按照环境容量来确定污染物排放总量的，根据这一要求，将排污权优化分配到各有关排污单位，若新上项目增加排污量，必须削减原排放污染物总量，以维持进入环境的污染物总量不变，对有多余容量的地区，可控制排污增加速度。

第七节　限期治理制度

一、限期治理制度的概念

限期治理制度是指对现已存在的危害环境的污染源，由法定机关作出决定，令其在一定期限内治理并达到规定要求的一整套措施。

限期治理制度包含以下几层意思：

（1）限期治理需科学论证。明确污染源、污染物的性质、排放地点、排放状况、迁移转化规律，对周围环境的影响等各种因素，并要在总体规划指导下进行。

（2）限期治理必须突出重点，分期分批解决污染危害严重、群众反映强烈的污染源与污染区域。

（3）限期治理要具有四大要素：即限定时间、治理内容、限期对象和治理效果四者缺一不可。

二、限期治理制度产生与发展

1973 年 8 月，在原国家计委给国务院的《关于全国环境保护会议情况的报告》中明确提出：对污染严重的城镇、工矿企业、江河湖泊和海湾，要一个一个地提出具体措施，限期治理好。1979 年 9 月颁布的《中华人民共和国环境保护法（试行）》中进一步明确了限期治理的法律地位。1989 年 4 月召开的第三次全国环境保护会议，根据《中华人民共和国环境保护法（试行）》的规定，在总结了近 16 年的限期治理污染工作的基础上，把限期治理污染作为五项环境管理制度的重要组成部分，重新予以公布。同年 12 月人大常委员会讨论通过《环境保护法》又对限期治理正式做出了法律规定。目前各主要环境法律、法规中大都规定了这一制度。

三、限期治理的对象

目前法律规定的限期治理对象主要有两类：

（一）位于特别保护区域内的超标排污的污染源

在国务院、国务院有关部门和省、自治区、直辖市人民政府划定的特别保护区域内建设工业生产设施，建设其他设施，其污染物排放不得超过规定的排放标准；已经建成的设施，其污染物排放超过规定的排放标准的，要限期治理。目的在于确保特别区域的环境质量。

（二）造成严重污染的污染源

对这一类污染源的限期治理，并不是超标排污就限期治理，而是造成了严重污染才限期治理。究竟何为"严重污染"，目前法律法规中无具体明确的规定。实践中通常是根据污染物的排放是否对人体健康有严重影响和危害、是否严重扰民、经济效益是否远小于环境危害所造成的损失、是否属于有条件治理而不治理等情况来考虑是否属于严重污染。

四、限期治理的范围

（1）区域性限期治理，是指对污染严重的某一区域、某个流域的限期治理。这是一项综合性很强的工作，既要进行点源治理又要调整工业布局、进行技术改造、市政建设等。

（2）行业限期治理，是指对某个行业性污染物的限期治理。如对造纸行业制浆黑液污染的限期治理；汽车尾气机内净化的限期治理。

（3）污染源限期治理，是指对污染严重的排放源进行限期治理，如某个企业、某个污染点源的限期治理。

五、限期治理的决定权

限期治理的决定权在有关的人民政府。按照法律规定，市、县或者市、县以下人民政府管辖的企业事业单位的限期治理，由市、县人民政府决定。中央或者省、自治区、直辖市人民政府直接管辖的企业事业单位的限期治理，由省、自治区、直辖市人民政府决定。对于淮河流域重点排污单位的限期治理，除了按上述一般的权限决定外，限期治理的重点排污单位名单，要由国务院环境保护行政主管部门商同省人民政府拟订，经淮河流域水资源保护领导小组审核同意后公布。

六、限期治理的目标和期限

限期治理的目标就是限期治理要达到的结果。一般情况下是浓度目标，即通过限期治理使污染源排放达到一定的排放标准。但是，对于实行总量控制的地区除浓度目标外，还有总量目标，也就是要求污染源排放的污染物总量不超过其总量指标。

法律对限期治理的期限无具体规定，而且也无法由法律统一规定。它只能由决定限期治理的机关根据污染源的具体情况、治理的难度、治理能力等因素来合理确定。这种期限，既不可过长，又要考虑可行性。

七、违反限期治理制度的法律后果

对经限期治理逾期未完成治理任务的，除依照国家规定加收超标排污费外，还可以根据所造成的危害后果处以罚款，或者责令停业、整顿、关闭。

对向淮河流域水体排污的单位，经限期治理逾期未完成治理任务的，首先要求其集中资金尽快完成治理任务，在完成治理任务前，不得建设扩大生产规模的项目。其次由县级以上地方人民政府环境保护行政主管部门责令限量排污，可以处 10 万元以下的罚款；情节严重的，由有关县级以上人民政府责令关闭或者停业。

八、限期治理制度的作用

（1）抓住了污染重点，具有显著的环境效益。限期治理一般是对重点污染源限定在一定期限内进行治理，而这些污染源排放的污染物的数量和种类在全国排放总量中占有相当大的比例，把这些污染大户作为重点实行限期治理，可以有效地控制污染源。

（2）可以推动有关行业治理污染和改善区域环境质量。限期治理不仅是对重点污染项目，同时还包括行业和区域环境的限期治理。这样，就可以把行业管理和区域管理有机结合起来，选择布局不合理、污染严重、危害大、群众反映强烈的项目，分期分批地进行限期治理。

（3）在给企业压力的同时，也给企业一定时间和自由度，使企业可以在规定的期限内，选择最经济有效的治理措施。

第八节　污染集中控制制度

一、污染集中控制制度的概念

污染集中控制制度指在一定区域、一定污染状况条件下，以不减轻污染单位防治责任为原则，对某些同类污染运用政策的、管理的、工程技术等手段，采取集中的、适度规模的控制措施，以达到污染控制效果最好，环境、经济、社会效益最佳的环境管理制度。

二、污染集中控制制度的产生和发展

1981 年《国务院关于在国民经济调整时期加强环境保护工作的决定》指出：“在城市规划和建设中，要积极推广集中供热和联片供热”。1984 年国务院环境保护委员会《关于防治煤烟型污染技术政策的规定》要求“在老城市改造和新城市建设总体规划中，以集中供暖方式代替分散的供热方式”。1989 年 4 月第三次全国环境保护会议上，原国务院环境保护委员会明确提出“考虑到我国现实情况，污染治理应该走集中与分散治理相结合的道

路，以集中控制作为发展方向"。污染集中控制制度正式得以确认。

污染集中控制的方法主要是实施集中供热、城市污水集中处理、工业固体废物集中处置。

经过多年的实践，考虑到我国的国情和制度优势，污染控制走集中与分散相结合，以集中控制为主的发展方向是一项行之有效的污染治理政策。

三、污染控制中分散与集中的关系

（一）分散治理应与集中控制相结合

如不从实际出发，一律要求以企事业单位内防治为主，各分散治理达到排放标准，那就可能造成浪费和达不到改善区域环境质量的目的。而应该统一规划，进行全面的经济效益分析，各企事业单位处理达到一定的要求，然后集中进行处理。

（二）集中治理要以分散治理为基础

制定区域污染综合防治规划的过程中要根据区域环境特征和功能确定环境目标，计算主要污染物应控制的总量，统一规划，把指标分配到各个污染源。集中处理不能代替分散处理，而应以分散处理为基础。

另一方面集中与分散相结合，合理分担，又能使各个分散防治经济合理，把环境效益与经济效益统一起来。

实行集中控制并不意味着企业防治污染的责任减轻了，因为：

（1）污染集中处理的资金仍然按照"谁污染谁治理"的原则，主要由排污单位和受益单位承担，以及在城市建设费用中解决。

（2）对于一些危害严重，不易集中治理的污染源，还要进行分散治理。

（3）少数大型企业或远离城镇的个别企业，还应以单独点源治理为主。

四、集中控制模式

近年来，各地结合本地实际情况创造了不同形式的集中控制模式。这些模式在废水、废气、固体废物、噪声的集中控制方面各有特点。实行污染集中控制措施必须在经济合理的范围内，对同类污染采取有针对性的、行之有效的集中控制手段和措施。集中控制手段是多元的，既有管理手段，又有工程技术手段，集中控制污染的目的在于改善环境质量的前提下，实现规模效益。

五、污染集中控制制度的作用

污染集中控制制度是我国在总结国外环境管理经验和污染防治实践的基础上提出来的。这项制度的作用包括：

（1）有利于集中人力、物力、财力解决重点污染问题。使我国由单一的分散控制污染为主，发展到集中与分散控制相结合，并以集中控制作为发展方向。

（2）是我国以改善区域环境质量，提高环保投资效益为目的的重大环境管理思想和环境技术政策的战略转移。

（3）有利于推动技术进步，提高资源、能源的利用率和废物资源化工作。

第四章 环 境 法

第一节 环境法概述

一、概念

环境法也称环境保护法或环境与资源保护法。

关于环境法的内涵和外延，在学术界和实践领域都有一些不同的看法。

在环境保护工作中，一般把环境保护法律、法规和标准统称为环境法。有人认为环境法的主要任务是防治环境污染，环境法就是狭义的环境保护法或污染控制法，但更多的人认为环境法有着更广泛的内涵和外延。

在我国，环境法是指调整因保护和改善生活环境和生态环境，合理利用自然资源，防治环境污染和其他公害而产生的各种社会关系的法律规范的总称。

（一）规范的基本概念

规范，就是规则、准则、标准、尺度。规范分为技术规范和社会规范。

技术规范：调整人与自然之间关系的规则。

社会规范：调整人与人之间关系的行为规则。法律规范是一种特殊的社会规范，是调整典型社会关系的具有一定逻辑结构的一般规则。

（二）法律规范的结构

一个法律规范在逻辑上由两部分组成：行为模式和法律后果。法律上一般规定三种行为模式：一是可以这样行为模式；二是应当或必须这样行为模式；三是不应该（禁止）这样行为模式。例如《环境保护法》第41条第2款规定："环境污染损害的赔偿纠纷，当事人可以请求环保部门处理"。《水污染防治法》第36条规定："排放含病原体的污水，必须经过处理"。《海洋环境保护法》第61条规定："禁止在海上焚烧废弃物"。

法律后果是法律规定的、人们在做出符合或违反法律规范的行为（包括作为和不作为）时，应当承担的相应的法律上的后果。法律后果包括两种形式：①肯定性后果：法律允许的行为，加以肯定和保护；②否定性后果：从事了与法律不符的行为，承担责任。

环境保护法所调整的社会关系按其内容大体可分为两大类：一是因保护和改善生活和生态环境而产生的社会关系；二是因防治环境污染和其他公害而产生的社会关系。这些社会关系，表面上看，似乎是人与物之间的关系，实质上是一种人与人之间的关系。因此，只有通过对人与人之间关系的调整，才能调整人与物之间的关系。

二、环境法的任务、目的

（一）保护和改善生活环境与生态环境，合理利用自然资源

现行《宪法》和《环境保护法》对环境保护法的任务规定得很明确，如《宪法》第26条规

定："国家保护和改善生活环境和生态环境，防治污染和其他公害。国家组织和鼓励植树造林，保护林木"。《环境保护法》第 1 条规定："为保护和改善生活环境和生态环境，防治污染和其他公害，保障人体健康，促进社会主义现代化建设的发展，制定本法"。《环境保护法》不仅要求保护环境，还要求改善环境，它明确将环境区分为生活环境与生态环境，并且突出了对生态环境的保护和改善，尤其是要加强对农业环境和海洋环境的保护；它对水、土地、矿藏、森林、草原、野生动植物等自然资源的保护，是作为环境要素加以保护的，而且主要是为了保护和改善生态环境，防止在利用自然资源中造成浪费和破坏。

（二）防治环境污染和其他公害，保障人体健康

防治环境污染也称防治公害，就是指防治在生产建设和其他活动中产生的废气、废水、废渣、粉尘、恶臭气体、放射性物质对环境的污染，以及防治噪声、振动、电磁波等对环境的危害。防治其他公害则是指防治除前述的环境污染和危害之外，目前尚未出现而今后可能出现的，或者已经出现但尚未包括在前述的公害中的环境污染和危害。

（三）促进社会经济协调发展

保障人体健康和促进社会主义现代化建设的发展，是我国环境法的双重目的，两者之间是辩证的关系。发展经济是我国的根本目的，实现现代化，包括要保护和创造良好的生活环境和生态环境。经济发展以污染环境和牺牲人民的身体健康为代价，不符合人民群众的愿望，也不是我们现代化建设的目的。

环境管理所采取的主要手段是法律、行政、经济、技术和教育等，而其中特别重要的是运用法律手段管理环境。这一点，已为国内外的环境保护实践所证明。因为法律的一个重要特点就是具有强制性，人人必须遵守，任何人不得违反，否则将受到相应的制裁。要把环境保护的方针、政策、措施、办法等用法律的形式固定下来，以取得全社会共同遵行的效力，做到有章可循、依法办事，从而保证环境保护工作的顺利开展。行政手段、经济手段和技术手段等，也都被规定在许多环境保护法中，是法律手段的体现。

三、环境法律关系

（一）概念

环境法律关系是指环境法主体在参加与环境有关的社会经济活动中形成的，由环境法律规范确认和调整的具有环境权利和义务内容的社会关系。

在现实的社会生产和生活中，人与人之间要发生各种各样的联系，从而形成各种各样的社会关系，而经过法律规范确认和调整后所形成的权利和义务关系便成为法律关系。一个国家调整多种多样的社会关系的法律规范是多种多样，从而形成的法律关系也是多种多样。例如具有平等性质的社会关系为民法调整之后，即形成了民事法律关系；具有行政隶属性质的社会关系为行政法调整之后，即形成了行政法律关系；人们在开发利用、保护、改善环境活动中形成的社会关系为环境法所调整之后，即形成了环境法律关系。

（二）特征

环境法律关系除具有法律关系的共性外，还具有一些不同于一般法律关系的特征：

（1）环境法律关系是基于环境而产生的人与人之间的社会关系，并通过这种特定的社会关系体现人与自然的关系。人类在生产、生活活动中形成的社会关系多种多样，但是只有那些人们在同自然环境打交道的过程中，即涉及环境的开发、利用、污染、破坏、保护、改善环境的活动中形成的人与人之间的关系才有可能成为环境法律关系，离开人与环境的关系，便无法形成环境法律关系。

环境法规定环境资源的开发者、利用者必须履行各种法律义务，并规定对危害环境的违法行为给予行政的、民事的或刑事的制裁等，这些看起来是直接调整人的行为，表现为人与人的关系，但是调整人与人之间的社会关系，并不是环境法的唯一目的，其最终在于通过调整人与人的关系来防止人类活动对环境造成的损害，从而协调人同自然的关系。

（2）环境法律关系是由环境法律规范确认和调整的具有环境权利义务内容的法律关系。人们在利用、保护和改善环境的活动中，即基于环境可以产生许多社会关系，在这些社会关系中，只有受环境法律规范确认和调整的社会关系才是环境法律关系。此外，也只有环境法律关系主体在同自然环境打交道过程中具有环境权利义务内容的社会关系，才能构成环境法律关系。

（3）环境法律关系具有广泛性。环境法律关系与环境法一样具有广泛性和综合性的特征。作为环境法律关系的主体，不仅包括国家、国家机关，也包括企业事业单位、社会团体和公民个人。作为适用环境法律体系中各种相关法律的法律关系，有环境刑事法律关系、环境民事法律关系、环境行政法律关系等。

（三）构成要素

环境法律关系的构成要素是指构成一个具体的环境法律关系的必要条件。它是由主体、内容、客体三要素构成。这三要素相互联系，相互制约，缺一不可。一个要素变更，原来的法律关系也随之发生变化。

1. 主体

环境法律关系的主体是指环境法律关系的参加者或当事人，或者说是指环境权利的享有者和环境义务的承担者。在环境法律关系中，享有环境权利或环境职权一方为权利主体；承担环境义务或环境职责一方为义务主体或职责主体。在我国，国家、国家机关、企事业单位、其他社会组织和公民都是环境法律关系的主体。

国家作为一个实体，能够参与环境法律关系，成为环境法律关系的主体。如土地、森林、水资源等自然资源属国家所有，国家可以成为这些自然资源所有权的法律关系的主体。国家机关，包括国家权利机关、司法机关、行政管理机关和军事机关，通过环境立法、司法和环境行政管理活动参加环境法律关系。企事业单位或其他组织，有的要开发利用环境和资源，有的要排放各种污染物等，会与其他环境法律关系主体就环境权益发生各种关系，从而成为环境法律关系的主体。公民个人，既有享受良好环境的权利，又有保护环境的义务，是环境法律关系广泛的参加者。

2. 内容

环境法律关系的内容是指环境法律主体依法所享受的环境权利和应承担的环境义务。这种权利和义务的实现受到法律的保护和强制环境权利是指法律规定的，环境法律关系主体的权利，只有通过主体主张才可能实现。

环境法律主体主张权利的力量来源是法律，但实现自己利益的行为又必须遵守法律规定的范围。如作为环境法律的主体的各级环境保护行政主管机关，依法享有审批环境影响报告书的权利，但同时也必须遵守有关管辖、时限等方面法律规定，不得超逾法律的限度。

环境义务是指环境法律规范对环境法律关系主体规定的必须履行的某种责任。它表现为义务主体必须做出某种行为或不能做出某种行为。它是一种约束力，是与环境权利相对应的概念，是实现环境权利的前提和保障。如对环境可能产生影响的建设项目的建设者，事先必须进行环境影响评价，对成熟用材林进行砍伐的集体和个人，必须要在当年或次年完成更新造林任务，这都是环境法律关系主体应承担的义务。

3. 客体

环境法律关系的客体是指环境法律关系主体的环境权利和义务所指的对象。它是环境法律关系产生和变化的原因和基础。环境法律关系的客体包括物和环境行为两类。

在环境法律关系中作为环境权利和义务的对象的物是指表现为自然物的各种环境要素。例如环境资源，国家禁止破坏和污染，禁止任何组织和个人以任何手段侵占和转让。对环境资源只能是依法合理开发利用，并且进行综合利用，实行环境效益和经济效益的统一。

作为环境法律关系客体之一的环境行为是指参加环境法律关系的主体的行为，包括作为和不作为。作为，又称为积极的行为，是指要求从事一定的行为。如一切新建、改建和扩建的可能对环境造成损害的建设项目的建设者，必须执行"三同时"制度。而不作为，又称消极的行为，是指不能从事一定的行为，如禁止制造、销售或进口超过规定的噪声限值的汽车等。

第二节　环境法体系

一、环境法体系

环境法体系是指由一国开发、利用、保护、改善环境的全部法律规范按照其内在联系而分类组合在一起的统一整体。它是按照不同法律文件的级别、层次、内容、功能而进行的系统排列与组合。

二、我国环境法体系的构成

我国环境法体系由不同级别和层次的法律、法规和规章所组成。其构成关系如图4－1所示。

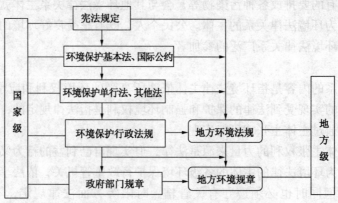

图4－1　我国环境法体系构成图

（一）环境保护法律、法规的制定权限

环境保护法律法规的制定权限见表4-1。

表4-1　环境保护法律法规的制定权限表

名称	制定权限及内容
宪法	全国人民代表大会制定
环境保护法律及其他法律	全国人民代表大会或人大常委会制定，以国家主席令予以公布
环境保护国际公约、条约	由全国人大常委会或国务院批准缔结或参加
环境保护行政法规	国务院制定，由国务院总理签署国务院令公布，内容包括：①为执行法律的规定需要制定行政法规的事项；②国务院行政管理职权事项；③人大、人大常委会授权决定先制定行政法规的事项
环境保护行政规章	国务院各部、委员会、中国人民银行、审计署和具有管理职能的直属机构根据行政法规，决定、命令在本部门权限范围内制定规章，行政规章由部门首长签署命令予以公布，由部务会议或委员会、常委会决定
地方性环保法规、自治条例和单行条例	①省、自治区、直辖市人大及其常委会根据本行政区域具体情况、实际需要、在不与宪法、法律、行政法规相抵触的前提下，可以制定地方性法规。报全国人大常委会和国务院备案。 ②较大城市人大、人大常委会根据本市具体情况、实际需要，在不与宪法、法律、行政法规、本省（自治区）的地方性法规相抵触的前提下，可以制定地方性法规，报省、自治区人大常委会批准后实行，由省报国家人大常委会和国务院备案。 ③民族自治区条例和单行条例报全国人大常委会批准后生效；自治州、自治县的自治条例和单行条例，报省、自治区、直辖市人大常委会，国务院备案。 ④自治区、直辖市人大制定法规，由同级大会主席团发布公告予以公布。 ⑤省、自治区、直辖市人大常委会制定法律，由同级人大常委会发布公告予以公布
地方性环保规章	省、自治区、较大城市人民政府可以根据法律、行政法规和本省、自治区、直辖市地方性法规制定规章。内容包括：①为执行法律、行政法规、地方性法规、规定需要制定规章。②属于本行政区域具体行政管理事项，由政府常务会议或者全体会议决定，由首长或自治区主席或市长签署命令，予以公布

（二）效力层次

法的效力层次是指规范性法律文件的效力等级关系。根据我国《立法法》的有关规定，我国法的效力层次可以概括为：上位法的效力高于下位法。即规范性法律文件的效力层次决定于其制定主体的法律地位，行政法规的效力高于地方性法规。同一位阶的法律之间，特别法优于一般法。即同一事项，两种法律都有规定时，特别法比一般法优先，优先适用特别法。新法优于旧法。

（三）环境法的具体适用

环境保护法律法规的具体适用见表4-2。

表4-2 环境保护法律法规的具体适用表

法律法规	具 体 适 用
宪法	具有最高法律效力,一切法律、行政法规、地方性法规、自治条例、单行条例、规章都不得同宪法相抵触
法律	效力高于行政法规、地方性法规、规章
行政法规	效力高于地方性法规、规章
地方性法规	效力高于本级和下级地方政府规章
省、自治区人民政府制定规章	效力高于本行政区域内较大城市人民政府规章
自治条例和单行条例	依法对法律、行政法规、地方性法规作变通规定的,在本自治区地方适用
经济特区法规	据法律授权对法律、行政法规、地方性法规作变更规定的,在本经济特区适用
部门规章之间、部门规章与地方政府规章之间	具有同等效力,在各自权限范围内施行
同一机关制定的,特别规定与一般规定不一致	适用特别规定
同一机关制定的,新规定与旧规定不一致	适用新规定
新的一般规定与旧的特别规定不一致	法律的适用由人大常委会裁决;行政法规适用由国务院裁决
地方性法规与部门规章规定不一致	由国务院提出意见:认为适用地方性法规,决定适用地方性法规;认为适用部门规章,应当提请全国人大常委会裁定

三、《宪法》中的相关规定

《宪法》是中国的根本大法,也是整个环境法体系的基础和核心。

《宪法》第26条规定:"国家保护和改善生活环境和生态环境,防治污染和其他公害"。这一规定是国家对于环境保护的总政策,说明了环境保护是国家的一项基本职责,它为国家环境保护活动和环境立法奠定了法律基础。

《宪法》第9条第1款规定:"矿藏、水流、森林、山岭、草原、荒地、滩涂等自然资源,都属于国家所有,即全民所有;由法律规定属于集体所有的森林和山岭、草原、荒地、滩涂除外。"第10条第1、2款规定:"城市的土地属于国家所有。农村和城市郊区的土地,除由法律规定属于国家所有的以外,属于集体所有……"。这些确认所有权的规定,把自然资源和某些重要的环境要素宣布为国家所有即全民所有。全民所有的公共财产是神圣不可侵犯的,这就从所有权方面为自然环境和资源的保护提供了保证。第9条第2款规定:"国家保障自然资源的合理利用,保护珍贵的动物和植物。禁止任何组织或者个人用任何手段侵占或者破坏自然资源。"第10条第5款规定:"一切使用土地的组织和个人必须合理地利用土地。"这些规定强调了对自然资源的严格保护和合理利用,以防止因自然资源的不合理开发导致环境破坏。

《宪法》第22条第2款规定:"国家保护名胜古迹、珍贵文物和其他重要历史文化遗产。"明确了对特殊环境的保护。

此外,《宪法》第 51 条还规定:"中华人民共和国公民在行使自由和权利的时候不得损害国家的、社会的、集体的利益和其他公民的合法的自由和权利。"该规定是对公民行使个人权利不得损害公共利益的原则规定,其中当然也包括防止个人滥用权利而造成对环境的污染与破坏。这一条规定也可以作为公民进行环境民事诉讼的依据。

《宪法》的上述各项规定,为我国的环境保护活动和环境立法提供了指导原则和立法依据。

四、环境保护基本法

《中华人民共和国环境保护法》是我国环境保护的基本法,在环境法体系中除《宪法》之外占有核心的最高地位。

1979 年 9 月,全国人大常委会通过了《中华人民共和国环境保护法(试行)》。这是我国第一部环境保护的法律,对中国的环境保护工作做了全面、系统的规定,标志着我国的环境保护事业开始走上法制的轨道。1989 年 12 月,全国人大常委会又对《中华人民共和国环境保护法(试行)》进行了修改,颁布了新的《中华人民共和国环境保护法》。

《中华人民共和国环境保护法》不仅明确了环境保护的任务和对象,而且对环境保护的基本原则和制度、环境监督管理体制、保护自然环境和防治污染的基本要求以及法律责任做了相应规定,是环境保护工作和制定其他单行环境法律法规的基本依据。

《中华人民共和国环境保护法》的主要内容包括:

(1)规定了环境法的任务是为保护和改善生活环境与生态环境,防治污染和其他公害,保障人体健康,促进社会主义现代化建设的发展。

(2)规定了环境保护应采用的基本原则和制度。如将环境保护纳入经济和社会发展计划,实行经济发展与环境保护相协调的原则;预防为主、防治结合、综合治理的原则;以及环境影响评价制度、"三同时"制度、排污收费制度等。

(3)环境保护的对象是那些直接或间接地影响人类生存和发展的环境要素的总体,包括大气、水、海洋、土地、矿藏、森林、草原、野生生物、自然遗迹、人文遗迹、自然保护区、风景名胜区、城市和乡村等。这样的列举规定把生活环境和生态环境全部纳入了保护范围,从而确定了环境保护的完整对象。

(4)规定了保护自然环境的基本要求和开发利用环境资源者的法律义务。如对有代表性的自然生态区域、珍稀野生动植物分布区域、重要水源涵养区,以及重要的自然遗迹和人文遗迹,要采取有效保护措施,严禁破坏。在风景名胜区、自然保护区内不得建设污染型工业企业,已经建成的要限期治理。加强对农业环境的保护,防止土壤污染、沙化和水土流失等。

(5)规定了防治环境污染的基本要求和相应的义务。如产生环境污染和其他公害的单位,必须把环境保护纳入计划,建立环境保护责任制,采取有效措施,防治废气、废水、废渣、粉尘、放射性物质、噪声、振动、恶臭等对环境的污染和危害。对严重污染企业限期治理。禁止引进不符合环境保护要求的技术和设备。发生污染环境的事故性、灾害性事件要采取处理措施并报告环境部门;县级以上环保部门在环境受到严重污染,威胁居民生命、财产安全时,必须立即报告当地人民政府,以便采取有效措施。对有毒化学品实行严格登记和管理；不得将产生严重污染的生产设备转移给没有防治污染能力的单位使用等。

（6）规定了中央和地方环境管理机构对环境监督管理的权限和任务。

（7）规定了一切单位和个人都有保护环境的义务，对污染和破坏环境的单位和个人，有监督、检举和控告的权利。

（8）规定了违反环境保护法的法律责任即行政责任、民事责任和刑事责任。

环境保护基本法的修订和颁布，进一步完善了中国环境法体系，加强了环境管理，在环境保护中起到了非常重要的作用。

五、环境保护单行法规

环境保护单行法规是针对特定的环境要素、污染防治对象或环境管理的具体事项制定的单项法律法规。

环境单行法以《宪法》和环境基本法为立法依据，又是它们的具体化。由于环境单行法可操作性强，有针对性、数量众多，所以它往往是环境行政管理、环境纠纷解决最直接的依据，是有关主体主张环境权利，承担环境义务、处理其他环境事务的具体行为准则。

按其调整对象的特点，环境单行法包括污染防治法、环境影响评价法、自然保护法、土地利用规划法等。

（一）污染防治法

污染防治法的体系包括海洋污染防治、大气污染防治、水污染防治、环境噪声污染防治、固体废弃物污染防治、放射性污染防治、有毒有害物质及化学品污染防治以及振动、电磁辐射、光污染等其他公害的防治立法。污染防治法体系较为完善，主要的污染防治领域都已经有法可依。

在海洋污染的防治方面，主要有《中华人民共和国海洋环境保护法》（1982 年颁布，1999 年 12 月 25 日修订通过）。在陆地水污染的防治方面，主要有《中华人民共和国水污染防治法》（1984 年颁布，2008 年 2 月 28 日修订通过）。在大气污染的防治方面，主要有《中华人民共和国大气污染防治法》（1987 年颁布，2000 年 4 月 29 日修订）。在噪声污染的防治方面，主要有《中华人民共和国环境噪声污染防治法》（1996）。在固体废弃物的管理方面，主要有《中华人民共和国固体废物污染环境防治法》（2004）。此外，为了促进清洁生产，2002 年 6 月颁布了《中华人民共和国清洁生产促进法》（2012 年 2 月 29 日修订通过），该法是世界上第一部以推行清洁生产为目的的法律。

（二）环境影响评价法

2002 年 10 月，九届全国人大常委会通过了《中华人民共和国环境影响评价法》，该法的制定对有效防止区域、布局性的污染失控和生态破坏产生了积极的作用。

（三）自然保护法

在水、土地、矿产资源利用与保护方面，主要有《中华人民共和国水法》（1988 年颁布，2002 年修订）、《中华人民共和国土地管理法》（1986 年颁布，1998 年修正）、《中华人民共和国矿产资源法》（1986 年颁布，1996 年修订）。在水土保持、防沙治沙方面，主要有《中华人民共和国水土保持法》（1991）、《中华人民共和国防沙治沙法》（2002）等。在森林、草原、野生动植物和渔业资源的保护方面，主要有《中华人民共国森林法》（1984 年颁布，1998 年修订）、《中华人民共和国草原法》（1985 年颁布，2002 年修订）、《中华人民共和国渔业法》(1986 年颁布，2000 年修正)、《中华人民共利国野生动物保护法》(1988)等。

（四）土地利用规划法

土地利用规划法主要包括区域规划法和国土整治法。《中华人民共和国土地管理法》(1998)规定了土地利用总体规划制度。中国目前尚未制定国土整治法。在区域规划法方面，《中华人民共和国城市规划法》(1989)，分别对城市规划和村镇规划做了具体规定。

六、其他相关法律

由于环境保护的广泛性，专门环境立法尽管数量上十分庞大，在其他的部门法如民法、刑法、经济法、劳动法、行政法中，也包含不少关于环境保护的法律规定，这些法律规定，也是环境法体系的组成部分。

（一）《中华人民共和国民法通则》中的有关规定

《中华人民共和国民法通则》中第 80 条、第 81 条关于国家和集体所有的土地、森林、山岭、草原、荒地、滩涂、水面、矿藏等自然资源，一方面规定了所有权、使用权、经营权、收益权受法律的保护，同时也规定了使用单位或个人有管理、保护和合理利用的义务并且不得买卖、出租、抵押或者以其他形式非法转让。

第 83 条规定不动产的相邻各方，应当按照有利生产、方便生活、团结互助、公平合理的精神，正确处理截水、排水、通行、通风、采光等方面的相邻关系。给相邻方造成妨碍或者损失的，应当停止侵害、排除妨碍、赔偿损失。

第 98 条规定公民享有生命健康权。由于污染环境而危害公民生命和健康的行为，应该属于民事侵权行为。

第 123 条和第 124 条进一步规定，从事高空、高压、易燃、易爆、剧毒、放射性、高速运输工具等对周围环境有高度危险的作业造成他人损害的，应当承担民事责任；违反国家保护环境防止污染的规定，污染环境造成他人损害的，应当依法承担民事责任。

第 135 条和第 137 条规定，向人民法院请求保护民事权利的一般诉讼时效为 2 年，最长诉讼时效为 20 年。

第 153 条，所称"不可抗力"是指不能预见、不能避免并不能克服的客观情况。

（二）《中华人民共和国刑法》中的有关规定

第 134 条规定：工厂、矿山、林场、建筑企业或者其他企业事业单位的职工由于不服管理、违反规章制度，或者强令工人违章冒险作业，因而发生重大伤亡事故，造成严重后果的，处三年以下有期徒刑或者拘役；情节特别恶劣的，处三年以上七年以下有期徒刑。

第 136 条规定：违反爆炸性、易燃性、放射性、毒害性、腐蚀性物品的管理规定，在生产、储存、运输、使用中发生重大事故，造成严重后果的，处三年以下有期徒刑或者拘役，后果特别严重的，处三年以上七年以下有期徒刑。

第 345 条违反森林法规盗伐、滥伐森林或其他林木，数量较大的；第 340 条违反保护水产资源法规，在禁渔区、禁渔期或者使用禁用的工具、方法捕捞水产品，情节严重的；第 341 条违反狩猎法规，在禁猎区、禁猎期或者使用禁用的工具、方法进行狩猎，破坏珍禽、珍兽或者其他野生动物资源，情节严重的；都构成犯罪，并规定了相当的刑罚。上述有关条款规定，都和危害环境的犯罪有关，从而为防止环境污染和破坏提供了刑法保护。

（三）《中华人民共和国治安管理处罚法》中的有关规定

第 30 条规定：违反国家规定，制造、买卖、储存、运输、邮寄、携带、使用、提供、处置爆炸性、毒害性、放射性、腐蚀性物质或者传染病病原体等危险物质的，处十日以上十五日以下拘留；情节较轻的，处五日以上十日以下拘留。

第 31 条规定：爆炸性、毒害性、放射性、腐蚀性物质或者传染病病原体等危险物质被盗、被抢或者丢失，未按规定报告的，处五日以下拘留；故意隐瞒不报的，处五日以上十日以下拘留。

第 33 条规定：盗窃、损毁油气管道设施、电力电信设施、广播电视设施、水利防汛工程设施或者水文监测、测量、气象测报、环境监测、地质监测、地震监测等公共设施的，处十日以上十五日以下拘留。

第 58 条规定：违反关于社会生活噪声污染防治的法律规定，制造噪声干扰他人正常生活的，处警告；警告后不改正的，处二百元以上五百元以下罚款。

（四）经济法中的有关规定

《中华人民共和国全民所有制工业企业法》（1988 年）第 41 条规定：企业必须贯彻安全生产制度，改善劳动条件，做好劳动保护和环境保护工作，做到安全生产和文明生产。

《中华人民共和国乡镇企业法》（1996 年）第 35 条规定：乡镇企业必须遵守有关环境保护的法律、法规，按照国家产业政策，在当地人民政府的统一指导下，采取措施，积极发展无污染、少污染和低资源消耗的企业，切实防治环境污染和生态破坏，保护和改善环境。

《中华人民共和国农业法》（2002 年修订）专设"农业资源与农业环境保护"一章，对合理利用和保护土地、森林、草原、渔业资源，发展生态农业，加强小流域治理，预防和治理土地沙化，加强造林护林，对粪便、废水及其他废物进行无害化处理或者综合利用等做出了规定。

《中华人民共和国对外贸易法》（2004 年修订）第 16 条、第 26 条分别规定，国家为保护人的健康或者安全，保护动物、植物的生命或者健康，保护环境，可限制或者禁止有关货物、技术的进口或者出口。

七、环境保护的行政法规

中国现行的环境管理行政法规主要包括以下几个方面：

（1）为了加强对环境标准、环境监测、工业企业环境保护考核的管理，分别颁布了《环境标准管理办法》（1983）、《全国环境监测管理条例》（1983）、《工业企业环境保护考核制度实施办法（试行）》（1985）、《环境标准管理办法》（1999）等。

（2）为了加强对各种建设项目和经济区的环境管理，颁布了《建设项目环境保护管理办法》（1986）。这部环境管理法规对适用范围、建设项目环境保护的措施、环境影响评价制度、审批程序、法律责任等做出了规定。此外，还有《建设项目环境保护管理条例》（1998），《中华人民共和国防治海岸工程建设项目污染损害海洋环境管理条例》（1990）等。

（3）随着乡镇企业的迅速发展，环境污染出现从城市向农村蔓延的趋势，为了加强对乡镇企业的环境管理，国务院颁布了《关于加强乡镇、街道企业环境管理的规定》（1984），对调整企业发展方向、合理安排企业的布局、严格控制新的污染源、制止污染转嫁、加强对乡镇企业的环境管理等做了规定。

（4）有关环境管理机构的设置、职权及行政处罚程序的规定，如《国务院关于环境保护工作的决定》（1984），《污染源治理专项基金有偿使用暂行办法》（1988），《国务院关于进一步加强环境保护工作的决定》（1990）等。

（5）在环境行政处罚和环境纠纷行政处理程序方面，主要有《渔业行政处罚程序规定》（1992）、《风景名胜区管理处罚规定》（1994）、《林业行政处罚程序规定》（1996）、《水行政处罚实施办法》（1997）、《渔业行政处罚规定》（1998）、《环境保护行政处罚办法》（1999）、《林业行政处罚听证规则》（2002）、《海洋行政处罚实施办法》（2003）、《渔业水域污染事故调查处理程序规定》（1997）等。

八、环境保护地方法规和规章

由于环境问题呈现地域性的特点，加之我国地域广阔，各地经济技术发展水平和自然环境条件差异很大，环境保护工作在不同的地区存在着不同的特点，所以体现综合平衡的全国性立法往往不能完全满足地方环境管理的要求。

地方法规是各省、自治区、直辖市根据我国环境法律或法规，结合本地区实际情况而制定并经地方人大审议通过的法规。国家已制定的法律法规，各地可以因地制宜地加以具体化。国家尚未制定的法律法规，各地可根据环境管理的实际需要，先制定地方法规予以调整。地方人大和政府结合本地区实际制定地方性环境法规和规章，既弥补了国家立法之不足，又可以通过局部的突破、实践、示范，推动环境法制度的整体创新。

地方环境法规和规章中既有综合性的立法，也有针对特定环境要素、污染物或环境管理事项的专门立法等。此外，还有跨越数省的区域环境保护条例。另外，民族自治地方可以根据有关法律规定制定环境资源的自治条例。

地方法规突出了环境管理的区域性特征，有利于因地制宜地加强环境管理，是我国环境保护法规体系的重要组成部分。实践已证明，这些地方性环境保护法规的颁布施行，对保护和改善环境，都起了很好的作用。

九、环境标准

环境标准分为国家环境标准、地方环境标准和环境保护行业标准。

国家环境标准包括国家环境质量标准、国家污染物排放标准、国家环境监测方法标准、国家环境标准样品标准和国家环境基础标准。

地方环境标准包括地方环境质量标准和地方污染物排放标准。

国家级环境标准由国务院环境保护行政主管部门制定，地方级环境标准由省级人民政府制定，并须报国务院环境保护行政主管部门备案，环境保护行业标准是需要在全国环保工作范围内统一技术要求，但又没有国家环境标准时由国家环境保护部制定的标准。

环境标准是确定合法与违法的界线，是环境法体系的有机组成部分。

十、国际环境公约

作为一个负责任的环境大国与发展中大国，我国积极参与全球环境领域国际合作，并取得长足进展。在多边环境合作过程中，坚持公平、公正、合理的原则，积极参与，加强对话，共谋发展。截至目前，我国已加入 22 项环境公约、7 个议定书、5 个修正案，内容涉及大气、危险废物、自然保护和陆地生物资源等各方面。

我国的双边环境合作也不断发展和深化，截至 2005 年 5 月，我国已同美国、日本等 40 个国家签署了双边环境保护合作协议或备忘录，同 9 个国家签署了核安全合作双边协定或备忘录，我国双边环境合作伙伴遍布全球各大洲，合作范围涵盖了污染防治、生态保护、核安全等所有重要领域。双边环境合作已成为我国对外关系的重要组成部分，成为促进我国缔结或者参加的与环境保护有关的国际公约的重要因素。

同我国的法律有不同规定的，适用国际公约的规定，但我国声明保留的条款除外（《中华人民共和国环境保护法》第四十六条）。

第三节　环境污染防治专门法

一、大气污染防治法

我国在 20 世纪 50 年代开始注意到防治空气污染问题，当时主要是从保护工人的健康出发，着眼于防治局部生产劳动环境的空气污染。到 20 世纪 70 年代，中国制定了《工业"三废"排放试行标准》和《工业企业设计卫生标准》，以标准的形式对大气污染物的排放做出了定量的规定。

1979 年，在我国制定的首部环境保护法律《环境保护法（试行）》中，首次以法律的形式对大气污染防治做出了原则性的规定。

1987 年 9 月 5 日，我国制定颁布了《大气污染防治法》，自 1988 年 6 月 1 日起施行。该法对防治大气污染的一般原则，监督管理，防治烟尘污染，防治废气、粉尘和恶臭污染，法律责任等方面做出了规定。经国务院批准，1991 年 5 月 24 日原国家环境保护局公布了《大气污染防治法实施细则》，自 1991 年 7 月 1 日起施行。

针对我国的煤烟型污染，自 20 世纪 80 年代中叶以来，国务院有关部门还相继发布了《关于防治煤烟型污染技术政策的规定》(1984 年)、《城市烟尘控制区管理办法》(1987 年)和《关于发展民用型煤的暂行办法》(1987 年)以及《汽车排气污染监督管理办法》(1990 年)等大气污染防治的行政规章，在其他综合性环境污染防治的行政法规或部门规章中，还针对乡镇企业大气污染物的排放、尾矿污染以及饮食娱乐服务业的油烟污染等做出了规定。

除此之外，我国还颁布了《环境空气质量标准》以及有关工业锅炉、水电厂、恶臭、炼焦炉以及保护农作物等方面的单项大气污染物排放标准以及《大气污染物综合排放标准》等各类大气环境标准，作为大气污染监测与行政监督管理的技术指南和要求。

到 20 世纪 90 年代，为了适应我国社会主义市场经济体制发展的要求，对《大气污染防治法》做了修改，将法律条文由原来的 41 条增至 50 条。修改后的《大气污染防治法》于 1995 年 8 月 29 日由全国人大常委会通过并开始施行。其修改的主要内容是增加了对企业实行清洁生产工艺、国家对落后工艺和设备实行淘汰制度和防治燃煤污染大气的控制对策和措施的规定。2000 年立法机关又对《大气污染防治法》进行了修订，法律条文增至 66 条，增加了"防治机动车船排放污染"一章，并增加了关于植树绿化、防治沙尘污染的规定。此外还规定实行大气主要污染物排放总量控制制度，禁止超标排放；划定大气污染防治重点城市和区域，限期达到环境质量标准；进一步强化防治煤污染的力度；加强机动车排气污染防治；控制建筑施工场粉尘污染；强化法律责任等。目前，我国大气污染防治法律、法规体系初步形成。

二、海洋污染防治法

中国的海洋污染防治立法开始于 20 世纪 70 年代，第一个规范性法律文件是制定于 1974 年 1 月 30 日的《中华人民共和国防止沿海水域污染暂行规定》，对沿海水域的污染防治，特别是对船舶压舱水、洗舱水和生活废弃物的排放，做了较详细的规定。后来在 1979 年的《环境保护法（试行）》中，也有一些条款就海洋环境的保护和污染防治做了原则性规定。

1982 年 8 月 23 日，全国人民代表大会常务委员会通过了《中华人民共和国海洋环境保护法》。此后，为了实施该法律，国务院陆续颁布了《防止船舶污染海域管理条例》（1983）、《海洋石油勘探开发环境保护管理条例》（1983）、《海洋倾废管理条例》（1985）、《防止拆船污染环境管理条例》（1988）、《防治陆源污染物污染损害海洋环境管理条例》（1990）、《防治海岸工程建设项目污染损害海洋环境管理条例》（1990）等行政法规。国务院有关部门制定了《海水水质标准》、《船舶污染物排放标准》、《海洋石油开发工业含油污水排放标准》、《渔业水质标准》、《景观娱乐用水水质标准》、《海洋调查规范》、《海洋监测规范》等一系列的国家标准和规范。

1999 年 12 月 25 日全国人大常委会通过了对《海洋环境保护法》的修订，自 2000 年 4 月 1 日起施行。修订后的《海洋环境保护法》对原法的内容做了重大修改，由原来的四十八条增加为九十八条。与原法相比，新法强调从整体上保护海洋生态系统，对海洋环境监督管理做出了更为全面、系统的规定。增加了对重点海域将实行总量控制等法律制度的内容，强化了法律责任，并对国内法与国际公约相衔接的问题做出了进一步明确的规定。

此外，中国还加入了一些防止海洋环境污染的国际公约，如《国际油污损害民事责任公约》、《防止因倾倒废物及其他物质而引起海洋污染的公约》、《国际防止船舶污染公约》、《联合国海洋法公约》等。

三、水污染防治法

中国水污染防治立法的正式开端，始于 1979 年的《环境保护法（试行）》，该法就水污染的防治做了原则性规定。

1984 年的《水污染防治法》是中国第一部防治水污染的综合性专门法律，该法就水污染防治的原则、监督管理体制和制度、地表水和地下水污染的防治、法律责任等做了全面的规定。为了《水污染防治法》的具体实施，国务院在 1989 年批准原国家环境保护局发布了《水污染防治法实施细则》。

在《水污染防治法》出台前后，国务院有关部门还制定了一系列的水污染物排放标准，这些标准后来大多被编入了《污水综合排放标准》。

1995 年，针对淮河流域水污染极为严重的情况，国务院发布了《淮河流域水污染防治暂行条例》。这是国家就主要水系的水污染防治所制定的第一个专门行政法规，对全国各大水系的污染防治工作具有重要的示范意义。

1996 年,《水污染防治法》经修改后重新公布施行。根据水污染防治的要求和国家经济技术条件的变化,新法增加了一些非常重要的内容。如按流域或者区域制定水污染防治规划、环境影响报告书中要有公众意见、重点污染物排放的总量控制制度、城市污水集中处理、地表水源保护区、严重污染工艺和设备的淘汰制度等。

2000 年 3 月,国务院发布了新的《水污染防治法实施细则》。它反映了环境保护形势发展的要求,适应了水污染防治工作日益深入的需要。

四、环境噪声污染防治法

1973 年在国务院发布的《关于保护和改善环境的若干规定(试行草案)》中专门对工业和交通噪声的控制做出了规定。1979 年颁布了《机动车辆允许噪声标准》和《工业企业噪声卫生标准(试行)》,同年《环境保护法(试行)》第 22 条做出了"加强对城市和工业噪声、振动的管理。各种噪声大、振动大的机械设备、机动车辆、航空器等都应当装置消声、防振设施"的规定。

1982 年,国务院环境保护领导小组发布了《城市区域环境噪声标准》,这是中国第一个环境噪声质量标准。

1986 年国务院制定了《民用机场管理规定》,对防治民用飞机产生的噪声做出了控制性规定。

1989 年国务院公布了专门的《环境噪声污染防治条例》,为全面开展防治环境噪声污染的行政管理提供了行政法规的依据。

1996 年,中国制定通过了《环境噪声污染防治法》,自 1997 年 3 月 1 日起执行,从而初步建立了中国环境噪声污染防治的法律法规体系。

五、固体废物污染防治法

1974 年,在国务院环境保护领导小组转发的《环境保护规划要点和主要措施》中要求企业积极开展综合利用、改革工艺以消除污染危害。在 1979 年的《环境保护法(试行)》中,除了对矿产资源的综合利用做出规定外,还规定要防治工矿企业和城市生活产生的废渣、粉尘、垃圾等对环境造成的污染和危害,特别是对废渣规定实行综合利用、化害为利,并对粉尘采取吸尘和净化、回收措施。此外,《海洋环境保护法》、《水污染防治法》、《大气污染防治法》、《水法》、《矿产资源法》等法律,以及有关工业企业 "三废" 排放标准、排污收费标准、工业企业涉及卫生标准中,也对固体废物的排放控制及其污染防治做出了规定。

1982 年,中国原城乡建设环境保护部颁布了《城市市容环境卫生管理条例(试行)》,对市容环境卫生和城市生活垃圾的管理做出了规定。

1984 年颁布的《水污染防治法》,对防治固体废物引起的水污染做出了详细的规定。

1985 年,国务院制定了《海洋倾废管理条例》,对向海洋倾废行为及其方法做出了规定。

1989 年,中国制定了《传染病防治法》,对传染病病原体污染的垃圾等的卫生处理做出了规定。此外,在有关治安管理、运输、税收、安全、放射性等管理规定中都涉及有对固体废物的管理。

1995 年 10 月 30 日，第八届全国人大常委会第 16 次会议通过了《中华人民共和国固体废物污染环境防治法》，于 1996 年 4 月 1 日起施行。该法对固体废物污染环境的防治做出了全面的规定。随后，国务院办公厅发出了《关于坚决控制境外废物向我国转移的紧急通知》，原国家环境保护局会同海关总署等部门发布了《废物进口环境保护管理暂行规定》，均对进口固体废物的污染防治做出了具体限定。

另外，原国家环境保护局还发布了一些固体废物的污染控制标准。这些立法，使我国固体废物污染防治的法律规定形成了相对完整的体系，为我国的固体废物污染防治提供了有力的法律根据。

2004 年 12 月 29 日，对《中华人民共和国固体废物污染环境防治法》做了修改，自 2005 年 4 月 1 日起施行。修订后的《固体废物污染环境防治法》共 91 条。首次将限期治理决定权由人民政府赋予环保行政主管部门，还首次引入了生产者责任制，全面落实污染者责任，扩大了生产者的责任范围，建立了强制回收制度，维护生态安全，也进入中国的环境资源立法，作为立法宗旨加以规定。明确提出国家促进循环经济发展的原则，倡导绿色生产、绿色生活。将农村固体废物防治纳入法律规制范围，关注保护与改善农村环境；完善管理措施，严格防治危险废物污染环境，加强固体废物进口分类管理。

《中华人民共和国固体废物污染环境防治法》将为加强防治固体废物污染环境工作，维护生态安全，促进经济社会可持续发展提供有力的法律保障。

六、危险化学品污染防治法

我国非常重视危险化学品的安全控制和管理，进入 20 世纪 70 年代以后，制定了一系列的防治危险化学品污染环境的法规、规章，以及一些安全标准和环境标准。如《化学危险物品安全管理条例》(1987)、《防止含多氯联苯电力装置及其废物污染环境的规定》(1991)、《关于防止铬化合物生产建设中环境污染的若干规定》(1992)、《关于停止生产和销售萘丸的通知》(1993)、《化学品首次进口及有毒化学品进出口环境管理规定》(1994)、《监控化学品管理条例》(1995)等。此外，在《环境保护法》、《水污染防治法》、《大气污染防治法》、《海洋环境保护法》、《固体废物污染环境防治法》等法律法规中也有有关防治危险化学品污染环境的规定。2002 年 1 月 9 日国务院第 52 次常务会议通过了《危险化学品安全管理条例》，自 2002 年 3 月 15 日起施行，同时《化学危险物品安全管理条例》(1987 年)废止。2011 年 2 月 16 日，《危险化学品安全管理条例》修订通过，自 2011 年 12 月 1 日起施行。但是，我国目前尚未制定一部专门的法律来加强对危险化学品的安全控制。

七、放射性污染防治法

1974 年，原国家计划委员会、原国家建设委员会、原国防科学技术委员会、卫生部联合颁布了《放射防护规定》，它对放射性"三废"排放和治理做出了具体规定。

1981 年第二机械工业部发布了《第二机械工业部环境保护条例（试行）》；中国民用航空总局和交通部也先后颁布了《航空运输放射性同位素的规定》、《危险货物运输规则》、卫生部颁布了《放射病诊断标准及处理原则》、《医用治疗 X 线卫生防护规定》、《医用高能 X 线和电子束卫生防护规定》、《食品中放射性物质限制量》等国家标准。

1984 年原国家城乡建设环境保护部颁发了《核电站基本建设环境保护管理办法》、《环境放射性水平调查暂行规定》和《放射卫生防护基本标准》。

1986 年国务院发布了《中华人民共和国民用核设施安全监督管理条例》。

1987 年，原国家环境保护局发布了《城市放射性废物管理办法》，对产生放射性废物和废放射源的工业、农业、医疗、科研、教学及其他应用放射性同位素和辐射技术的行为做出了规定。

1988 年国家核安全部制定了《核电厂安全监督实施细则》。

1989 年国务院发布了《放射性药品管理办法》、《放射性同位素与射线装置放射防护条例》。

另外，在《环境保护法》、《水污染防治法》、《大气污染防治法》、《固体废物污染环境防治法》等法律中，也都有防治放射性污染的条款。

针对核设施、放射性同位素应用和伴生放射性矿物资源利用等辐射项目可能对环境造成的损害，原国家环境保护局在 1990 年制定了《放射环境管理办法》，主要对有关辐射项目的环境影响评价、排污许可证与排污收费、核事故的应急响应工作、城市放射性废物管理以及调解因放射性污染引起的民事纠纷做出了规定。

1993 年国家发布了《核电厂核事故应急管理条例》。

此外，卫生部、公安部、国家核安全局等政府部门也分别对有关辐射食品卫生、核事故医学应急、医用放射性射线、航空运输放射性物质以及进口放射性物质等的管理做出了许多具体的规定。国家还制定了一些放射性防护的国家标准，如《放射卫生防护基本标准》（GB 4792—84）、《核动力厂环境辐射防护规定》（GB 6249—2011）等，还有一些关于防治放射性污染的环境标准。

2003 年 6 月 28 日第十届全国人民代表大会常务委员会第三次会议通过了《放射性污染防治法》（自 2003 年 10 月 1 日起施行），该法是中国第一部防治放射性污染的法律，共有八章六十二条，对防治放射性污染的监督管理的基本原则、机构体制、法律制度、法律措施和法律责任做了全面而具体的规定。

第五章　环境管理的技术方法

第一节　环境监测

一、环境监测的概念和目的

环境监测是指由环境监测机构按照规定的程序和有关法规的要求，间断或连续地对代表环境质量及发展趋势的各种环境要素进行技术性监视、测试和解释，测定环境中污染物的种类、浓度，观察分析其变化并对环境行为符合法规情况进行执法性监督、控制和评价的全过程操作。

环境监测就是发现问题，按标准制定监测方案、采集样品、处理样品，按标准分析方法进行分析测试、数据处理，按有关规定进行综合评价，提出环境保护意见等。

环境监测的目的和任务：

（1）环境监测是通过技术手段测定环境质量因素的代表值，及时、准确、全面地反映环境质量现状及发展趋势，为环境管理、污染物控制、环境规划、环境评价提供科学依据。

（2）通过长时期积累的大量的环境监测数据，可以据此判断该地区的环境质量状况是否符合国家的规定，可以预测环境质量的变化趋势，进而可以找出该地的主要环境问题，甚至主要原因。在此基础上才有可能提出相应的治理方案、控制方案、预防方案以及法规和标准等一整套的环境管理办法，做出正确的环境决策。

（3）通过环境监测还可以不断发现新的和潜在的环境问题，掌握污染物的迁移、转化规律，为环境科学研究提供启示和可靠的数据。随着工农业的发展，环境污染问题不断出现，使环境监测内涵扩大了。除对现有污染物的监测外，还应有生物的、生态的和其他的监测，所以，环境监测又可以表示为用科学的方法监测和测定代表环境质量及发展变化趋势的各种数据的全过程。

二、环境监测的特点

环境监测具有系统性、综合性和时序性三个特点。

（一）系统性

完成环境监测工作，获得可靠的数据、资料，必须系统地把握住其一系列关键的基本环节，比如布点和采样、分析测试、数据整理和处理、监测质量保证等。

（二）综合性

包括监测对象的综合与监测手段的综合。监测手段的综合是把化学的、物理的、生物的监测手段综合于统一的监测系统之中；监测对象包括大气、水体、土壤、固体废物、生物等环境要素，还由于这些要素之间有着十分密切的联系，因此监测对象的综合性具体指只有把对这些要素进行监测的数据进行综合分析才能说明环境质量的状况，才能揭示数据内涵。

（三）时序性

环境监测对象大多成分复杂、干扰因素多、变化大；还由于参与环境监测工作的技术人员多、仪器设备多、试剂药品多，因此，数据必须具有连续性。这样才有可能消除各种可能出现的误差，获得比较准确的信息，也才可能揭示出环境污染的发展趋势。

三、环境监测的分类

作为环境管理的一项经常性的、制度化的工作，环境监测大致可以分为对污染源的监测和对环境质量的监测两个方面。通过对污染源的监测，可以检查、督促各企事业单位遵守国家规定的污染物排放标准。通过对环境质量的监测，可以掌握环境污染的变化情况，为选择防治措施，实施目标管理提供可靠的环境数据，为制定环保法规、标准及污染防治对策提供科学依据。

环境监测分为常规监测和特殊目的监测两大类：

（一）常规监测

常规监测是指对已知污染因素的现状和变化趋势进行的监测。具体包括以下两种：环境要素监测，主要针对大气、水体、土壤等各种环境要素，分别从物理、化学、生物角度对其污染现状进行定时、定点监测；污染源的监测，主要对各类污染源的排污情况从物理、化学、生物学角度进行定时监测。

（二）特殊目的的监测

这类监测的形式和内容很多，主要有以下三种。

（1）研究性监测　　这类监测是根据研究的需要确立需监测的污染物与监测方法，然后再确定监测点位与监测时间组织监测，从而去探求污染物的迁移、转化规律以及所产生的各种环境影响，为开展环境科学研究提供科学依据。

（2）污染事故监测　　这类监测是在发生污染事故以后在现场进行的监测，目的是确定污染的因子、程度和范围，从而确定产生污染事故的原因及其所造成的损失。

（3）仲裁监测　　这类监测是为解决在执行环境保护法规过程中出现的在污染物排放及监测技术等方面发生的矛盾和争端时进行的，通过它所取得的监测数据为公正的仲裁提供基本依据。

四、环境监测的程序和方法

（一）环境监测的程序

环境监测的直接产品是监测数据。准确、可靠、可比的监测数据是环境科学研究和环境管理的基础，是制定环境标准、条例、法规和政策的重要依据。因此环境监测是一项严肃而复杂的工作，应周密计划，精心设计，科学安排，严格按照一定的程序组织实施，以获得有效的结果，达到预期的目的。

环境监测的整个程序一般分为以下几个紧密相连的工作过程，即现场调查、监测计划设计、样品采集、运送保存、分析测试、数据处理、综合评价。

1. 现场调查和资料收集

受气象、季节、地形、地貌等因素的影响，污染物浓度时空变化大，应根据监测区域呈现的特点，进行周密的现场调查和资料收集工作，主要调查各种污染源及其排放情况和自然与社会的环境特征。

2. 监测计划设计

根据监测目的、现场调查材料以及监测技术路线的要求，确定监测的范围和项目，确定采样点的数目和位置，确定采样的时间和频率，调配采样人员和运输车辆，确定实验室人员的分工安排以及对监测报告的要求等。

3. 样品采集

按规定的操作程序和确定的采样时间、频率，采集样品，并如实记录采样实况和现场状况，将采集的样品和记录及时送往实验室。

4. 样品的运送和保存

由于吸附、沉淀、氧化还原、微生物作用等影响，样品的成分可能随时发生变化，引起较大误差。因此，从采样到分析测定的时间间隔应尽可能缩短，如不能及时运输和分析测定，需采取适当的方法保存，较为普遍的保存方法有加入化学试剂和冷藏冷冻法。

5. 分析测试

根据样品特征及所测组分特点，选择适宜的分析测试方法，按照国家规定的分析方法和技术规范进行样品分析。

6. 数据处理

由于监测误差存在于环境监测全过程，只有在可靠的采样和分析测试的基础上运用数理统计的方法处理数据，才可得到符合客观要求的数据。监测数据经复核后上报。

7. 综合评价

依据国家规定的有关标准，进行单项或综合评价，并结合现场的调查资料对数据作出合理解释，写出综合研究报告。

（二）环境监测的方法

根据环境监测的目的和对象的不同，按照一定的环境标准选择适宜的环境监测方法。

从技术角度来看，环境监测方法可以分为化学分析法（总量分析法和容量分析法）、仪器分析法（光谱法、色谱分析法和电化学分析法）、生物技术法。

从先进程度来看，环境监测方法可以分为人工监测和自动连续监测。

五、环境监测的质量保证

（一）环境监测质量保证的目的

环境监测质量保证的目的为了提供准确可靠的环境数据，满足环境管理的需求，环境监测的结果需要有可靠的质量保证。质量保证的目的是为了使监测数据达到以下五个方面的要求。

（1）准确性：测量数据的平均值与真实值的接近程度；

（2）精确性：测量数据的离散程度；

（3）完整性：测量数据与预期的或计划要求的符合程度；

（4）可比性：不同地区、不同时期所得的测量数据与处理结果要能够进行对比分析；

（5）代表性：要求所监测的结果能表示所测的要素在一定时期中的状况。

（二）环境监测质量保证的内容

（1）采样的质量控制：采样的质量控制包括以下几方面的内容：审查采样点的布设和采样时间、时段选择；审查样品数量的总量；审查采样仪器和分析仪器是否合乎标准和经过核准，运转是否正常。

（2）样品运送和储存中的质量控制：样品运送和储存中的质量控制主要包括：样品的包装情况、运输条件和运输时间是否符合规定的技术要求，防止样品在运输和保存过程中发生变化。

（3）数据处理的质量控制：数据处理应遵循误差理论的要求、结果的正确表达方式，并应用数理统计和计算机技术进行科学的统计、检验与管理。

六、环境监测的管理

环境监测管理是环境保护部门运用定性和定量的科学方法，深入研究环境监测活动的规律，并以环境监测质量和效率为中心，对环境监测整个系统进行全面规划、组织、协调、控制和监督，以达到环境监测系统的科学管理，确保为环境管理提供及时、准确、高效的决策依据。

环境监测是环境监督管理的基础和主要手段之一，是环境管理的"耳目"，既是环境管理的主要组成部分，又为全面的环境管理工作服务。随着科学技术的进步和人民生活水平的提高，环境管理的科学化、定量化、法制化等要求越来越高，从而使环境管理越来越依赖于环境监测。因此，必须强化环境监测机构正规化、标准化建设和管理，不断加强环境监测队伍的建设，加强环境监测方法及仪器装备的研究，不断促进监测工作的现代化和科学化，不断加快与国际接轨的步伐，确保监测数据的质量能够满足所需的质量要求，并具有法律上的辩护能力。只有这样，才能使监测结果更加及时、准确、可靠，更好地为环境管理提供高效、优质的服务。

七、环境监测机构与职责

（一）环境监测机构的设置

根据《全国环境监测管理条例》的规定，我国环境监测机构包括环境监测管理机构和环境监测工作机构。

1. 环境监测管理机构

环境监测管理机构是环境监测监督管理机关。《全国环境监测管理条例》规定国家环境保护部设置全国环境监测管理机构，各省、自治区、直辖市和重点省辖市的环境保护行政主管部门设置监测处和科，市以下的环境保护行政主管部门亦应设置相应的环境监测管理机构或专人，国务院其他有关部门各级环境保护机构中设置环境监测管理人员，统一管理环境监测工作。

2. 环境监测工作机构

为规范环境监测站的建设，提高环境监测综合能力和整体水平，《环境监测站建设标准（试行)》中规定环境监测站设置为总站、一级站、二级站、三级站。即一级站为各省、自治区、直辖市设置的环境监测中心站，由环保部批准的各专业环境监测中心站及国家各部门设置的行业监测总站。二级站为各省辖市、地区、盟（州）及直辖市所辖区设置的环境监测站。三级站为各县(市)旗及地级城市所辖区设置的环境监测站。各级环境监测站受同级环境保护主管部门的领导，业务上受上一级环境监测站的领导。

（二）环境监测机构的性质

环境监测实质上是一种政府行为，其工作具有一定的执法权威性，同时它又是一种鉴证行为，其工作具有科学公正性。环境监测工作实质上是由有资格的环境监测机构，依据国家有关法规、规章和规范、标准，对各种环境质量因素和各类污染源排放情况进行监视、测试、控制、评价和督察，对环境质量和污染源状况实施第三方监控和认定。

根据《全国环境监测管理条例》的有关规定，环境监测机构是科学技术专业单位，它是在同级政府环境保护主管部门的直接领导下，依据有关法律、法规、标准、规定等，对代表环境质量及发展变化趋势的各种环境要素和各单位排放污染的情况进行监测和监督，为环境管理提供决策依据，为环保执法提供技术支持。

从它的地位看，既有一般实验室的专业技术特征，又具有一般实验室所没有的行政执法地位。从它的工作性质来看，既要对代表环境质量状况的各环境要素样品进行测试分析，又要对监测结果进行综合评价分析，揭示其发展变化趋势，并采取相应的行政或法律措施，对主要影响因素依法进行监督控制。

从它的作用看，所出具的各类监测数据主要用于环境管理、仲裁执法等政府行为，而不同于一般实验室数据，主要是用于产品或服务的鉴证等企业行为。所以，环境监测机构既要遵守一般实验室的通用要求，更要遵守能充分体现其职能的特殊要求。

（三）环境监测机构的主要权限

按照国家的法律、法规的规定，环境监测机构的主要权限包括以下几点：

（1）依据环境保护法律、法规和标准，独立地对辖区各种污染源进行监督、检查。

（2）对污染物超标排放和有其他危害环境质量行为的单位或个人发出警告、指令、经济处罚，直至要求司法部门提出起诉等。

（3）经过主管部门批准，公布当地或辖区污染状况，组织群众开展对环境污染的监督活动。

（4）受主管部门的委托，参加污染事件的调查、污染纠纷技术仲裁、建设项目的影响报告书的审查和治理项目环境效益的监测、监督和评估。

（5）对本辖区所属的监测机构进行业务、技术指导、能力对比考核、质量保证工作监督和质量体系评审督察。

（6）参与所属单位新建、扩建工程项目的环境影响评价监测审查，污染治理项目的技术论证审查和"三同时"项目的竣工验收监测。

（7）参与有关环境标准、规范的制订、修改、验证、审核和监测技术的研究、推广以及环境质量报告书的编写。

（8）对干预和妨碍监测业务工作正常开展的人员或部门，有权抵制或提出申诉。

（9）对工作认真负责，环保成效显著的单位和个人，报请主管部门予以表扬。

（10）对玩忽职守，破坏环境的单位和个人，有权报请有关部门给予处罚，直至追究刑事责任。

（四）环境监测机构的主要责任

（1）严格按照监测工作计划完成各项监测任务，对监测覆盖率和频次承担行政责任。

（2）严格按照有关规范、标准进行监测监督工作。对各类监测数据、报告的公正性、准确性承担技术和法律责任。

（3）对委托单位的监督数据和技术资料承担保守秘密的责任。

（4）监测人员对执行标准、法规确保工作质量承担行政和法律责任。

（5）收取监测费用而未能认真履行监测服务义务的要承担经济责任。

（6）对参与或负责的仲裁、评价、验收报告等工作的质量承担技术和法律责任。

第二节 环境标准

环境标准是国家环境保护法律、法规体系的重要组成部分，是环境保护目标的定量化体现，是开展环境管理工作最基本、最直接、最具体的法律依据，也是衡量环境管理工作最简单、最明了、最准确的量化标准。

一、环境标准的概念

环境标准是为了防治环境污染，维护生态平衡，保护人群健康、社会财物，对环境保护工作中需要统一的各项技术规范和技术要求所做的规定。

具体地讲环境标准是国家为了保护公众健康，促进生态良性循环，实现社会经济发展目标，根据国家的环境政策和法规，在综合考虑本国自然环境特征、社会经济条件和科学技术水平的基础上规定环境中污染物的允许含量和污染源排放污染物的数量、浓度、时间和速率以及其他有关技术规范。

二、环境标准的作用

环境标准在控制污染、保护环境和维护生态平衡方面具有重要作用，主要表现在以下几方面：

（一）环境标准是制定环境保护法规的主要技术依据

环境标准是国家环境法律、法规的重要组成部分，具有法规约束性。国家环境标准由国家环保部组织制定、审批、发布，地方环境标准由省级人民政府组织制定、审批、发布，这使我国环境标准具有行政法规的效力。环境标准用条文和数量规定了环境质量及污染物的最高容许限值。同时环境标准中指标值的高低是确定污染源治理资金投入的技术依据，环境标准具有投资导向作用。

（二）环境标准是国家环境政策在技术方面的具体体现

环境标准给出一系列的环境保护指标，便于把环境保护工作纳入国民经济计划管理的轨道。环境标准是制订环境保护规划的依据，同时也是行使环境监督管理职权的主要依据。

（三）环境标准是现代环境管理的技术基础

环境管理包括环境政策与立法、规划与目标、监测以及环境监察等诸多环节，甚至环境法规的执行、环境方案的选择、环境评价，都是以环境标准为基础的。环境标准是强化环境管理的核心，环境质量标准提供了衡量环境质量状况的尺度。污染物排放标准为判别污染源是否违法提供了依据。同时，方法标准、标准样品标准和基础标准统一了环境质量标准和污染物排放标准实施的技术要求，为环境质量标准和污染物排放标准正确实施提供了技术保证。

（四）环境标准是推动科技进步的动力

环境标准是以科学技术与实践的综合成果为依据制订的，具有科学性和先进性，代表了今后一段时期内科学技术的发展方向。这使得标准在某种程度上成为判断污染防治技术、生产工艺与设备是否先进可行的依据，成为筛选、评价环保科技成果的一个重要尺度，对技术进步起到导向和促进作用。

三、我国环境标准工作的历史沿革

我国的环境标准是与环境保护事业同步发展起来的。1979 年 3 月，第二次全国环境保护工作会议在成都召开，会议决定进一步加强环境标准工作。同时国家颁布了《中华人民共和国环境保护法（试行）》，明确限定了环境标准的制（修）订、审批和实施权限，使环境标准工作有了法律依据和保证。同时国家开始制定大气、水和噪声等环境质量标准及钢铁、化工、轻工等 40 多个国家工业污染物排放标准。

20 世纪 80 年代末，原国家环保局重新修订、颁布了《地面水环境质量标准》，制定了《污水综合排放标准》，替代了《工业 "三废" 排放试行标准》中的废水部分。这两项标准的突出特点是：环境质量按功能分类保护，排放标准则根据水域功能确定了分级排放限值，即排入不同的功能区的废水执行不同级别的标准；并强调了区域综合治理。

1991 年 12 月在广州召开的环境标准工作座谈会上，提出了新的环境标准体系，进一步明确了排放标准的时间段的确定依据、综合排放标准及行业排放标准的关系，着手修订综合排放标准和重点行业的排放标准，进一步理顺和解决了在实施中的一些问题。到 1996 年，在国家环境标准清理整顿中，制定和颁布了一批水、气污染物排放标准，进一步贯彻执行了广州会议的精神。

第九届全国人大第 15 次常委会议上，通过新修订的《中华人民共和国大气污染防治法》，阐明了 "超标即违法" 的思想，使环境标准在环境管理中的地位进一步明确。

我国在建立国内环境标准的同时，还积极参加了国际上的环境标准化活动。从 1980 年我国陆续加入了国际标准化组织的水质、空气质量、土壤等三个技术委员会，建立了日常工作制度，做了大量的国际标准草案投票验证的工作，派出多个代表团参加国际会议。

四、环境标准的制定

（一）制定原则

（1）要充分体现国家环境保护的方针、政策和法规，符合我国的国情，既要技术上先进可靠，又要经济上合理可行，做到环境效益、经济效益、社会效益的统一。

（2）要建立在科学实验、调查研究的基础上，因地制宜，充分利用大自然的容量和环境的自净能力，以保证环境标准的科学性和严肃性。

（3）要做到与其他有关法规、条例、规定和标准协调配套，这样才能够便于环境标准的实施和进行管理。

（4）环境标准既要保持相对的稳定性，又要在实践中不断总结经验，根据社会经济的发展和科学技术水平的提高，及时进行合理修订。

（5）积极采用国际环境标准和国外先进的环境标准，逐步做到环境基础标准和通用的环境方法标准基本上采用国际环境标准，与国际标准接轨，这是加快我国环境标准制定步伐和提高我国环境标准质量的一项重要措施。

（6）制定的环境标准应便于实施和监督管理。

（二）制定程序

环境标准具有法律约束性，因此必须要保证其严肃性、稳定性，其制定应按照一定的程序。

（1）编制标准制（修）订项目计划。在有了标准制（修）订项目计划的基础上组建多学科编制组。

（2）组织拟订标准草案，全面开展调查研究工作。调查研究基准资料，并综合分析，确定环境标准的分级界限值，并进行综合分析。

（3）对标准草案征求意见，进行可行性调查、验证调查，验证环境标准的可行性。

（4）组织审议标准草案。由有关方面和标准编制承担单位组织人员对标准草案进行审议，审议内容包括技术和格式等。

（5）审查批准标准草案。经全国审议会和国家标准委员会审议通过，主管领导部门批准后颁布实施。

五、环境标准的分类

根据《中华人民共和国环境标准管理办法》，我国的环境标准分为三级、六类。

三级：国家环境标准、地方环境标准、环境保护行业标准。

六类：环境质量标准、污染物排放标准、环保基础标准、环境方法标准、环境标准物质标准、环保仪器设备标准。

（一）三级标准

1. 国家环境质量标准

国家环境质量标准是指由国务院有关部门依法制定和颁布的在全国范围内或者在特定区域、特定行业内适用的环境标准。

2. 地方环境标准

地方环境标准是由省、自治区、直辖市人民政府制定颁布的在其行政区域内适用的环境标准。

3. 环境保护行业标准

环境保护行业标准是根据有关法律的规定，国务院环境保护行政主管部门对没有国家标准而又需要在全国整个环境保护行业范围内统一环保技术要求而制定的环境保护行业标准，是对环保工作范围内所涉及的内容以及设备、仪器等所做的统一技术规定。

（二）六类标准

1. 环境质量标准

环境质量标准是以保护人群健康、促进生态良性循环为目标而规定的环境中有害物质在一定时间和空间范围内的容许浓度或其他污染因素的容许水平，包括大气、地面水、海水、噪声、振动、电磁辐射、放射性辐射以及土壤等各方面的标准。

2. 污染物排放标准

污染物排放标准是为了实现环境质量标准目标，结合技术经济条件和环境特点，对排入环境的污染物或有害因素规定的允许排放水平。污染物排放标准是实现环境质量标准的主要保证。严格执行污染物排放标准是控制污染源的重要手段。

3. 环保基础标准

环保基础标准是指在环境保护工作范围内，对有指导意义的符号、指南、导则等所做的规定，是制定其他环境标准的基础。

4. 环保方法标准

环保方法标准指在环境保护工作范围内，以抽样、分析、试验等方法为对象而制定的标准。

5. 环境标准物质标准

环境标准物质标准是指为了在环境保护工作和环境标准实施过程中标定仪器、检验测试方法、进行量值传递而由国家法定机关制定的能够确定一个或是多个特性值的物质和材料。

6. 环保仪器设备标准

是为了保证污染物监测仪器所监测数据的可比性、污染治理设备运行的各项效率，对有关环境保护仪器设备的各项技术要求编制的统一规范和规定。

（三）相互关系

国家环境质量标准适用于全国，地方环境标准只适于制定该标准的机构所辖的或其下级行政机构所辖的地区；国家环境标准可以有各类环境标准，地方环境标准只有环境质量标准和污染物排放标准，没有环保基础标准、环境方法标准、环境标准物质标准、环保仪器设备标准；当地方污染物排放标准与国家污染物排放标准并存，且地方污染物排放标准严于国家标准时优先适用地方污染物排放标准。

环境质量标准是制定污染物排放标准的主要依据；污染物排放标准是实现环境质量标准的主要手段；环保基础标准为制定其他环境标准提供原则、程序和方法。

六、环境标准的实施与管理

环境标准的实施主要是针对强制性标准的执行情况而开展的监督、检查和处理。它包括环境质量标准的实施、污染物排放标准的实施、国家环境监测方法标准的实施等六个方面。

强制性环境标准是必须执行的，任何单位和个人不得更改。省、自治区、直辖市和地、县各级环境保护行政主管部门负责对本行政区域内环境标准的实施进行监督检查。凡是生产、销售、运输、使用和进口不符合强制性环境标准产品的，或者违反环境标准造成不良后果甚至重大事故者按照法律有关规定依法处理。

县级以上地方政府环境保护行政主管部门是环境标准的实施主体，各级环境监测站和有关的环境监测机构负责对环境标准的具体实施。对地方污染控制标准的执行有异议时，由地方环境保护行政主管部门进行协调，并由国家环保部进行协调裁决。

我国现行的各类环境标准基本上是与现阶段社会生产力发展水平相适应的。随着经济社会的发展，环境标准也必须要经历一个由宽到严的过程，相对严格的环境标准不仅有利于保护环境，也有助于促进企业的技术进步和科学管理，提高产品的质量和竞争能力。

面对来自国际环境标准的压力，应加强与国际标准化组织的联系与协调，最大限度地避免因环境标准问题影响我国对外贸易。同时，还应当充分了解世界各国的环境标准体系和各类产品的环境标准，在加强对进口产品环境管理的同时，借鉴国外的先进经验，改进中国的标准管理，实现与国际环境标准接轨。

七、我国主要的环境标准名录

（一）大气环境标准

1. 大气环境质量标准

（1）《环境空气质量标准》（GB 3095—2012）

（2）《保护农作物的大气污染物最高允许浓度》（GB 9137—88）

（3）《室内空气质量标准》（GB/T 18883—2002）

2. 大气污染物排放标准

（1）《水泥工业大气污染物排放标准》（GB 4915—2004）

（2）《火电厂大气污染物排放标准》（GB 13223—2011）

（3）《饮食业油烟排放标准》（GB 18483—2001）

（4）《锅炉大气污染物排放标准》（GB 13271—2001）

（5）《大气污染物综合排放标准》（GB 16297—2004）

（6）《炼焦炉大气污染物排放标准》（GB 16171—2012）

（7）《工业炉窑大气污染物排放标准》（GB 9078—1996）

（8）《恶臭污染物排放标准》（GB 14554—93）

（二）水环境标准

1. 水环境质量标准

（1）《地表水环境质量标准》（GB 3838—2002）

（2）《海水水质标准》（GB 3097—1997）

（3）《渔业水质标准》（GB 11607—89）

（4）《农田灌溉水质标准》（GB 5084—2005）

（5）《地下水质量标准》（GB/T 14848—93）

2. 污染物排放标准

（1）《柠檬酸工业污染物排放标准》（GB 19430—2004）

（2）《味精工业污染物排放标准》（GB 19431—2004）

（3）《城镇污水处理厂污染物排放标准》（GB 18918—2002）

（4）～（6）《兵器工业水污染物排放标准》（GB 14470.1～3—2002）

（7）《畜禽养殖业污染物排放标准》（GB 18596—2001）

（8）《合成氨工业水污染物排放标准》（GB 13458—2001）

（9）《制浆造纸工业水污染物排放标准》（GB 3544—2008）

（10）《污水海洋处置工程污染控制标准》（GB 18486—2001）

（11）《污水综合排放标准》（GB 8978—2002）

(12)《烧碱、聚氯乙烯工业水污染物排放标准》(GB 15581—1995)

(13)《磷肥工业水污染物排放标准》(GB 15580—2011)

(14)《航天推进剂水污染物排放标准》(GB 14374—93)

(15)《肉类加工工业水污染物排放标准》(GB 13457—92)

(16)《钢铁工业水污染物排放标准》(GB 13456—2012)

(17)《纺织染整工业水污染物排放标准》(GB 4287—2012)

(18)《海洋石油开发工业含油污水排放标准》(GB 4914—85)

(19)《船舶工业污染物排放标准》(GB 4286—84)

(20)《船舶污染物排放标准》(GB 3552—83)

(三) 噪声标准

1. 质量标准

(1)《声环境质量标准》(GB 3096—2008)

(2)《城市区域环境振动标准》(GB 10070—88)

(3)《机场周围飞机噪声环境标准》(GB 9660—88)

2. 排放标准

(1)《工业企业厂界环境噪声排放标准》(GB 12348—2008)

(2)《建筑施工厂界环境噪声排放标准》(GB 12523—2011)

(3)《铁路边界噪声限值及其测量方法》(GB 12525—90)

(四) 环境影响评价技术导则

(1)《环境影响评价技术导则 总纲》(HJ 2.1—2011)

(2)《环境影响评价技术导则 大气环境》(HJ 2.2—2011)

(3)《环境影响评价技术导则 地面水环境》(HJ/T 2.3—93)

(4)《环境影响评价技术导则 声环境》(HJ/T 2.4—2009)

(5)《环境影响评价技术导则 生态影响》(HJ 19—2011)

(6)《规划环境影响评价技术导则(试行)》(HJ/T 130—2003)

(7)《开发区区域环境影响评价技术导则》(HJ/T 131—2003)

(8)《环境影响评价技术导则 水利水电工程》(HJ/T 88—2003)

(9)《环境影响评价技术导则 民用机场建设工程》(HJ/T 87—2002)

(10)《火电厂建设项目环境影响报告书编制规范》(HJ/T 13—1996)

(11)《500kV 超高压送变电工程电磁辐射环境影响评价技术规范》(HJ/T 24—1998)

(12)《辐射环境保护管理导则核技术应用项目环境影响报告书(表)的内容和格式》(HJ/T 10.1—1995)

(13)《辐射环境保护管理导则 电磁辐射监测仪器和方法》(HJ/T 10.2—1996)

(14)《辐射环境保护管理导则 电磁辐射环境影响评价方法和标准》(HJ/T 10.3—1996)

(15)《核设施环境保护管理导则 研究堆环境影响报告书(表)的内容和式》(HJ/T 5.1—93)

(16)《核设施环境保护管理导则 放射性固体废物浅地层处置环境影响报告书(表)的内容和格式》(HJ/T 5.2—93)

（五）其他主要标准

（1）《电磁辐射防护规定》（GB 8702—88）

（2）《辐射防护规定》（GB 8703—88）

（3）《高压交流架空送电线无线电干扰限值》（GB 15707—1995）

（4）《交流电气化铁道电力机车运行产生的无线电辐射干扰的测量方法》（GB/T 15708—1995）

（5）《土壤环境质量标准》（GB 15618—2009）

（6）《生活垃圾填埋污染控制标准》（GB 16889—2008）

（7）《低、中水平放射性废物近地表处置设施的选址》（HJ/T 23—1998）

（8）《工业企业土壤环境质量风险评价基准》（HJ/T 25—1999）

（9）《拟开放场址土壤中剩余放射性可接受水平规定》（HJ/T 53—2000）

（10）《危险废物焚烧污染控制标准》（GB 18484—2001）

（11）《生活垃圾焚烧污染控制标准》（GB 18485—2001）

（12）《危险废物贮存污染控制标准》（GB 18597—2001）

（13）《危险废物填埋污染控制标准》（GB 18598—2001）

（14）《一般工业固体废物贮存、处置场污染控制标准》（GB 18599—2001）

（15）《清洁生产标准 石油炼制业》（HJ/T 125—2003）

（16）《清洁生产标准 炼焦行业》（HJ/T 126—2003）

（17）《清洁生产标准 制革行业（猪轻革）》（HJ/T 127—2003）

上述标准中：GB 为强制性国家标准；GB/T 为推荐性国家标准；GB/Z 为国家标准化指导性技术文件；HJ 为环境保护行业标准，行业标准分为强制性和推荐性，推荐性行业标准的代号是在强制性行业标准代号后面加"/T"；DB 为强制性地方标准；DB/T 为推荐性地方标准。

第三节　　环境监察

环境监察工作是随着我国环境保护事业的发展及排污收费工作的深入而逐步开展的。在环保工作的实践中，我国环境监察队伍从无到有，逐步壮大，环境监察工作的内涵也从最初的征收排污费扩大到环境保护日常现场监督执法的各个领域中，在环境管理中发挥着积极的作用。

一、环境监察概述

（一）环境监察的概念

各级环境保护行政主管部门设立的环境监察机构就是在各级环保部门的领导下，依法对辖区内一切单位和个人履行环保法律、法规，执行环境保护各项政策、标准的情况进行现场监督、检查、处理的专职机构。

环境监察要突出"现场"和"监督、审核、判断"这些概念，即环境监察是在环境现场进行的执法活动，是依法采取的各种措施的统称。

环境监察是一种具体的、直接的执法行为，是环境保护行政部门实施统一监督、强化执法的主要途径之一，是我国社会主义市场经济条件下实施环境监督管理的重要举措。

（二）环境监察的职能

依照法律规定，各级环境保护行政主管部门对辖区环境保护工作实施统一监督管理，因此环境保护行政主管部门就是环境监察管理主体部门。

环境监督管理职能分三个层次组成：

（1）环境行政主管部门代表政府对辖区污染防治和生态保护实施统一监督管理，各有关部门各司其职，共同对环境保护工作负责。

（2）对区域、流域的污染防治和生态保护进行统一的监督管理，主要表现在将环境规划纳入本地区、本流域的社会发展规划中，并实施监督。

（3）环境保护部门对污染源进行的直接和间接的监督管理。

环境监察将现场监督检查工作统一起来，开展强有力的、高效的现场执法活动，有力地保证了环境监督管理职责的实现。因此环境监察是环境监督管理中的重要组成部分。

（三）环境监察的特点

根据环境监察的职能及其在环境管理中的作用，环境监察具有以下特点：

1. 委托性

委托性是指监察机构在环境保护行政主管部门领导下，受其委托在本辖区实施环境行政处罚工作。环境监察工作是整个环保部门实施统一监督管理的一个组成部分，是环境宏观管理的延续，代表环保部门履行现场监督检查职责。

2. 直接性

环境监察承担现场监督执法活动，大量的工作是对管理对象宣传环保政策、法规，现场检查记录、取证，讯问被检查人，现场处置。这与宏观管理有很大的不同。由于直接性的要求，环境监察工作也直接反映环境保护部门的工作水平及业务素质。这就要求环境监察人员必须态度认真，业务熟悉，能解决实际问题，具有较高的执法水平。

3. 强制性

环境监察是直接的执法行为，体现国家保护环境的意志，是执法主体的代表。为保证环境监察工作的顺利开展，充分体现执法工作的严肃性和强制性。

4. 及时性

环境监察工作的核心是加强排污现场的监督、检查、处理，运用征收排污费、罚款等经济手段强化对污染源的监督处理，这种属性决定了环境监察必须及时、准确、快速、高效。其次，随着环境监察队伍的发展壮大，环境监察手段日益现代化，使环境监察工作的及时性特征进一步突出。再次，污染日趋加重的环境形势决定了必须加强环境监察机构的现代化设备，例如将地理信息系统应用于环境监察中。

5. 公正性

环境监察代表国家监督环保法规的执行情况，其视角广且居高临下，不是站在局部利益或小团体利益的地位对待问题，而是从维护大多数人的长远利益出发，公正地因事处理。环境监察还有"从旁审视"的意义，不允许监察机构与监察人员直接参与企业的生产经营活动，也不允许受理人员与监察的相对人有直接的利害关系。

（四）环境监察的任务

环境监察的主要任务，是在各级人民政府环境保护部门领导下，依法对辖区内污染源排放污染物情况和对海洋及生态破坏事件实施现场监督、检查，并参与处理。这里把环境监察定位在现场，其核心就是日常现场监督执法。环境监察受环境行政主管部门的领导，与一般意义上的独立执法不同。此外，环境监察是在环境行政主管部门所管辖的区域内进行，通常情况下同级之间不能直接越区执法。

（五）环境监察的类型

环境监察的类型，按时间的不同可分为事前监察、事中监察和事后监察；按环境监察的活动范围可分为一般监察与重点监察；按环境监察的目的可分为守法监察与执法监察。

二、环境检察机构设置

（一）环境监察机构

各省（自治区、直辖市）、市（州、地区、盟）、县（市、旗）环境保护局设立的环境监察机构名称分别为环境监察总队、支队、大队。各环境保护局可以在行政机构内分别设立环境监察处、科、股，并与环境监察总队、支队、大队实行一个机构两块牌子。设区的城市，可向所辖区设立分支机构。县级环境监察机构可以向所辖乡、镇、街道设立分支机构。所设立的乡镇环境监察机构可以称为环境监察中队。我国环境监察机构设置见表5-1。

表5-1 我国环境监察机构设置表

级别	环保机构名称	环境监察机构名称
一	国家环保部	环境监察局、环境应急与事故调查中心
二	省（自治区、直辖市）环境保护局（厅）	环境监察总队
三	市（州、地区、盟）、环境保护局	环境监察支队
四	县（市、旗）环境保护局	环境监察大队
五	乡、镇、街道	环境监察中队

（二）运行管理机制

根据环境监察工作的特殊性，环境监察机构运行机制以块为主、条块结合，环境监察机构受同级环保部门领导，行使现场执法权，业务上受上一级环境监察机构的指导。环境监察机构的各个层次由于所承担的监察任务有共同点，又有各自的侧重点，因此各级环境监察机构在人员配备、环境监察装备上各有不同。

（三）内部机构设置

环境监察机构的内部机构设置应体现分工不分家，着眼于强化现场监督，有利于依法行政的原则。

一般可以按照如下方式来进行内部机构的设置：

（1）按水、气、声、渣等环境要素设立内部职能科室；

（2）按排污收费、信访纠纷、限期治理、现场查处等职责设立内部职能科室；

（3）按辖区、分块管理的原则设立职能科室。

三、环境监察机构的职责

根据《环境监理工作暂行办法》和原环境保护总局颁布的《关于进一步加强环境监理工作若干意见的通知》的规定，环境监察机构的具体职责为：

（1）贯彻国家和地方环境保护的有关法律、法规、政策和规章；

（2）依据主管环境保护部门的委托依法对辖区内单位或个人执行环境保护法规的情况进行现场监督、检查，并按规定进行处理；

（3）负责排污登记、污水、废气、固体废弃物、噪声、放射性物质等超标排污费和排污费的征收工作；

（4）负责对海洋和生态破坏事件的调查，并参与处理；

（5）参与环境污染事故、纠纷的调查处理；

（6）参与污染治理项目年度计划的编制，负责该计划执行情况的监督检查；

（7）负责环境监察人员的业务培训，总结交流环境监察工作经验；

（8）对核安全设施的监督检查；

（9）自然生态保护监察；

（10）农业生态环境监察；

（11）建设项目"三同时"执行情况的现场监督检查；

（12）限期治理项目完成情况的现场监督检查；

（13）承担主管或上级环境保护部门委托的其他任务。

四、环境监察的权利和义务

（一）环境监察员的基本条件

环境监察员是同级环境保护部门依法对辖区内的一切污染和破坏环境的行为实施现场监督管理的人员。因此，要求每个环境监理员必须具备以下条件：

（1）政治素质好，有事业心和责任感，作风正派，廉洁奉公，熟悉环境监理业务，掌握环境法律法规知识，熟悉环境保护的基本知识，具有一定的组织协调和独立分析处理问题的能力。

（2）县及县级以上环境监察机构的环境监察人员要有初级以上技术职称。从事环境保护工作两年以上。各级环境监察人员依照国家公务员制度进行录用和管理。环境监察人员必须通过培训，取得合格证书，持证上岗。取得合格证书的各级环境监察人员每 3 ~ 5 年应进行一次轮训。

（二）环境监理人员的权利和义务

1. 环境监察人员的权利

环境监察人员具有对排放污染物现场进行检查、调查、取证并查阅有关资料；约见排放污染单位和破坏海洋及自然生态环境单位负责人及其有关人员；制止违章排放污染物和破坏海洋及自然生态环境的行为；依据《行政处罚法》的委托实施当场处理等的权利。

2. 环境监察人员的义务

环境监察员在执行任务时，必须按照有关规定对待查单位和个人保守业务和技术秘密的义务。

环境监察是环境保护工作对外的一个重要窗口。环境监察队伍承担着大量的现场执法的工作，所以环境监察人员在使用一定的权利、履行义务职责时必须按照严格的行为规范、工作制度和程序开展工作。

五、环境监察的工作内容

（一）污染源监察

污染源监察是环境监察部门依据环境保护法律、法规对辖区内污染源污染物的排放、污染治理和污染事故以及有关环境保护法规执行情况进行现场调查、取证并参与处理的执法行为。其实质是监督、检查排污单位履行环境保护法律、法规的情况。发现违法、违章行为，采取诸如排污收费、罚款、限期治理、关停整改等措施，督促排污单位防治污染，达标排放，从而达到保护环境的目的。

污染源监理是环境监理工作的核心，是环境保护不可缺少的组成部分。环境管理制度的实行，需要到现场检查排污单位执行的实际情况。

（二）建设项目环境监察

建设项目环境监察包括两个方面：对建设项目执行环境影响评价制度情况的现场监督检查；对建设项目执行"三同时"制度情况的现场监督检查。对于施工现场的监督检查视同污染源的监察检查。

（三）限期治理项目环境监察

限期治理制度是我国基本环境管理制度，对现已存在的严重污染环境的污染源，由法定机关做出决定，责令其在一定期限内治理并达到规定要求的一整套强制性措施。限期治理项目环境监察指的是环境监察部门对限期治理单位执行限期治理制度的情况进行的现场监督检查，促进环境保护工作的开展。

（四）海洋和生态环境监察

涉及的面比较广，因素也比较复杂，目前还很难界定得十分清楚。目前较明确的生态环境监察内容有：资源开发与非污染性建设项目的环境监察；农村生态环境监察；近海及近岸环境保护的监察；生物技术安全的监督管理等。

（五）环境污染事故与污染纠纷的调查处理

环境污染纠纷是指因环境污染引起的单位与单位之间、单位与个人之间的矛盾和冲突。这种纠纷通常都是由于单位或个人在利用环境和资源的过程中违反环保法律规定污染和破坏环境，侵犯他人的合法权益而产生的。对于环境污染事故的调查和解决环境污染纠纷的根本途径是加强对环境污染的防治和认真落实全面规划合理布局的原则，加强环境监督管理，妥善处理因环境污染而引起的各种纠纷。环境监督管理工作深入现场调查，可以了解环境污染事故和污染纠纷产生的根源，确定污染造成的危害，保证污染受害人得到相应的赔偿，并对污染制造者进行处罚。

六、环境监察的作用

环境监察的发展在我国社会主义市场经济发展过程中正在发挥着重要作用，这种作用不仅体现在促进和强化了环境行政监督管理职能，而且也促进经济结构和资源配置的合理化。

（1）环境监察事业的产生与发展提高了环境行政统一监督管理能力，提高了执法力度，树立了环境保护部门的执法权威。通过加强环境监察队伍建设，强化了对污染源现场监督检查，污染源现场监督检查的频率呈现出逐年增长的势头。环境行政主管部门的业务划分更加科学，使得宏观管理部门能够更加专注于参与社会经济宏观决策，环境规划、协调和统一监管职能得以全面发展，促进了区域环境质量的改善。

（2）环境监察队伍在重大环境污染问题的解决中起到了重要作用。环境监察的发展有利于经济结构和资源配置的合理化。环境监察加大了征收排污费这一经济杠杆的调节作用，给企业施加一定经济压力，刺激其采取措施，减轻污染；刺激排污单位通过加强管理、改革工艺、更换先进设备等方法尽量减少污染物的排放量，从而减轻环境污染的程度；环境监察的开展为减少因环境问题而引发的社会不安定因素也做出了贡献。

第四节　环境规划

一、环境规划概念

环境规划是人类为使环境与经济、社会协调发展而对自身活动和环境所作的时间和空间的合理安排。

环境污染和生态破坏，归根结底是由人类过度的以及盲目的社会经济活动所造成的。而环境规划正是为了有计划地合理安排和调整人类的社会经济活动，以便确保国民经济和社会持续、稳定的向前发展，同时又防止环境污染和生态破坏。

由于环境规划在人类社会经济发展以及环境保护中具有非常重要的作用，所以，它已经越来越引起了世界各国的高度重视，并被世界各国普遍认为是预防环境污染和生态破坏行之有效的措施。

可见，所谓环境规划是国民经济和社会发展规划的组成部分，它是指规划管理者在规划期内对所要规划的环境系统要素和结构进行有目的、有计划的组织和安排，是一种带有指令性的环境保护方案。

二、环境规划的类型

（1）按照环境组成要素划分，包括：大气污染防治规划、水质污染防治规划、土地利用规划、噪声污染防治规划等。

（2）按照区域类型划分，包括：城市环境规划、区域环境规划、流域环境规划等。

（3）按照行政区划分，包括：国家环境规划，省、市级环境规划，县级环境规划等。

（4）按照规划时段划分，包括：长远环境规划、中期环境规划以及短期环境规划。

（5）按经济、社会与环境的制约关系来划分，包括：经济制约型的环境规划、协调型的环境规划、环境制约型的环境规划。

三、环境规划的基本原则

制定环境规划的基本目的是合理开发和利用各种资源，维护自然环境的生态平衡，不断改善和保护人类赖以生存和发展的自然环境。

因此，制定环境规划，应遵循下述五条基本原则：

（1）要以生态理论和经济规律为依据，正确处理开发建设活动与环境保护的辩证关系；

（2）以经济建设为中心，以经济社会发展战略思想为指导的原则；

（3）合理开发利用资源的原则；

（4）环境目标的可行性原则；

（5）综合分析、整体优化的原则。

四、环境规划的内容

（一）环境调查与评价

通过环境调查和环境质量评价，获取各种信息、数据和资料，它是制定环境规划的基础。

（二）环境预测

环境预测是根据环境现状调研和环境信息分析出的情况，并结合整个国民经济和社会的发展情况，对未来的环境行为和自然生态破坏的发展趋势做出科学的、系统的总体分析，为环境规划找出未来可能出现的环境问题，以及这些问题在时间、空间上的分布。此外，环境预测还应对可能出现的主要环境问题做出综合分析并根据现有的状况提出最先进的技术手段及合理的对策措施。

（三）确定环境规划目标

环境规划目标就是在一定条件下，规划最终所要达到的目的。规划目标是否切实可行是评价规划好坏的重要标志。规划目标的提出要与经济和社会发展目标进行综合平衡，只有经过反复的综合平衡，反复的修改才能使经济建设和环境保护相互协调。在此基础上，确定的规划目标才切实可行。

（四）环境功能区划

即根据自然环境特征和经济社会发展状况，把规划区间分为不同功能的环境单元，以便具体研究各单元的环境承载力、环境质量的现状及发展趋势，提出不同功能环境单元的环境目标和环境管理对策。

（五）环境规划方案的设计

考虑国家或地区有关政策规定，根据环境问题和环境目标、污染状况和污染物削减量、投资能力和效益等，依据区划和功能分区，提出具体污染防治或其他规划方案。

（六）环境规划方案的选择

在制定环境规划时，通常要根据经济发展目标和环境质量评价，预测随着经济发展可能引起的环境质量变化。预测实际上阐明了区域环境的发展潜力或允许负荷量，据此制定为实施规划的可供选择的方案，经过对一些方案的定性、定量比较和综合分析，找出一个社会满意、经济上合理、技术上先进、满足目标要求的一个或几个最佳方案，供有关领导决策。

（七）实施规划的支持与保证

包括投资预算，编制年度计划，技术支持，应采取的管理措施等。

五、环境规划的程序

环境规划的基本程序如图 5-1 所示。

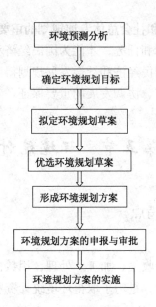

图 5 - 1　环境规划的程序

六、环境规划的作用

人们在长期的环境管理工作实践中,越来越清楚地认识到环境规划在社会经济发展和环境保护中具有非常重要的作用。其作用概括起来有如下六点:

(一) 环境规划是实施环境保护战略的重要手段

环境保护战略只是提出了方向性、指导性的方针、政策、目标、任务以及措施等方面的内容,而要把环境保护战略落到实处则需要通过环境规划来完成。通过环境规划来具体地执行和贯彻环境保护战略的指导思想、方针和政策。

(二) 环境规划是实行有效环境管理的依据

环境规划在各项环境管理活动中具有非常重要的地位和作用。在我国现行的各项环境管理制度中基本都是以环境规划或计划为基础和先导。

(三) 环境规划是改善环境质量以及防止生态破坏的重要措施

改善环境质量以及预防生态破坏是环境规划的中心工作。环境规划就是要在一个区域范围内进行全面规划、合理布局以及采取有效的措施,预防产生新的环境污染和生态破坏。同时要有计划、有步骤、有重点地解决一些历史遗留的环境问题,逐步改善环境质量和恢复自然生态系统的良性循环,使人民工作和生活在一个清洁、优美、安静的环境之中。

(四) 环境规划是各级环境保护部门开展环境保护工作的基本依据

环境规划是对于一个区域在一定时期内环境保护的总体设计和实施方案,它给各级环境保护部门提出了明确的方向和工作任务,使他们根据各自的职责,按照环境规划中所提出的目标、任务、重点以及措施来开展各项环境保护工作。

(五) 环境规划是协调经济、社会发展与环境保护关系的重要手段

环境规划制定的目标要与经济、社会发展目标进行综合平衡,使经济建设和环境保护相互协调。

（六）环境规划是国民经济和社会总体发展规划的重要保证

只有实现了环境规划的目标和任务，才能为国民经济和社会发展提供足够的物质基础和良好的空间条件，使总体的国民经济和社会发展规划得以顺利实施。做好环境规划是实现社会、经济与环境持续、稳定、协调发展的重要保证。

第五节 环境统计

一、环境统计的概念及特点

（一）环境统计的概念

环境统计是对环境信息进行收集、加工、处理，用数据反映并计量人类活动引起的环境变化和环境变化对人类的影响，是为了取得环境统计资料而进行的设计、调查、整理和统计分析等各项工作。

环境统计是我国国民经济和社会发展统计的重要组成部分，环境统计向各级政府及环境保护部门提供环境污染与防治、生态破坏与保护及环境管理工作的统计资料，客观地反映了环境状况和环境保护事业发展的现状和变化趋势，为环境决策、计划和环境管理提供科学依据。

（二）环境统计的特点

环境统计属于社会经济统计的范畴，除具有与社会经济统计同样的社会性、广泛性、数量性等一般特性，还具有其特殊性，主要体现在以下三个方面：

1. 涉及面广、综合性强

环境统计观察和研究的对象是大量环境问题的数量方面。环境问题的广泛性决定了环境统计的广泛性。环境统计涉及了人口、健康、卫生、居民生活、工农业生产、基础建设、文物保护、生态保护、污染、灾害、环保教育与意识等多方面。

2. 技术性强

由于工作条件的特性，同其他专业统计相比，环境统计涉及自然科学、社会科学、工程科学等多学科，基础数据的获得必须需要监测和计量等手段的支持，因此具有很强的技术性。

3. 新型的边缘学科

环境统计是新兴的统计事业。从世界范围看，统计工作的产生已有几千年的历史，统计学的出现也已经有 300 多年，而环境统计工作开始才 20 多年，我国的环境统计工作只有十几年的历史，尚处在初始发展阶段，许多理论、方法、手段、标准尚待进一步探索和完善。

此外，根据环境统计自身的特点，它要求环境统计人员较一般统计人员具有更高的业务素质。各级环保部门除了要求统计人员在实践中自我完善和提高外，还应采取组织措施，如定期或不定期对统计人员进行业务培训、实行统计人员持证上岗制度、对统计人员实行奖惩制度等。

二、环境统计的内容

(一) 环境统计的范围

环境统计的研究对象是环境，但环境问题的实质还是经济问题，与社会经济现象密切相关，因此属社会经济统计范畴。它的研究内容涉及人类赖以生产和生活的全部条件，以及对自然环境产生影响的一切人类活动及其后果。根据环保工作的需要，1977 年联合国统计司提出的统计范围是土地、自然资源、能源、人类居住区、环境污染五个方面，但是对于各国的环境统计没有统一的指导意见。

根据我国的实际情况，环境统计大致包括以下范围：

(1) 土地环境统计　反映土地及其构成的实际数量、利用程度和保护情况。

(2) 自然资源统计　反映生物、水、森林、矿产资源、文物古迹、自然保护区、风景游览区、草原、水生生物的现有量、利用程度和保护情况。

(3) 能源环境统计　反映能源开发利用的情况。

(4) 人类居住区环境的统计　反映人类健康状况、营养状况、劳动条件、居住条件、娱乐和文化条件以及公共设施等状况。

(5) 环境污染统计　反映大气、水域、土壤等环境污染状况以及污染源排放和治理情况。

(6) 环境保护事业发展情况统计　反映环境保护机构自身建设状况（包括人员素质和专业人员构成情况，装备、监测技术等）、环保方针政策、计划的执行情况以及环境管理情况等。环境统计的范围并不是一成不变的，而是随着环保工作的发展和需要不断扩大的，但在一定时期，环境统计是按统一规定的表格形式、统一的指标、统一的报送程序和报送时间，自下而上地报送的，这种情况目前已逐渐被计算机联网技术所取代。

(二) 环境统计指标及其体系

环境统计指标是把现实世界中的环境现象抽象为概念范畴，利用特定的语言，对环境统计内容的总体数量和质量进行描述。环境统计指标通常包括指标的名称和指标的数值。环境统计信息指标化，是实现人 – 机配合的基础，也是环境管理信息系统模拟首要解决的技术前提。环境统计指标按它们的作用不同，可分为数量指标和质量指标两大类。

根据我国当前问题和统计水平，统计人员进行统计分析时要着重分析的统计指标一般为：

(1) 分析工业生产过程中"三废"排放情况或污染物排放水平及其影响的指标。如单位产品排污量或万元产值排污量、区域污染负荷、污染物排放削减率或递增率、物料耗用指标等。

(2) 分析研究环境污染治理水平和效益的指标。如处理率、达标率、综合利用率、竣工率、"三同时"执行率等。

(3) 分析研究排污费征收和使用情况指标。如排污费交纳单位数、排污收费总额、环境保护补助资金、交费单位变化率、环保补助资金使用率、环保仪器购置费占用率、万元投资污染物削减量等。

除上述三大类统计指标外，需着重分析的指标还包括环境质量状况、环境变化趋势等指标。

三、环境统计的作用

环境统计分析是环境统计工作中一个重要环节，它把大量的统计资料和具体的环境情况结合起来，运用科学的统计方法，说明环境的内在联系，揭示环境问题的原因，推断出环境总体的变化规律，提出相应对策，提升环境信息的利用价值，发挥环境统计的监督和服务作用。在环境的管理方面，环境统计分析有以下几个方面的作用。

（1）通过统计分析可以使统计资料得到进一步整理和加工，可以进一步提高环境统计信息的使用价值，并且可以发现环境管理中的问题，为环境管理和环境规划提出建议和对策。

（2）通过统计分析和研究，探索环境调查和数据采集的科学方法，提高环境统计数据的质量，为环境管理提供优质服务。另外，通过反馈和分析环境状况，可以监督、检查环境计划的执行情况。

（3）通过环境统计分析，可以不断提高环境统计人员的素质，使统计分析人员在统计分析中能够不断地充实自己，能够更好地做好环境统计分析这项工作。

（4）开展环境统计分析，是发挥环境统计监督作用的关键。环境统计人员对环境统计数据进行分析研究的结果，要通过一定形式向上级主管部门和有关方面提供，各级环境统计机构经常采用的形式是编写环境统计分析报告。环境统计分析报告把数据、情况、问题、建议融为一体，既有定量分析，又有定性分析，它比一般环境统计数据更集中、更系统、更鲜明地反应客观实际，又便于人们阅读、理解和利用。环境统计机构主要是通过环境统计分析报告的形式提供信息，为政府的决策提供依据。

第六节 环境管理信息系统

一、环境信息的概念及特点

（一）环境信息的概念

环境信息是在环境管理工作中应用的经收集、处理而以特定形式存在的环境知识。它们以数字、字母、图像、音响等多种形式存在。环境信息是环境系统受人类活动等外来影响作用后的反馈，是人类认识环境状况的来源。因此，环境信息是环境管理工作的主要依据之一。

（二）环境信息的特点

1. 时空性

环境信息是对一定时期环境状况的反映。针对某一国家或地区而言，其环境状况是不断变化的，因此环境信息具有鲜明的时间特征。不同地区，由于其自然条件、经济结构及社会发展水平各异，因此其环境状况也各不相同，这表明环境信息具有明显的空间特征。

2. 综合性

环境信息是对整个环境状况和环境管理的客观反映。这也就要求环境信息必须具有综合性。

3. 连续性

一般来说，环境状况的改变是一个由量变到质变的过程，环境管理与社会经济的发展步调是一致的，因此环境信息也就必然体现出连续性。

4. 随机性

环境信息的产生与生成都受到自然因素、社会因素、经济因素及特定环境条件的随机作用，因此它具有明显的随机性。

二、环境信息系统的概念及分类

（一）环境信息系统的概念

环境信息从产生到应用于环境保护工作所构成的系统，称为环境信息系统。

环境信息系统是由工作人员、设备（计算机、网络技术、GPS技术、模型库等软硬件）及环境原始信息等组成。

研究环境信息系统的目的在于，一方面促进环境系统的发展，另一方面使环境系统更好地为环境管理服务。

（二）环境信息系统的分类

环境信息系统按内容可分为环境管理信息系统和环境决策支持系统。

1. 环境管理信息系统

环境管理信息系统是一个以系统论为指导思想，通过人－机（计算机等）结合收集环境信息，通过物理或数学模型对环境信息进行转换和加工，并根据系统的输出进行环境评价、预测和控制，最后再通过计算机和网络等先进技术实现环境管理的计算机模拟系统。环境管理信息系统的基本功能为：环境信息的收集和录用，环境信息的存储，环境信息的加工处理，环境信息以报表、图形等形式输出信息，为决策提供依据。

2. 环境决策支持系统

环境决策支持系统是将决策支持系统引入环境规划、管理和决策工作中的产物。决策支持系统也是一种人机交互的信息系统，是从系统观点出发，利用现代计算机存储量大、运算速度快等特点，应用决策分析方法进行描述、计算，进而协助人们完成管理决策的支持技术。

环境决策支持系统是环境信息系统的高级形式，在环境管理信息系统的基础上，使决策者能通过人机对话，直接应用计算机处理环境管理工作中的未定结构的决策问题。它为决策者提供了一个现代化的决策辅助工具，提高了决策的效率和科学性。

环境决策支持系统的主要功能有：收集、整理、储存并及时提供本系统与本决策有关的各种数据；灵活运用模型与方法对环境信息进行加工、处理、分析、综合、预测、评价，以便提供各种所需环境信息；友好的人机界面和图形输出功能，不仅能提供所需环境信息，而且具有一定推理判断能力；良好的环境信息传输功能；快速的信息加工速度及响应时间；具有定性分析与定量研究相结合的特点。

三、环境信息系统的设计

环境信息系统的设计过程可分为四个阶段：可行性研究、系统分析、系统设计和系统实施。每个阶段又分为若干步骤。

（一）系统的可行性研究

可行性研究是环境管理信息系统设计的第一阶段。该阶段的工作目标是为整个工作过程提供一套必须遵循的衡量标准，即针对客观事实、考虑整体要求、符合开发节奏。具体内容根据应用的重要性和信息系统可利用的资源而定。

可行性研究阶段的任务是确定环境管理信息系统的设计目标和总体要求，研究设计的应用领域和完成设计的能力需求，进行费用－效益分析，制定出几套设计方案，并对各方案在技术、经济、运行三方面进行比较分析，得出结论性建议，并编制出可行性研究报告报上级主管部门审查、批准。

（二）系统分析

系统分析是环境信息系统研制的第二阶段。这个阶段的主要目的是明确系统的具体目标、系统的界限以及系统的基本功能。这一阶段的基本任务是设计出系统的逻辑模型。系统分析不论资金的投入，还是时间的占用上，在整个环境管理信息系统的研制中都占有很大比例，具有十分重要的地位。这一阶段的主要工作内容包括：详细的系统调查，以了解用户的主观要求和客观状态；确定拟开发系统的目标、功能、性能要求及对运行环境、运行软件需求的分析；数据分析；确认测试准则；系统分析报告编制，包括编写可行性研究报告及制订初步项目开发计划等工作。

（三）系统设计

系统设计是环境管理信息系统研制过程的第三个阶段。该阶段的主要任务是根据系统分析的逻辑模型提出物理模型。这个阶段是在各种技术手段和处理方法中权衡利弊，选择最合适的方案，解决如何做的问题。系统设计阶段的主要工作内容包括：系统的分解；功能模块的确定及连接方式的确定；设计信息输入；设计结果输出；数据库设计及模块功能说明。在系统设计过程中，应充分考虑该系统能否及时全面地为环境科研及管理提供各种环境信息，能否提供统一格式的环境信息，能否对不同管理层次给出不同要求、不同详细程度的图表、报告，是否充分利用该系统本身的人力、物力，使开发成本最低。

（四）系统的实施与评价

环境管理信息系统设计完成后就应交付使用，并在运行过程中不断完善，不断升级，因而需要对其进行评价。评价一个环境管理信息系统主要应从五个方面进行：系统运行的效率；系统的工作质量；系统的可靠性；系统的可修改性；系统的可操作性。

第七节 环境信息获取方法

一、环境信息的来源

环境信息源主要包括：

（1）以前的环境管理及其基础资料；

（2）统计部门历年的统计资料（包括经济、社会和环境方面）；

（3）有关部门的环境管理资料；

（4）环境科研部门保管的文献资料（包括环境调查、科研成果等）；

（5）环境监测部门的有关资料和历年的环境质量报告书；

（6）专家系统提供的信息情报；

（7）为环境管理进行的实地考察、测试所得的资料等。

二、环境信息获取的原则

为了全面、准确、及时、有效地获得环境管理和环境决策所需要的环境信息，需要坚持以下基本原则：

（一）针对性原则

信息工作具有很强的服务性。服务对象不同，所需的信息也就不同，环境信息的采集必须围绕具体环境保护工作展开。

（二）准确性原则

准确是指采集的信息要真实可靠。信息真实性如何，直接关系到环境决策和管理的成败。真实是环境信息工作的生命。采集环境信息必须坚持实事求是、一切从实际出发的原则，不夸大、不缩小，如实反映情况。任何在信息中歪曲、虚构、掺假、夸张都是不允许的和违法的。

（三）及时性原则

信息具有很强的时效性。信息采集要及时，它是与信息的效益连在一起的。延误时机常常会使信息的价值衰减或消失，甚至出现负效应。信息采集员必须具有强烈的时间观念，善于"闻风而动、快速出击"，一旦捕捉到有价值的信息，就要快速采集，快速传递。

（四）系统性原则

系统性是在针对性明确的基础上，经过不断地补充和积累而实现的，它包括纵的系统和横的系统两个方面。所谓纵的系统，是指按照事物的发展变化过程进行长期的连续的跟踪采集，使信息不断深化。按学科、专业、专题或系统、部门进行采集，使之系统化。所谓横的系统，是指某些信息要考虑到其他方面或部门的因素，按内容、时间、种类等进行横的采集。只有纵横交错，配合采用，所收集的信息才能完整、全面、系统。

（五）经济性原则

在采集信息时，采集人员必须注意方式方法，必须注意节约人力、物力、财力，力争用最小的人力、物力、财力，取得最大的调查效果。

三、环境信息获取的方法

常用的环境信息获取方法主要有环境历史资料收集、环境现状调查和环境监测三种。

（一）环境历史资料的收集

环境历史资料可以来自多个方面，主要有三大类：第一类是研究报告，包括各种社会组织和研究单位公开发表的报告，这些报告中的大量数据可以提供所需的环境信息；第二类是官方统计资料，包括各类的年鉴、公报、统计报告、报表等；第三类是信息调查研究机构和咨询公司的数据库。

（二）环境现状调查

环境现状调查的目的是为了掌握和理解区域环境现状，发现和识别主要环境问题，从而确定主要污染源和主要污染物，为环境规划与管理的制定和实施创造条件。

环境现状调查要从信息情报的收集和分析入手，针对列出的调查清单逐项调查，发现问题并逐步深入，包括必要的现场监测、勘察以及征询专家意见等。

1. 环境现状调查的内容

（1）环境特征调查。主要是调查自然环境特征、社会环境特征、经济社会发展规划和环境污染因素等。

（2）生态调查。主要调查环境自净能力、土地开发利用情况、气象条件、绿地覆盖率、生物多样性、人口密度、建设密度等。

（3）污染源调查。主要调查工业污染源、农业污染源、生活污染源、交通运输污染源、噪声污染源、放射性和电磁辐射污染源等。

（4）环境质量调查。主要内容为环境保护部门及工厂企业历年的环境质量报告和环境监测资料。

（5）环境保护治理措施效果调查。主要内容为环境保护设施运行率、达标率和环境保护措施削减污染物效果以及综合效益的分析评价。

（6）环境管理现状调查。包括环境管理机构、环境保护工作人员业务素质、环境政策法规实施和环境监督实施情况调查等。

2. 环境现状调查的方法

（1）收集资料法。此法适用于各种现有资料的收集，具有省时、省力和节省费用等特点，但是通过这种方法只能获得第二手资料，而且资料也往往不全。

（2）现场调查法。该法能够直接获得第一手数据和资料，弥补收集资料法的不足，它却存在工作量大，需占用较多的人力、物力和时间，有时还受季节、仪器设备等条件的限制等方面的缺点。

（3）遥感法。这种方法可以从整体上了解一个区域的环境特征，弄清调查者无法到达地区的环境情况。但是遥感法不宜用于微观环境状况的调查，常用于辅助性调查。

（三）环境监测

环境监测是环境管理工作的一个重要组成部分，它通过技术手段测定环境质量因素的代表值，以把握环境质量（或污染程度）及其变化趋势。

第八节 环境预测与评价方法

一、概述

（一）环境预测

环境预测是根据已掌握的情报资料和监测数据，对未来的环境发展趋势进行的估计和推测，为提出防止环境进一步恶化和改善环境的对策提供依据。

由于环境管理的职能是协调各方面的关系，规范各方面的行为，以避免环境问题的发生或减少环境问题的危害。在这些环境管理活动中，需要不断分析形势，了解情况，估计后果，也就是说，都需要预测。另外，为了使环境管理有效，首先需要能正确制定决策目标和管理方案，而这都要以一个正确的环境预测结果为前提，这样才能使做出的决策具有正确性，制订的方案具备可达性。

（二）环境评价

环境评价是从人类社会的环境需要出发，按照一定的环境标准和评价方法对环境的优劣及其满足人类需要的程度进行评估，预测环境质量的发展趋势及评价人类活动对环境的影响。

环境评价一般也称为环境质量评价，根据环境管理的需要，可以分为多种不同类型，如从时间上可分为环境回顾评价、环境现状评价和环境影响评价；从环境要素上可分为大气环境评价、水环境评价、土壤环境评价、噪声环境评价等；从评价的层次上可分为项目环境评价、规划环境评价、战略环境评价；从评价内容上可分为经济影响评价、社会影响评价、区域环境评价、生态影响评价、环境风险评价、累积环境评价、产品环境评价等。

二、常用的环境预测方法

（一）定性预测法

定性预测法是指依靠人的直观判断能力对预测事件的未来状况进行直观判断的方法，故亦可称为直观判断预测法或直观预测法。定性预测主要是对预测事件的本来状况作出性质上的预断，而不着重考虑其量的变化情况。

常用的定性预测法有以下几种：

1. 类推法

它是根据个人的直观判断，对预测对象的变化趋势作出合乎逻辑的推理判断。类推法可以进一步分为相关类推法和对比类推法。

（1）相关类推法。即从已知的各种相关因素之间的变化来推断预测对象的发展变化趋势，如经济发展趋势、国家政策措施对市场的影响、商品产销变化趋势的定性分析等都可以用这种方法进行预测。运用相关类推法，首先要根据理论分析和实践经验，找出与预测相关的各种因素，尤其是要抓住同预测对象直接相关而又影响较大的主要因素，然后再依据事物相关的内在联系的具体情况进行推断。

（2）对比类推法。即把预测对象与其他类似事物加以对比分析，来推断其未来发展的方法。

2. 经验判断法

这种预测方法是依靠专业人员及预测人员的经验和判断能力作出预测。它还可以再细分为以下三种方法。

（1）决策人员预测法。即由决策者召集与预测内容有关的各方面的决策人员开会，听取他们的汇报和意见，然后由决策者在此基础上对预测对象的发展趋势做出预断。这种方法的特点是简便易行、省时省力，在日常决策过程中应用比较广泛。

（2）专业人员预测法。即由决策者或主管人员召集专业人员开会，共同进行预测。这种方法的特点是不需要经过复杂的运算，预测速度比较快，另外，专业人员长期从事同一领域或同一方面的工作，对情况比较熟悉，所以对预测对象心中有数。其缺点是具有较多的主观因素，容易受个人的认识水平和偏见的影响。

（3）综合判断法。即在综合决策者和专业人员的预测结果的基础上做出比较全面的预测。在综合各方面的预测结果时，可以灵活采用各种方法。

3. 专家预测法

专家预测法（亦称专家评优法），是以专家为索取未来信息的对象。这些专家不仅在该预测对象方面，而且在相关学科方面都应该具备相当高的学术水平，并应具备一种在大量感性经验资料中看到事物本质的能力，即从大量观察的随机现象中抓住不变的规律，找到它们之间的某些约束，从而能够作出对未来的判断。专家预测法多用于直观预测，故属于直观型预测方法，它是一种古老的预测方法，但至今在各类预测（尤其是对预测对象的定性预测）方法中，仍然占有比较重要的地位。

专家预测法主要是组织各领域的专家，运用专业方面的知识和经验，根据预测对象的外界环境，通过直观归纳，对预测对象的过去和现在的状况、变化和发展的过程，进行综合分析与研究，找出预测对象运动、变化、发展的规律，从而对预测对象未来的发展趋势及状况作出判断。

由于专家预测法没有固定的程序，所以人们又常称之为启发预测法。专家预测法包括以下几种具体的实施形式：

（1）个人判断预测法是指依靠专家对预测对象未来的发展趋势及状况作出专家个人的判断。专家个人判断预测法的最大特点就是能够最大限度地发挥个人的效用，充分利用个人的创造能力。这种方法，对被征求意见的专家来说，不受外界环境的影响，没有心理上的压力。但是，个人判断预测法容易受到专家个人智能结构的限制，即受到专家的知识广度、资料占有程度以及对预测对象兴趣大小等因素的限制，难免带有片面性。

（2）专家会议预测法是指依靠一定数量的专家，对预测对象的未来发展趋势及状况作出判断。

与个人判断预测法比较，专家会议预测法的特点体现在：

① 专家会议能够发挥由若干名专家组成的集体的智能结构效应，它往往大于该集体中每个成员单独创造能力的总和；

② 通过多个专家之间的信息交流，可以产生思维共振，进而发挥创造性思维，有可能在较短时间内获得富有成效的结果；

③ 专家会议的信息量，总比某个成员单独占有的信息量大；

④ 专家会议考虑的因素，总比某个成员单独考虑的因素多；

⑤ 专家会议提供的方案，总比某个成员单独提供的方案要具体、全面。

（3）头脑风暴法是专家会议预测法的具体应用。它是通过专家之间的信息交流，引起思维共振，产生组合效应，形成宏观的智能结构，进行创造性思维。因此，也可称之为思维共振法。这种方法在各种直观型预测方法中占有重要地位。

头脑风暴法可以分为直接头脑风暴法和质疑头脑风暴法两种：

① 直接头脑风暴法是根据一定规则，通过共同讨论具体问题，发挥宏观智能结构的集体效应，进行创造性思维活动的一种专家集体评估、预测的方法。

② 质疑头脑风暴法是一种同时召开两个专家会议，集体产生设想的方法。第一个会议完全遵循直接头脑风暴法的原则，而第二个会议则是对第一个会议提出的设想进行质疑。

采用直接头脑风暴法组织专家会议时，应遵守如下原则：

① 严格限制预测对象的范围，便于参加者把注意力集中于所涉及的问题。

② 要认真对待和研究专家提出的任何一种设想，而不管这种设想是否适合和可行，不能对别人的意见提出怀疑。

③ 鼓励参加者对已经提出的设想进行补充、改进和综合。

④ 使参加者能解除思想顾虑，创造一种自由发表见解的气氛，以利于激发参加者的积极性。

⑤ 发言力求简短精炼，不需详细论述，延长发言时间将妨碍创造性思维活动的进行。

⑥ 不允许参加者重复事先准备好的发言稿。

实践证明，利用头脑风暴法对预测对象进行定性预测，通过专家之间直接交换信息，可引起比较强烈的思维共振，充分发挥创造性思维活动能力，有可能在较短时间内取得较为明显的创造性成果。

头脑风暴法的所有参加者，都应具备较高的联想思维能力。在进行头脑风暴法即思维共振时，应尽可能提供一个有助于把注意力高度集中于所论问题的环境。有时某个人提出的设想，可能正是其他准备发言的人已经思维过的，其中一些最有价值的设想往往是在前一个设想的基础上，经过思维共振的头脑风暴，迅速发展起来的设想，或是对两个或多个设想的综合设想。因此，头脑风暴法产生的结果，是专家集体这个宏观智能结构的总体效应。

（4）特尔菲法是 Delphi 的中文译名。特尔菲法是采用函调调查，先让有关领域的专家对所预测的问题分别提出意见，然后将他们所提的意见综合、整理、归纳，匿名反馈给各个专家，再次征询意见，随后再加以综合、反馈。这样经过多次反复循环，得到一种比较一致的、可靠性较大的意见。

特尔菲法和专家会议法相比，有三个特点：

① 匿名性。应用特尔菲法时，专家小组人员彼此互不相识，应答者可以不公开地改变自己的意见，从而无损于自己的威望。各种不同的论点都可以得到充分的发挥。

② 信息反馈沟通性。参加应答的专家们从反馈回答的问题调查表上，可以了解到集体的意见、目前的状况、同意和反对各个观点的理由，并依次作出各种新的判断，从而排除或减少了面对面会议所带来的缺陷。专家们不会受到缺乏充分根据的判断的影响，反对的意见也不会受到压制。

③ 预测结果的统计特性。作定量处理是特尔菲法的一个重要特点。对预测结果采用统计判定回答的方法，能够包括整个小组的意见。

特尔菲法目前大致分为两种。一种是常规的特尔菲法，也称为"纸笔型"，并在此基础上派生出很多改良的特尔菲法。随着计算机技术的发展，还出现了另一种实时特尔菲法，采用足够的计算机终端装置，用于传递信息和编制整理各次循环的结果，缩短了应答周期，加快了特尔菲法的进行。

使用特尔菲法进行预测决策，通常经过四轮询问后，便告结束。实践经验表明，超过四轮以后预测结果没有什么重大变化。

当针对某一技术预测的专家小组成立以后，在预测小组的组织领导下，便可开始预测工作。常规的特尔菲法各轮的内容依次为：

第一轮，询问调查表是完全没有框框的，允许任何回答。专家小组的成员可以根据所要预测的主题以各种形式提出有关的预测事件。此调查表返回给预测领导小组，领导小组把所提出的事件进行综合整理。相同的事件统一起来，次要的事件排除掉，用准确的术语提出一个预测事件一览表。

第二轮，把经过综合归纳的预测事件一览表再发给专家小组的各个成员，要求他们对表中所列事件作出评价，对事件可能发生的问题进行预测，再相应地提出其评价及预测的理由。领导者根据返回来的调查表，统计出每一事件发生的预测日期的中位数和上下四分点，整理出最早与最晚预测日期的理由和综合材料，并将此结果再返回给专家小组的各个成员。

第三轮，专家小组的成员得到反映专家小组意见和论据的综合统计报告后，要对所给出的论据进行评论，并重新进行预测和陈述理由。专家小组各成员的重新评价和论证再次返回给领导小组，领导小组计算出新的中位数和上下四分点，并综合各方面提出的论证，然后再次返回给应答者。

第四轮，应答者再次进行预测，并根据领导小组的要求，作出或不作出新的论证。领导小组根据回答，再次计算出每个事件的中位数和上下四分点，得出最终的带有相应中位数和上下四分点日期的事件一览表。

通过以上四轮征询，专家们的意见一般可以相当协调。当然，利用特尔菲法进行预测并非一定要通过四轮不可。如果专家小组的成员们在第二轮便取得了相当一致的意见，就可到此结束。

征询调查表是进行特尔菲法预测的一个主要工具。调查表制定的好坏，直接关系到预测结果的优劣。在制定调查表时，需要注意以下八点：

① 对特尔菲法作出简要说明。为了使专家全面了解情况，调查表一般应有前言，用以简要说明预测的目的、任务及专家应答在预测中的作用，同时还要对特尔菲法作出扼要说明，因为特尔菲法并不是众人皆知的，即使有些专家接触过此法，也难免有某些误解。

② 问题要集中。问题集中并有针对性，以便各个事件构成一个有机整体。问题要按等级排队，先整体，后局部。同类问题中，先简单，后复杂。这样由浅入深的排列，易于引起专家回答问题的兴趣。

③ 避免组合事件。如果一个事件包括两个方面，一方面是专家同意的，另一方面是专家不同意的，这时就难以作出回答。

④ 用词要确切。所列问题应该明确，含义不能模糊，在问题的陈述上要避免使用含义不明确的词汇和字眼。

⑤ 给出预测事件实现的概率。应答者给出的预测结果的概率，是随着时间的后移而变化的。必要时，回答一个问题，也可以给出几种不同的概率。

⑥ 调查表要简化。调查表应有助于应答专家作出评价，使专家把主要精力用于思考问题，而不是用在理解复杂混乱的调查表上。调查表还应留有足够的地方以便专家阐明自己的意见和论证。总之，调查表应方便专家，不要妨碍他们的应答。

⑦ 要限制问题的数量。问题的数量不仅取决于应答要求的类型，同时还取决于专家可能作出应答的上限。如果只要求作出简单回答，问题的数量可适当多些。如果问题比较复杂，则数量可少些。但严格的界限是没有的。一般认为，问题数量的上限以 25 个为宜，如果问题超过 50 个，领导小组就要认真研究问题是否过于分散而

未击中要害。

⑧ 不应强加领导者个人的意见。在特尔菲法进行过程中，任何情况下及任何一轮，领导小组或领导者个人都不能将自己的意见列入调查表中，专家进行讨论时，领导小组或个人不应介入，否则就有把预测结果歪曲到符合领导人观点的危险。

（二）定量预测方法

定量预测方法主要是依靠历史统计数据，在定性分析的基础上构造数学模型进行预测的方法。

按照预测的数学表现形式可分为定值预测和区间预测。这种方法不靠人的主观判断，而是依靠数据，计算结果比定性分析具体和精确得多。但使用定量预测法也有一些限制条件，如要求历史统计资料比较准确、详细而完备，事物发展变化的客观趋势比较稳定，很少有质的突变。

定量预测法可以分为时间序列分析预测法、回归分析预测法。

1. 时间序列分析预测法

时间序列分析预测法的基本思想就是根据历史资料，依据一组观察数值来推算事物未来的发展情况。例如，把过去的统计数字资料按照时间顺序排列，就形成了一个以时间为序的数列。分析这个序列，从中可以找出其变化的规律性，如果能够通过其他的分析认定事物正处于正常发展阶段，将继续按这个规律运动，就可以用它来推测事物的未来发展趋势。

常用的时间序列分析预测法有以下四类：

（1）简单平均法

简单平均法即算术平均法，运用这种方法的程序是：先按照一定的时间间隔（一个星期、一个月或一个季度等）设定观察期，取得观察期的数据，然后以观察期数据之和除以数据个数（或资料期数），求得平均数，作为对下一个时期的预测数。

简单平均法的优点是简单易算，但由于这种方法对于数值采取了简单平均的方法，得到的结果有时不够准确，特别是观察期的数据具有明显的季节变动和长期性的增减变化趋势时，用简单平均法得出的预测结果往往误差较大。

（2）加权平均法

加权平均法，就是在求平均数时，根据各个观察期数据重要性的不同，分别给予不同权数后再加以平均的方法。通常采用的是加权算术平均法。这种方法的关键是确定适当的权数，一般的做法是给予近期数以较大的权数，距离预测期远的，则权数递减。

（3）移动平均法

如果预测值同与预测期相邻的若干观察期数据有密切的关系，则可以使用移动平均法。移动平均法将观察期的数据由远而近按一定跨越期进行平均，取其平均值，随着观察期的推移，按既定跨越期采集的观察期数据也相应向前移动，逐一求得平均值，并将接近预测期的最后一个移动平均值，作为确定预测值的依据。

（4）指数平滑法

指数平滑法是一种用指数加权的办法来进行移动平均的预测方法。所取的指数又叫平滑系数。采用这种加权的方法，可以克服移动平均法中各期数据均占相等比重的缺陷，突出近期数据对预测值的影响，进而能较准确地反映出总的发展趋势。指数平滑法以本期实际值和本期预测值为基数，分别给两者以不同的权数，计算出指数平滑值，作为预测基础。

2. 回归分析预测法

回归分析预测法是根据两个以上变量之间的因果关系进行预测的。如果所研究的因果关系只涉及两个变数，称为一元回归分析。如果涉及两个以上的变数，就称为多元回归分析。

一元回归分析法，是运用两个变量进行预测的方法，如果两个变量之间呈线性关系，就是一元线性回归，其所用的方程式就称为线性回归方程。

（三）半定量预测方法

半定量预测方法是定性方法与定量方法的综合。也就是说，在定性方法中，也要辅之以必要的数值计算。而在定量方法中，模型的选择、因素的取舍以及预测结果的鉴别等也都必须以人的主观判断为前提。由于各种预测方法都有它的适用范围和缺点，半定量预测法兼有多种方法的长处，因而可以得到较为可靠的预测结果。

三、常用的环境评价方法

（一）单因子指数评价模型

单因子指数评价模型的表达式为：

$$I = P/S \qquad\qquad (5-1)$$

式中　I——单因子环境质量指数；

$\quad$ P——污染物在环境中的浓度；

$\quad$ S——该污染物对人类影响程度的标准。

（二）多因子环境指数评价模型

多因子环境指数评价模型的表达方式较多，可参考相关资料。

（三）综合指数评价模型

综合指数评价模型的表达式为：

$$Q = \sum W_K/I_K \qquad\qquad (5-2)$$

式中　Q——多环境要素的综合评价指数；

$\quad$ W_K——第 K 个环境要素的权重；

$\quad$ I_K——第 K 种污染物环境质量指数。

（四）其他环境评价模型

在环境评价中，经常用到的其他一些模型如污染损失率评价模型、区域污染源评价模型、层次分析法评价模型、模糊综合评价模型、灰色系统评价模型、人工神经网络评价模型、主成分分析模型、因子分析模型等。这些模型依据数学和统计学中的不同原理和方法，根据水体、大气、土壤、污染源等各种评价对象的特征，设计出不同的评价公式、算法和标准。

第九节　环境标志

一、环境标志的含义

环境标志制度最早于 1978 年在联邦德国开始实行。1988 年，加拿大、日本、美国等国家也开始实行这项制度。我国推进环境标志产品制度始于 20 世纪 90 年代。

自联邦德国实行被称为"蓝色天使"的环保标志制度以来，目前世界上已有多个国家和地区正在积极实施这一制度。中国开展环境标志产品认证的权威机构是中国环境标志产品认证委员会。受国家质量监督检验检疫总局委托，由国家环保局领导及组织的中国环境标志产品认证委员会成立于 1994 年 5 月 17 日，并根据《中国环境标志产品认证委员会章程》和《环境标志产品认证管理办法》开展认证工作，是代表国家对产品环境行为进行认证、授予产品环境标志的唯一机构。经过十几年的发展，中国环境标志产品认证委员会的机构建设得到了进一步的加强，由国家环保部、国家质量监督检验检疫总局牵头，12 个部委参与其中的委员会成为国内最高规格的认证机构。

环境标志是一种标在产品或其包装上的标签，是产品的"证明性商标"，它表明该产品不仅质量合格，而且在生产、使用和处理处置过程中符合特定的环境保护要求，与同类产品相比，具有低毒少害、节约资源等环境优势，同时还有利于资源的再生和回收利用。

由此可知，环境标志是一种产品的证明性商标，正是有了这种证明性商标，使得消费者很轻易地明确哪些产品有益于环境，便于消费者购买、使用这类产品，而通过消费者的选择和市场竞争，可以引导企业自觉调整产业结构，采用清洁工艺，生产对环境有益的产品，最终达到环境与经济协调发展的目的。

二、环境标志的特点和目标

环境标志是一种指导性的、自愿的、控制市场的手段，是环境保护的有效工具。环境标志工作一般也是由政府授权给环保机构的。它有以下几个特点：

（1）证明性。环境标志能证明产品符合要求。

（2）权威性。标志由商会、实业或其他团体申请注册，并对使用该证明的商品具有鉴定能力和保证责任。

（3）专证性。只对贴标产品。

（4）时限性。考虑环境标准的提高，标志每 3～5 年需重新认定。

（5）比例限制性。有标志的产品在市场中的比例不能太高。

通常列入环境标志的产品的类型有节水节能型、可再生利用型、清洁公益型、低污染型、可生物降解型、低能耗型。

产品环境标志的目标包括：

（1）为消费者提供准确的信息；

（2）增强消费者的环境意识；

（3）促进销售；

（4）推动生产模式的转变；

（5）保护环境。

三、环境标志的类型

国际标准化组织（International Organization for Standardization，ISO）颁发了 ISO 14020 标准，这是与环境标志有关的一系列环境管理标准，目前已颁布了 ISO 14020《环境标志和声明　通用原则》、ISO 14021《环境标志和声明　自我环境声明（Ⅱ型环境标志）》、

ISO 14024《环境标志和声明 Ⅰ型环境标志原则和程序》、ISO 14025/TR《环境标志和声明 Ⅲ型环境声明 原则和程序》。我国已将前两个标准转化成了国家标准。

（一）Ⅰ型环境标志（批准印记型）

ISO 14024 标准（GB/T 24024—2001 环境管理 环境标志和声明 Ⅰ型环境标志 原则和程序），规定了按生命周期要求对企业产品和服务进行认证的基本规定，称为Ⅰ型环境标志。

这是第三方认证用的生态标志，是三种环境标志中门槛最高的，相当于环保全能冠军。其最大的特点是对产品从设计、生产、使用一直到废弃处理的整个生命周期都有严格的环境要求。

其特点是：

（1）自愿参加；

（2）以准则标准为基础；

（3）包含生命周期的考虑；

（4）由第三方认证。

我国的Ⅰ型环境标志图形于 1993 年发布，它是由青山、绿水、太阳和 10 个环组成。其中心结构表示人类赖以生存的环境；外围的 10 个环紧密结合，环环相扣，表示公众参与，共同保护；10 个环的"环"字与环境的"环"同字，寓意为全民联合起来，共同保护我们赖以生存的环境，如图 5－2 所示。

图 5－2　中国环境标志图形

（二）Ⅱ型环境标志（自我声明型）

ISO 14021 标准（GB/T 24021—2001 环境管理 环境标志和声明 自我环境声明（Ⅱ型环境标志）），规定了从生产到处置过程，产品原料和过程控制及废弃物处置利用的 12 条自我环境声明，称为Ⅱ型环境标志。

Ⅱ型环境标志是自我声明的提供环境信息的标志，其主要针对资源有效利用，企业可以从国际标准限定的"可堆肥、可降解、可拆解设计、延长产品寿命、使用回收能量、可再循环、再循环含量、节能、节水、节约资源、可重复使用和充装、减少废物量"12 个方面中，选择一项或几项作出产品自我声明，并需经第三方验证。

其特点是：

（1）可由制造商、批发商或任何从中获益的人对产品的环境性能作出自我声明；

（2）这种自我声明可在产品上或者在产品的包装上以文字声明、图案、图表等形式来表示；

（3）无需第三方认证，但须第三方验证。

Ⅱ型不同于Ⅰ型，它是由各国自己制定标准而具有明显的地域特征，因此Ⅱ型不易产生贸易壁垒。

（三）Ⅲ型环境标志（单项性能认证型）

ISO14025标准以生命周期为基点，规定了颁布环境信息的数据收集、检测准则。Ⅲ型环境标志是对声明的指标经独立检验而确定其产品质量的标志，是企业根据公众最感兴趣的内容，公布产品的一项或多项环境信息，并需经第三方检测。这种类型的单项性能有：可再循环型、可再循环的成分、可再循环的比例、节能、节水、减少挥发性有机化合物排放、可持续的森林等。与Ⅰ型相比，Ⅲ型环境标志同样具有不易形成国际贸易壁垒的优势，因为产品的环境信息是客观的，可以直接进行国与国的比较。

四个国际标准和三个已颁国标，组成了针对产品和服务的完整绿色评价体系。对任何产品和服务，可以分别获得Ⅰ型、Ⅱ型、Ⅲ型环境标志对其进行单独评价，也可以获得Ⅰ＋Ⅱ＋Ⅲ、Ⅰ＋Ⅱ、Ⅰ＋Ⅲ、Ⅱ＋Ⅲ四种组合环境标志对其进行组合评价，这就最大限度地开辟了任意边界的绿色空间，由企业自主选择边界。可以说当今市场上标榜绿色的全部内容，清洁生产、循环经济、绿色服务的全部要求，都可包容在这一绿色评价体系中，为防止绿色贸易壁垒，不允许泛泛谈绿色，要求明确告诉公众产品绿色含义和指标值，且要有认证、验证或检测证明。第三方的作用在三种型式的环境标志中，分别是自愿原则下的认证、验证和检测角色，这是WTO/TBT协定中防止欺诈条款的保证。第三方按规则运作，能提高环境标志的诚信，提高获证企业的诚信。在没有第三方参与时，任何企业不得暗示或假冒第三方参与。

四、环境标志的基本内容

环境标志是环境保护工作的一个新领域，它将污染控制对象由企事业单位的排污行为扩展到产品从"摇篮到坟墓"的全过程环境行为。

（一）环境标志产品的范围

环境标志是以保护环境为宗旨的，从理论上讲，凡是对环境造成污染或危害，但采取一定措施即可减少这种污染域危害的产品均可以成为环境标志的对象，由于食品和药品更多地与人体健康相联系，因此，国外在实施环境标志制度时一般不包括食品和药品。根据产品环境行为的不同，环境标志产品可分为以下几种类型：

（1）节能节水低耗型产品

（2）可再生、可回用、可回收产品；

（3）清洁工艺产品；

（4）低污染低毒产品；

（5）可生物降解产品。

（二）环境行为评价标准

从国外实施情况分析，环境行为评价标准的制定是实施环境标志的重要环节，同时也是实施环境标志的技术难点，这是由于实施环境标志的产品在功能、性能及环境行为等方面千差万别，对于不同的产品需要制定不同的评价标准，同时又需要保证不同评价标准之间具有可比性，因此，制定环境行为评价标准，必须考虑以下原则：

（1）产品环境行为全过程控制原则。对每类标志产品的评价都要包括从"摇篮到坟墓"的全过程环境行为。

（2）各国一致原则。对产品的技术要求要参考其他国家的有关规定相应制定，以避免影响国际贸易的发展。

（3）产品质量保证原则。环境标志产品首先要满足产品使用质量要求，符合国家有关的产品质量标准。

（4）经济合理原则。产品环境指标的制定要简单可行、经济合理，避免给企业带来额外负担，影响标志产品的价格。

（5）突出重点原则。对不同类别的标志产品要突出其环境行为特点。

（三）环境标志图形

环境标志图形由国家环保部门统一规定。目前各国均不相同，此外，不同的产品还有不同的辅助图形，以表明该产品的环境行为，德国则为"蓝色天使"图形，没有其他辅助图形，但有相应简短的文字说明。

（四）环境标志产品的评审

环境标志产品的评审核心是产品的环境行为，但由于产品环境行为的稳定性也取决于生产企业的经营管理状况，因而环境标志的评审也同时包括对生产企业环境行为的评审。

1. 产品的环境行为

产品的环境行为是指产品在生产、销售、使用和废弃等环节对环境的影响。产品在上述各个环节可能产生的环境影响，有以下几个方面：产品使用寿命；产品使用过程中的节水性、节能性和污染物产生、排放状况；产品包装的可回收性及废弃的环境影响；产品生产过程中的节水性、节能性和污染物产生、排放后产品的可回收/再利用性；产品的可生物降解性；产品生产对原、辅材料的需求及消耗。

2. 企业的环境行为

企业的环境行为是指企业为能够保证批量、正常生产出环境标志产品而必须在生产管理和环境管理中采取的措施，主要有以下两方面：企业的质量体系；企业的环境管理系统。

（五）环境标志产品评审的费用

企业提出环境标志的申请要同时交纳相应的申请费用，以用于支付评审机构开展检验、核查、评审等项费用。但评审机构是不以盈利为目的，征收费用数目一般不大。

五、实施环境标志的意义

（1）节能降耗，减少污染物排放，保护环境。德国为燃油和燃煤气的加热器引入标志后，短短的两年间，市场中60%的这类产品达到了标准要求的排放限度；含有对环境有害物质的油漆已大部分从市场上消失；由于给涂料发放了环境标志，向大气少排了 4×10^4 t 有机溶剂。

（2）通过实施环境标志可以提高区域环境质量，特别是使用数量巨大，对环境三种介质（水、气、土壤）造成严重威胁的消耗性消费品。

（3）环境标志的实施可以保护消费者的权益，能够改善居室环境质量，主要针对的是居室环境的两个方面：空气环境和噪声指标。环境标志的实施有助于推动我国人民生活质量的提高，引导消费者逐步淘汰对人体有害的传统产品，并且能够提高产品的资源、能源综合利用率。

（4）实施环境标志制度可以提高消费者对产品环境影响的关注。经调查证明，环境标志培养了消费者的环境意识，强化了消费者对有利于环境的产品的选择，促进对环境影响较少的产品的开发，达到了减少废物、减少生活垃圾、降低污染的目的。

（5）实行环境标志制度，可以加速产业结构的调整，鼓励企业开发无污染产品、节约原材料和能源的新工艺，同时还可以降低污染物的排放，减少环境风险，为企业主动保护环境创造条件，实现环境与经济的协调发展。企业通过环境标志产品认证，有利于政府加强对企业环境管理的指导，规范企业的环境行为，改进环境保护工作。企业获得环境标志后，有利于树立良好的社会形象，为产品打开销路。通过开展环境标志认证活动，保证产品质量，维护消费者利益，提高环境标志产品在国内外的市场竞争力，促进国际贸易的发展。

（6）环境标志是依其独特的经济手段，使广大公众行动起来，将购买力作为一种保护环境的工具，促使从产品生产到处置的各个阶段均减轻甚至消除对环境的影响，并以此观点重新检查它们的产品周期，从而达到预防污染、保护环境、增加效益的目的。

第十节　产品的生命周期评价

一、产品的生命周期评价概念

生命周期评价是一种评估产品在其整个生命周期中，即从原材料的获取、产品的生产、产品使用后的处置对环境影响的技术和方法。

按国际标准化组织定义："生命周期评价是对一个产品系统的生命周期中输入、输出及其潜在环境影响的汇编和评价。"

作为新的环境管理工具和预防性的环境保护手段，生命周期评价主要应用在通过确定和定量化研究能量和物质利用及废弃物的环境排放来评估一种产品、工序和生产活动造成的环境负载，评价能源材料利用和废弃物排放的影响以及评价环境改善的方法。

生命周期评价的过程是，首先辨识和量化整个生命周期阶段中能量和物质的消耗以及环境释放，然后评价这些消耗和释放对环境的影响，最后辨识和评价减少这些影响的机会。

生命周期评价注重研究系统在生态健康、人类健康和资源消耗领域内的环境影响。

二、生命周期评价的基本原则

生命周期评价的总目标是比较一个产品在生产过程前后的变化或比较不同产品的设计，为此它应满足以下原则：

（1）运用于产品的比较。包括某一产品生产过程前后的变化和不同产品设计方案的比较、评价。

（2）包括产品的整个周期。评价应当系统、充分地考虑产品系统从原材料获取直至最终处置全部过程中的环境因素。

（3）考虑所有的环境因素。

（4）环境因素尽可能定量化。

三、生命周期评价的特点

（一）生命周期面向的是产品系统

产品系统是指与生产、使用和用后处理相关的全过程，包括原材料采掘、原材料生产、产品制造、产品使用和产品用后处理。从产品系统角度看，以往的环境管理焦点常常局限于原材料生产、产品制造和废物处理三个环节，而忽视了原材料采掘和产品使用阶段。一些综合性的环境影响评价结果表明，重大的环境压力往往与产品的使用阶段有密切联系。仅仅控制某种生产过程中的排放物，已经很难减少产品所带来的实际环境影响，从"末端"治理与过程控制转向与以产品为核心、评价整个产品系统总的环境影响的全过程管理是可持续发展的必然要求。在产品系统中，系统的投入造成生态破坏与资源耗竭，系统输出的"三废"排放造成了环境的污染。因此，所有生态环境问题无一不与产品系统密切相关。

在全球追求可持续发展的呼声越来越高的情况下，提供对环境友好的产品成为消费者对产业界的必然要求，迫使产业界在其产品开发、设计阶段就开始考虑环境问题，将生态环境问题与整个产品系统联系起来，寻求最优的解决途径与方法。

（二）生命周期评价是对产品或服务的全过程评价

生命周期评价是对整个产品系统从原材料的采集、加工、生产、包装、运输、消费、回收到最终处理生命周期有关的环境负荷进行分析的过程，可以从以上每一个环节来找到环境影响的来源和解决办法，从而综合性地考虑资源的使用和排放物的回收、控制。

（三）生命周期评价是一种系统性的、定量化的评价方法

生命周期评价以系统的思维方式去研究产品或行为在整个生命周期中每一个环节中的所有资源消耗、废物产生情况及其对环境的影响，定量评价这些能量和物质的使用以及所释放废物对环境的影响，辨别和评价改善环境影响的机会。

（四）生命周期评价是一种充分重视环境影响的评价方法

虽然清单分析的结果可以得到具体的物质消耗和污染排放的量，但是生命周期评价强调分析产品或行为在生命周期各阶段对环境的影响，包括能源利用、土地占用及排放污染物等，最后以总量形式反映产品或行为的环境影响程度。

生命周期评价注重研究系统在自然资源的影响、非生命生态系统的影响、人类健康和生态毒性影响领域内的环境影响，从独立的、分散的清单数据中找出有明确针对性的环境影响关联。这些关联主要有短期人类健康影响、长期人类健康影响、可再生资源的使用、不可再生资源的使用或破坏等方面，每种影响都是基于清单分析的数据以一定计算模型进行的综合评价，有时一种排放物质可能参与几种环境影响的计算。通过这些影响指标可以得到比较明确的环境影响与特定产品系统中物质能量流的关联程度，从而能够帮助我们找到解决问题的关键所在。

（五）生命周期评价是一种开放性的评价体系

生命周期评价体现的是先进的环境管理思想，只要有助于实现这种思想，任何先进的

方法和技术都能为我所用。生命周期评价涉及化学、数学、统计学、生态学、环境学理论和知识、应用分析技术、工程技术、工艺技术等，适应清洁生产、可持续发展的需要，因此这样一个开放系统，其方法也是持续改进、不断进步的。同时，针对不同的产品系统，可以应用不同的技术和方法。

四、生命周期评价的步骤

国际标准化组织于 1997 年 6 月颁布了 ISO 14040 标准，成为指导企业界进入 ISO 14000 环境管理体系的一个国际标准。该标准将生命周期评价分为相互联系的、不断重复进行的四个步骤：目标与范围确定、清单分析、影响评价和结果解释。

（一）目标和范围的确定

根据项目研究的理由、应用意图以及决策者所需要的信息，确定评价的目标，并按照评价目标界定研究范围，包括评价系统的定义、边界的确定、假设条件以及有关数据要求和限制条件等，这是生命周期的第一步，是整个生命周期评价最重要的一个环节，它直接影响到整个评价工作程序和最终研究结论的准确度，甚至会导致结论的错误。

目标和范围确定的重点要考虑目标、范围、功能单元、系统边界、数据质量和关键复核过程等几个方面的问题。目标和范围设定要适当，设定过小得出的结论不可靠；设定过大，则会增加以后的工作量。很多情况下，在进行后面的步骤时，有时需要对已经设定的目标和范围进行反复修改，这是允许的，往往也是必要的。总的来讲，生命周期评价是一个需要重复的过程，并且评价范围可能需要多次重复修改，认识到这一点对生命周期评价非常有用，而且也是非常重要的。

（二）清单分析

1. 清单分析的定义及内容

清单分析是运用系统分析的原理，对一个产品从生产、使用到废弃整个生命过程中（从摇篮到坟墓）所投入的所有原材料和能源作为收入逐一列出，而在这个过程中排出的所有影响环境的物质（包括副产品）作为支出也逐一列出，作成收支表。在对生命周期清单进行分析时，首先要给出生命周期清单分析的目标和生命周期系统的范围，目标和范围设定的恰当与否将直接影响到生命周期评价结论的准确性。

生命周期清单分析包括为实现特定的研究目的对所需数据的收集，它基本上是一份关于所研究系统的输入和输出数据的清单。清单分析主要有以下几个主要用途：可以帮助组织综合地认识相互关联的产品系统；确定研究目的与范围，界定待分析的系统并建立系统模型，收集数据并就清单分析结果编制报告；通过量化待分析产品系统的能流、原材料和向空气水体和土地的排放（环境输入输出数据），建立该系统环境表现的基础线；识别产品系统中那些能量和原材料消耗最多、排放最突出的单元过程，以进行有目标的改进；提供用来帮助确定生态标志准则的数据；帮助制定备选政策方案（如有关采购政策）。

2. 清单分析的目的

（1）建立一个信息基准，这里的信息是关于整个系统的资源使用、能源耗用以及环境负荷等。

（2）确定一个产品或生产过程的生命周期中哪些地方能减少资源使用以及环境排放。

（3）与其他的产品和生产过程的投入和产出进行比较。

（4）帮助指导新的产品或生产过程的开发，以求减少资源使用和环境排放。

（5）帮助确定生命周期影响评价的范围。

3. 清单分析的意义

（1）对企业内部的决策进行评价。对企业内部各种原料使用、产品、生产过程进行比较，以决定哪一种最好；与其他生产同种产品的企业中资源使用和环境排放的清单信息进行比较，看哪一家的产品更具有环境优势，如果是自己的产品具有环境优势，就可用这个研究结果来进行市场宣传，从而使自己的产品更具有竞争力；通过分析研究，看看自己的产品优势在哪里，不足的地方在哪里，这样就可以找到改进的方向；有助于培训自己的员工在产品的生产过程中注意减少污染物的排放。

（2）可以对要向外部披露的信息进行评价。给政策制定者、专业组织以及一般市民提供适当的关于能源使用和污染物排放的信息；如果信息不是进行选择性地披露，将有助于编制与产品生产相关的能源、原材料、环境排放等减少的定量性报告。

（3）为政策制定提供条件。为评价现有的和未来的那些影响资源使用和环境排放的政策提供信息；当清单是用来为影响评价做基础时，能有助于完善那些关于原材料和资源使用以及环境排放的政策规章制度；能帮助政府部门对某类产品进行研究，找到该类产品对环境影响最大或较大的一些阶段，然后在制定该类产品的生态标志、标准和有关的环境政策或法规时，把重点放在这些影响较严重的阶段；能够评价关于能源、原材料、环境排放的减少的定量化报告；能够帮助公民了解产品生产过程中资源使用和排放的特性。

（三）生命周期影响评价

生命周期影响评价是将生命周期内得到的各种排放物对现实环境影响进行定性、定量的评价，是对清单阶段所识别的环境影响压力进行定量或定性的表征评价，即确定产品系统的物质、能量交换对其外部环境的影响。这种评价应考虑随生态系统、人体健康以及其他方面的影响，其目的是根据清单分析所提供的物料、能源消耗数据以及各种排放数据对产品所造成的环境影响进行评估，即实质上是对清单分析的结果进行定性或定量排序的一个过程。

在产品的生命周期各个阶段所表现出的环境问题是不相同的，有的对环境造成的影响比较严重，有的较轻。这就需要我们要特别注重对方法的选择，这就要求我们：第一，必须准确地评价生命周期关于个别环境特性的清单分析所揭示的各类活动对环境的影响；第二，因受影响环境特性的改变必须给出某种优劣排列。

影响评价是将生命周期内盘查得到的各种排放物对现实环境的影响进行定性、定量的评价，这是生命周期最重要的阶段，也是最困难的环节。

一般可将影响评价再分为三个阶段：分类、特性化和赋值评价。

1. 分类阶段

分类是将生命周期中的输入、输出数据归到不同的环境影响类型的过程，即定性地将对环境有类似影响的排放物分作一类，一般按照对人类健康的影响、对生态环境的影响、对资源（特别是对枯竭资源）的影响和对社会福利的影响等分类。通过分类，研究探讨各影响因子对环境造成影响的途径，了解一种产品对环境产生影响的范围和程度等。进行分类的首要工作就在确定个案研究中要关心的是哪些类别的环境影响，在关心的环境影响类别确定之后，就将在清单分析中，将会造成那些影响的环境负荷或污染排放因子归类到该环境影响类别之下。不同的因子可能引发相同的环境影响，而一个因子也可能引发数类环境影响。

2. 特征化阶段

是把各影响因子对环境影响的强度和程度定量化。其目的就是将每一个影响类目中的不同物质转化和汇总成为统一的单元。特征化的主要意义，就是选择一种衡量影响的方式，透过特定评估工具的应用，将不同的负荷或排放因子在各形态环境问题中的潜在影响加以分析，并量化成相同的形态或是同单位的大小。

由于多数影响因素其影响的程度随着环境条件及发生时间等的变化而发生很大改变，而且往往是非线性的，因此不能将其简单地叠加。对这些因子的环境影响进行定量分析难度较大，需要耗费很大的人力、资源和时间去摸索。

就目前来说，完成特征化的方法有不少：一种方法是用统一的方式将来自清单分析的数据与无可观察效应浓度或特定的环境标准等相联系；另一种方法是试图模拟剂量－效应间的关系，并在特定的场合运用这些模型。这种模型能将生命清单分析中提供的数据和其他辅助数据转化成影响的描述。

3. 赋值评价阶段

即对不同领域内的环境影响进行横向比较，将以上分类并定量化的各种影响因子归为统一的数值，作为该产品对环境影响的综合评价指标。其目的主要是确定不同环境影响类型的相对贡献大小或权重，以期得到总的环境影响水平的过程。经过特征化以后，得到的是单向环境问题类别的影响总值，评价则是将这些不同的各类别环境影响问题给予相对的权重，使决策者在决策的过程中能够完整地捕捉及衡量所有方面的影响，不会因信息的偏颇、差异或缺乏比较而被蒙蔽。在评价阶段由于要把不同的影响用同一尺度来表示，涉及的因素太多，难度太大，因此目前也处于探索发展阶段。

五、生命周期评价的意义

由于生命周期本身特有的特点，它对我们的经济社会运行、可持续发展战略、环境管理系统带来了新的要求和内容。

（1）生命周期评价克服了传统环境评价片面性、局部化的弊病，有助于企业在产品开发、技术改造中选择更加有利于环境的最佳"绿色工艺"。

生命周期评价克服了传统的系统最佳化是以经济效益最大化为目的的缺点。传统的方法是通过减少废物排放量和降低废物处理成本而具有环境和经济效益，但是这种方法只考虑了工厂本身产生的污染，并没有从产品或工艺的整个生命周朝考虑，所以最佳化结果有很多的缺陷。最近很多研究已经开始把生命周期思想纳入到工艺设计和最佳化过程中，这样就建立了环境影响、经济效益和具体工艺实践的链形关系。

生命周期评价和传统的系统最佳化不同之处在于不仅考虑经济目标，同时也考虑环境目标，以环境影响值或环境负载表示，这样原来的一维化问题就变成了多维化问题，系统同时满足环境和经济目标的最佳化。

（2）应用生命周期评价有助于企业实施生态效益计划，促进企业的可持续增长。

最近在国际上兴起的工业生态学研究中，增强工业生态效益是企业追求可持续发展的必由之路。生态效益的实现，是在提供具有竞争力价格的产品和服务、满足人们需求和提高生活品质的同时，在产品和服务的整个生命周期内逐步将其对环境的影响及自然资源的消耗减少到地球承载力允许的范围。要实现生态效益，不能仅仅停留在概念上，企业推进可持续发展，更重要的是一系列具体的技术、程序与管理策略来确保概念得以落实。生命周期评价可以为企业向生态效益型转变提供全面的支持和帮助，通过生命周期清单分析和影响分析可以全面检测产品系统各阶段的物质、能量流的状况，可以为企业的持续改进提供依据，增强环境综合竞争能力。

（3）生命周期评价能够帮助企业有步骤、有计划地实施清洁生产。

1997年初联合国环境规划署将清洁生产定义为清洁生产是将整体预防的环境战略持续应用于生产过程、产品和服务中，以增加生态效益和减少人类及环境的风险。对生产过程，清洁生产要求节约原材料和能源，淘汰有毒原材料，减少降低所有废弃物的数量和毒性；对产品，则要求减少从原材料提炼到产品最终处置的全生命周期的不利影响；对服务，要求将环境因素纳入设计和所提供的服务中。生命周期评价以其涵盖产品系统整个生命周期的固有特性，对支持清洁生产有着得天独厚的优越性，可以说是实施清洁生产计划的有力武器。

（4）生命周期评价可以比较不同地区同一环境行为的影响，为制定环境政策提供理论支持。

通过不同区域的生命周期评价，比较不同地区、不同国家的工业效率，寻求能源、资源的最低消耗，可以为国际环境政策提供技术支撑；可以通过分析不同情况下可能的替换政策造成的环境影响，评估政策变动所降低的环境影响效果，从中找到最佳政策方针，如战略规划、对产品或过程的设计或再设计等。

（5）生命周期评价可以为授予"绿色"标签——产品的环境标志提供量化依据。

环境标志是产品的一种证明性商标，它表明商品不仅质量合格，而且从原材料的开采到最终废弃物的处置的整个生命周期均符合特定的环境保护要求。环境标志引导消费者在进行消费活动时，有目的地在同类商品中进行选择。

第十一节　环境审计

一、环境审计的定义

国际内部审计师协会在《内部审计师在环境问题中的作用》中提出："环境审计是环境管理系统的一个组成部分，借此，管理部门可确定组织的环境管理系统在确保组织的经营活动符合有关规章和内部政策的要求上是否充分。"

美国环保局表述为：环境审计是由会计师事务所或其他法定机构，对与环境有关的业务经营活动，进行系统的、有证据的、定期的、客观的检查。

国际标准化组织认为：环境审计是客观地获取证据并予以评价，以判定特定的环境活动是否符合审计准则的一个验证过程。

国际商会在专题报告中对环境审计的概念作了陈述，并得到了普遍的认同：环境审计是一种管理工具，它用于对环境组织、环境管理和仪器设备是否发挥作用进行系统的、文化的、定期的和客观的评价，其目的在于通过以下两个方面来帮助保护环境：一是简化环境活动的管理；二是评定公司政策与环境要求的一致性，公司政策要满足环境管理的要求。

我国的环境审计是指审计机构接受政府授权或其他有关单位的委托，依据国家的环保法律、法规，对排放污染物的企业的污染状况、治理状况以及污染治理专项资金的使用情况，进行审查和监督，并向授权人或委托人提交书面报告和建议的一种活动。环境审计通过定期或不定期地审查企业污染治理状况及污染治理专项资金的使用情况，以及治理后的效益，监督企业在此过程中的行为，促进企业加强环境管理，积极治理污染，使环境保护得到真实的落实。

二、环境审计的产生与发展

20 世纪 70 年代初期，西方一些企业基于对环境保护的认识，自发地制定了一些环境保护方面的审计计划，作为检查评价本企业环境问题的内部管理手段，虽是各自为政，无统一的方法和体系，但正因为它们的这一举动，使得环境审计作为一种新的审计门类得以迅速发展。

由于我国环境治理起步较晚，环境审计的开展也较迟，直到 1999 年，环境审计才作为我国审计理论的研究重点，但目前仍缺少系统的环境审计理论阐述，宣传方面也做得很不够。目前我国环境审计仅限于理论探讨的初级阶段，我国环境审计实务及理论研究状况远远落后于西方各国。从 20 世纪 70 年代开始，我国在发展经济的同时已十分关注资源环境问题，为防止大气污染，森林、土地资源破坏，国家颁布了一批环境保护和资源管理的法律、法规，为在我国开展披露环境信息的环境审计工作奠定了良好的法律理论基础，但环境审计理论研究及实务严重滞后，因种种原因一直未开展。改革开放后，由于有关"绿色会计"的理论研究工作在我国悄然兴起，才有不少专家学者就环境审计问题，在有关报刊上发表了一些具有前瞻性的理论探讨文章。审计署针对我国"绿色会计"研究的兴起，为促使环境审计在我国逐步展开做了大量工作，尤其是 1998 年审计署组织有关人员编写《环境审计》实务丛书以来，开创了我国环境审计的新局面。

虽然在我国开展环境审计时间不长，但由于十多年来逐步拓宽了对环境信息的审计范围，审计署开展了包括工业、农业、渔业、林业对环境影响的审计评价，还包括可持续发展的有关领域，并着重开展了环保专项资金审计等。

但是，我国环境审计尚处在理论探讨的初级阶段，与世界环境审计研究和审计实践相比差距还很大。目前进行的与环境相关的审计主要是合规性审计，即主要鉴证企业的经济活动是否遵守了现有的环境保护法律和地方颁布的环保法规。例如，污染物的排放是否超过了规定标准，是否按照规定的要求及时上缴了各种费用等。而对国务院所属的环保部门及其他有关部门、地方政府管理的环境保护专项资金进行审计监督、对国家在国际履约方面进行审计监督、对政府环境政策进行审查监督等内容，基本上是空白。目前环境审计的作用主要是限于消除消极的防范，远未起到环境审计应有的制约和促进作用。

三、环境审计的意义

（1）环境审计是第三者的独立监督，是对环境管理和环境监督的监督。

以美国为例，第二次世界大战以后美国经济得到飞速发展，伴随而来的是严重的工业污染，并严重制约了经济的进一步发展，影响了人们的生活。美国国会在 1969 年才开始立法，实施环境保护。但随着这一过程的发展，缺乏第三者监督、鉴证、评价服务的环境管理上的弊端就暴露了出来，审计职能的参与就成为一个自然的选择，美国联邦审计署建立相应的部门实施审计监督，也只有 10 年左右的历史。环境审计的出现，再次说明任何经济活动或与经济密切相关的社会活动，只有当事者的管理和监督是不够的，必须有独立的第三者的再监督参与才能完善。就像对其他经济活动的监督一样，国家审计既对环境当事人进行监督，又对政府环境管理部门实施的环境管理和监督进行监督，这是一个法治国家实施法治的体现。在我国，环境保护是国家战略的一部分，在相当长的一段时间内以国有经济为主体仍是基本国情，重大的环保项目是国家计划的一部分，因此建立以国家审计为主体的环境审计体系是时代要求、国之所需。

（2）环境审计的开展是满足社会对社会中介服务的需要。

当人们对环境的要求成为法律和法规，成为国家意志的时候，当人们意识到环境问题将成为自己生产经营管理的潜在风险时，人们在生产和交易时，就必然会考虑到环境风险的存在，他们需要对环境风险进行评估，以便于合理规避。但中小企业或机构自己没有这方面的专门人员，而大型企业或机构可能有这方面的专家，但这些专家受雇于自己，不具有独立性的地位，他们的评估意见尤其在交易时不具有法律效力，而国家环保机关、审计机关没有这方面的职能，因此，社会迫切需要这方面的中介服务，环境审计中介服务就应运而生了。在西方发达国家，会计公司等中介机构自然地承担起这一职能，他们为此配备这方面的专门人才，制定相应的环境审计规范，不仅满足社会不断增长的需求，而且促进了中介机构、中介市场的自我完善和发展。

（3）环境审计的开展是企业或机构控制或合理规避环境风险的需要。

企业或机构在生产、经营、管理或交易时，都有可能使潜在的环境风险成为现实，使自己蒙受巨大的损失，因此它们迫切需要有人来为自己可能遭受的环境风险进行评估。当评估报告只供自己在生产、经营、交易决算时所用，企业或机构的内部报告就可以了，因此在一些大企业、大机构，内部环境审计就随之发展起来。内部环境审计的产生，不仅能使企业、机构大大降低聘请外部审计师的审计成本，又能终年为自己提供环境审计服务，扩大服务的范围。目前，企业或机构对内部环境审计，不仅要求能及时发现环境和环境管理上的问题，还需要为企业、机构提供控制或合理规避环境风险的意见和建议。

（4）环境审计的开展促进审计自身的发展。

从传统审计发展到现代审计，最显著的标志：一是审计的范围扩大了，从传统的财政财务收支审计发展到经营管理审计；二是审计的目的延伸了，从传统的防护性，发展到防护性、建设性并重，这种目的的延伸在环境审计中得到了典型的反映；三是审计手段的多样性，从传统的账项审计发展到运用审计抽样方法及计算机的广泛运用，现在的环境审计中又运用了自然科学中的许多技术手段，包括物理、化学、生物等许多手段，涵盖社会科学和自然科学的许多重要领域。

四、环境审计的类型与内容

（一）按审计主体分类

按审计主体可以将环境审计分政府审计、内部审计和民间审计三类。

1. 政府审计

政府审计的主体是政府机构，审计的主要内容有：环境政策、规划、项目的划定；各级组织、区域对政府环保法规与世界协议的执行情况；现行政策以及非环境政策和项目对环境的影响；环保管理系统的有效性；环保预算；政府和外援环保投资的运用；主要项目的成本效益和绩效；环保资源分配的有效性和实施成果；环境报告或有关报告中会计信息的真实、财务收支的合规、环保活动的业绩情况。

2. 内部审计

内部审计的主体是企业，审计的主要内容有：检查、发现、报告危害环保的主要问题；反映达到或不符合环保标准的信息；评价遵守环境政策、法规的情况；审查环保管理系统和有关内控系统的健全和有效性，并反映其薄弱环节和失控问题；生产、技术、经营、储存、运输过程中危害环保的事项；对购入、租赁、企业组合等房地产的环境状态报告或评估意见进行检查；环保负债的评估；环保资金的筹集和分配的合规性与有效性；企业环境政策、计划、项目的制定和资源的分配；项目有效实施和业绩情况；环保成本收益和资金运用效果；有关环保资产、负债的真实、合规、效益性的评价；对市场营销（绿色产品）的影响；配合外部审计；环境报告和有关信息的审查；向管理当局提出审计结果、存在风险、资金运用、实现效果的报告；对员工的环境教育和训练的状况。

3. 民间审计

民间审计的主体是民间组织，审计的主要内容有：接受委托按一定事项进行审计；评价有关环境保护的会计信息；评价环保成本及其负债的公允；评价环境报告和有关信息的真实性和合规性；对政府、社会、管理当局提出的报告进行鉴证。

（二）按审计目的分类

按审计目的可以将环境审计分为司法审计、技术审计和组织审计三类。

1. 司法审计

主要审查内容包括：国家环境政策的目标；现行的法规在实现这些目标方面所起的作用；怎样才能对法规进行最好的修正。一些要考虑的领域包括国家对有关自然资源的所有权，及其使用和管理方面的政策，以及国家在控制污染和保护环境方面的法律和法规。

2. 技术审计

技术审计报告了对空气和水污染、固体和有危险性的废弃物、放射性物质、多氯联苯和石棉的检测结果。例如，气体排放源的形式可包括排放源的类型，设备的类型和排放日期，控制设备的容量以及排放点的位置、高度和排放速度等。

3. 组织审计

这种审计包括对有关企业的管理结构、内部和外部信息的传递方式以及教育和培训计划等方面的审查，它揭示了有关企业的详细情况。

五、环境审计的范围和对象

（一）环境审计的范围

环境系统是一个开放的系统，环境审计的范围也极广。从横向来看，应包括自然、经济、社会这三部分，即社会不断增长的物质需求、经济满足社会持续发展需求的能力及自然满足社会需求和经济发展的永续能力。具体包括企业生产环境、居民生活环境、社会经济生活发展环境、国家资源开发环境、生态平衡环境诸方面，无明确的时空限制，并逐步向计划生育、绿色食品、环保产业、健康卫生等领域拓展。从纵向来看，环境审计的范围包括：有关环保法规政策措施的执行情况及效果；环保机构设置的健全性，职能的可靠合理性，监管的效果；环保资金征收、管理、使用的完整性、可靠性、合理性、有效性；环保措施、手段、技术的合理性、科学性、经济性以及潜在的环境风险评估。

（二）环境审计的对象

环境审计的对象即环境审计的客体，按照职责范围和权限大小划分，包括制定环保政策和措施的政府及其有关部门、承担具体管理和监督职能的各级环保部门、负责环保专项资金投入的财政部门以及其他涉及环境保护的部门，如环保监察单位、排污收费监管部门等，还包括生产性企业、商业性企业、医疗卫生部门、城市公用事业单位和各类基本建设项目单位等，它们是实施环境治理的主体。

按照具体行为活动划分，环境审计的对象主要包括：政府、环保等行政管理部门的环境管理监督行为；国有资源的规划、开发、利用行为；国家环境保护的规划、实施、管理行为；工业企业及其他企事业单位的生产经营活动；改建、扩建项目，技术改造项目，房地产开发项目，旧城区改造项目等建设项目的施工建造行为；交通运输部门、能源供应部门等公用事业单位的服务供给行为；人类作为群体在社会经济生活中的其他可能对环境造成破坏的具体行为和活动。

六、环境审计的程序

环境审计程序是审计人员对审计项目从开始到结束的整个过程中所采取的行动和步骤，它有狭义和广义两种含义。狭义的环境审计程序是指审计人员在实施环境审计的具体工作中所采用的审计方法和审查内容的综合，包括准备阶段、实施阶段、报告阶段、后续阶段。广义的环境审计程序是指审计工作从开始到结束的整个过程，包括从制定审计项目计划开始到建立审计档案并完成后续审计为止的全过程。

（一）前期审计活动

每一项的准备工作都包括大量的活动，活动的内容包括选择审查现场，挑选、组织审计小组，制定审计计划以确定技术、区域和时间范围，获得企业的背景材料以及要被用在评估程序中的标准。这样做的目的是使审计小组在整个现场审计过程中能发挥最大的工作效率。组成审计小组的成员应该熟悉环境法规和标准的要求，熟悉监测方法和数据处理技术，熟悉审计对象的生产工艺技术等。制定的审计计划要切实可行，在制定审计计划前要对审计对象进行预访，了解生产情况，协商时间安排和收集有关资料。在进行现场审计之前，应将审计内容拟成文件，以指导审计工作。

关于审计小组的组成，若有一位来自于审计现场的成员，既有有利的一面，又有不利的一面。有利的一面是：①当地雇员了解工厂内部有关设备布置和组织模式的详细情况；②把当地雇员和审计报告联系起来，可使工厂的职工更加相信审计报告的内容。不利的一面主要是：当地雇员不容易发表客观如实的观点，特别当这些观点看起来是对他的上司或同事提出批评时，就更是如此。在内部缺乏专业人员的情况下，独立于外的顾问们可以提供帮助，特别是对于小公司，情况更是如此。

（二）现场审计活动

现场审计活动由五个基本的步骤组成：

1. 鉴别和了解企业内部的管理控制系统

内部控制是与工厂环境管理系统联系在一起的。内部控制包括：有组织的监测和保存记录的程序；正式计划、内部检查程序、物理控制以及各类其他控制系统要素等。审计小组通过利用正式的调查表、观察资料和会谈等方法，来获取大量的资料，并从这些大量的资料中获得与所有重要的控制系统要素有关的信息。

2. 评价企业内部的管理控制系统

在有些情况下，法规对管理控制系统的设计作了详细说明。例如，对偶然的排放物，法规可列出要包含在计划中的、与其有关的专项内容。但最重要的是，小组成员必须依靠他们自己的专业判断能力对控制系统作出评价。

3. 收集审计资料

在这一步骤中，审计小组收集所需证据，以便证实控制系统在实际运行中确实能达到预期的效果。该步骤内容包括：审查排放物的监测数据以确认其是否符合规定的要求；审查培训记录以证实有关的工作人员是否已经接受过培训，记录下收集到的全部信息，进行分析，并做记录。控制系统中存在的不足，也要记录下来。

4. 评价审计调查结果

单项控制调查结束后，小组成员得出的是与控制系统单个要素有关的结论。接下来要综合评价该调查结果，并评估其不足。在评价该审计调查结果时，审计小组要确认有足够的证据来证实调查的结果，并清楚概要的总结调查结果。

5. 向工厂汇报调查结果

在审计过程中，就调查的结果，通常要与工厂职员分别进行讨论。在总结审计报告时，要与工厂管理部门一起召开一个正式的会议，汇报调查结果及其在控制系统运行中的重要性。审计小组可在准备最后报告之前，向管理部门提交一份书面总结作为中期的报告。

（三）后期审计活动

在现场审计后期，还有三项重要的工作要做：

1. 准备最终报告并提出一个更正行动的计划

最终审计报告一般由小组负责人撰写，然后由负责评价其准确性的人员进行审查，之后才被提交给相应的管理部门。

2. 行动计划的准备及执行

在审计小组或外部专家的协助下，工厂提出一项计划，该计划反映了全部调查的结果。行动计划作为一种途径，是为取得环境管理部门的认可和保证计划顺利实施服务的。只要可能，就应立即付诸行动，以使环境管理部门确信合适的更正行动计划已经实施了。当然，如果更正行动没有很快地进行，审计的主要作用就失去了。

3. 监督更正行动计划的执行

监督是非常重要的一个步骤，其目的是要保证更正行动计划的实施和使所有必要的更正行动受到关注。审计小组、内部环境专家以及管理部门都可以进行监督。并不是所有的审计程序都必须包含每一个步骤。但一般来说，每个程序的设计都应考虑到上述活动的每个步骤。

七、环境审计存在问题的解决

（一）出路和适用性

最近几年，关于公司的环境审计的概念已进行过多次的讨论，但是，由于环境审计的含义或审计的内容，以及审计所采用的方法，从国际上来看都未明确。因此，我们必须记住审计只能提供有限的控制和对潜在问题的认识。在现代环境管理中，若没有其他管理系统，审计只能是一个有限的工具。这并不是说审计就没有有益之处，环境审计是总的环境管理系统中的一个组成部分，它协助公司有效地组织和管理环境。显然，环境审计是审计工厂正常生产时的整个运行过程。经验表明，只有当公司出于自愿进行环境审计，并且将结果有效运用于管理时，环境审计这种管理工具才能充分发挥其效用。

（二）审计信息的披露

环境审计活动需要适时地对审计信息进行公开披露曝光。这样做的目的是接受公众监督和向公众证明公司在环境方面的行为是负责任的。审计信息的披露，一般分为内部披露和外部披露。所谓内部披露是指适时地向公司员工披露环境审计相关信息，而外部披露则是对外发布公司环境审计的信息。

第六章　环境管理体系

第一节　环境管理体系概述

一、环境管理体系的概念

1. 环境管理体系(EMS)

环境管理体系是全部管理体系的一个组成部分，包括为制定、实施达到和保持环境方针所需的组织结构、策划活动、职责、惯例、程序、过程和资源等。

2. 组织

具有自身职能和行政管理的公司、集团公司、商行、政府机关、企事业单位或社团，或是上述单位的部分或结合体，无论其是否法人团体、公营或私营。对于拥有一个以上运行单位的组织，可以把一个运行单位视为一个组织。

3. 环境效果

在组织的活动、产品和服务的环境中，因环境管理体系的管理所产生的任何直接的或间接的效果，无论它是有害的还是有益的。

4. 环境因素

环境因素是指一个组织的活动、产品或服务中能与环境发生相互作用的要素。

5. 环境影响

环境影响是全部或部分地有组织的活动、产品或服务给环境造成的任何有害或有益的变化。

6. 环境脆弱点

组织的环境脆弱点是指由组织活动、产品和消耗，给职工、社会团体造成伤害以及给局部或全部环境造成影响的风险，包括对组织本身的作用和前途造成的损害。

7. 持续改进

持续改进是指强化环境管理体系的过程，其目的是为了根据组织的环境方针，实现对整体环境行为的改进。该过程不必同时发生于活动的所有方面。

8. 环境表现(环境行为)

环境表现是环境管理体系运行的结果，是组织通过建立和实践一个环境管理体系，控制自身的环境因素所取得的实际成效。环境行为应当是可以测量和评价的。

9. 相关方

组织的相关方可包括供应方、合同方、顾客、社区居民、员工、投资者、执法当局、新闻媒体、科研机构等。

二、建立环境管理体系的目的

环境管理体系通过实施不同的管理活动、程序、文件和记录，实现下列目的：

（1）识别并控制重大的环境脆弱点和效果；

（2）识别重大的环境良机；

（3）识别有关环境规章的要求；

（4）确立正确的环境方针和环境管理基础，包括目标和指标的达到及遵守有关法规；

（5）确立优先顺序，确定目标和完成其工作项目；

（6）监督体系行为并评价其有效性，包括促进体系的改进，以适应满足新的、变化的条件和要求。

环境管理体系中上述目的的宗旨是规范组织环境行为，减少环境危害和有效利用资源。

三、环境管理体系的关键要素

因组织的性质、规模和活动、产品及服务的复杂性等因素的不同，企业所建立的环境管理体系也不尽相同，但是所有的环境管理体系的关键要素却是相同的，这些关键要素包括：

1. 环境方针

常写成环境方针声明，这是最高管理者对适宜的环境管理的公开承诺，是对持续发展和预防污染的一种承诺。通过把环境方针、环境目标和环境指标公开的方法，建立自我约束和有关方面监督的机制来保证实现承诺。例如，一个化工企业的方针是"5 年内减少排放污染物 95%"，另一个企业的方针是"排放的污水和污染物质 3 年之内减少总量的 80%"等。

2. 环境大纲或措施计划

环境大纲或措施计划就是把企业的环境方针转化为环境目标和指标，并识别其活动以达到规定要求，确定职工的职责和权限，以及为实施而需要的人力和资源。例如，对一个化工企业，要制定每一环节的排污计划和指标，以及需要的人力和资金，规定监控的方法和具体要求。根据这一措施计划控制环境因素并对环境表现进行初始评价。

3. 组织结构

明确规定环境管理体系的作用、职责和权限。最高管理者应指定专职或兼职的管理者代表，并明确规定他们的作用、职责和权限。为实施和控制环境管理体系需提供必要的资源，其中包括人力资源和技术以及财力资源。

4. 环境管理必须结合业务运作

环境管理必须与企业的其他因素的测量结合起来。专用环境程序常写成运作手册，并与环境大纲中规定的项目实施结合起来。

5. 纠正和预防措施

分析不合格的原因，制定彻底纠正的措施，发现目标、指标、标准和特性潜在的不合格的地方并加以预防。

6. 环境管理体系审核

检查体系的实施是否完全符合规定要求并有效，及环境管理体系的职能和作用。

7. 管理评审

企业最高管理者对在变化趋势下环境管理体系的状况和充分性进行的正式评价。

8. 内部信息与培训

确保所有职工了解为什么并怎样执行环境职责及完成各项活动的根据。

9. 外部联系

向企业外部有关人员或部门通报企业的环境目标和环境表现等方面的信息，以防止环境危害，更有效地利用物料。

上述 9 个关键性要素在 ISO 14001 中按 5 项要求：环境方针、策划、实施与运行、检查和纠正措施、管理评审等阐述。

四、环境管理体系的实施与运行

企业建立一个环境管理体系可能有不同的途径。大多数企业已经运行着若干管理体系，有很多管理程序和体系要素。企业最高管理者如果决定再建立并实施一个环境管理体系可以有两种选择：EMS 单独运行；先单独运行 EMS，再逐步整合 EMS（环境管理体系）、QMS（质量管理体系）、OHSMS（职业健康与安全管理体系）三个体系。不论采用哪种形式，都要使体系运行起来。QMS 的运行曾经使用过"戴明（Deming）模型"，那么 EMS 的运行也可以使用"戴明（Deming）模型"，即"EMS 的戴明环"，以保持运行方式的一致性。

环境管理体系的戴明模型内容如下：

1. 计划（策划阶段）

企业确定总目标和目的，并制定一套达到其规定要求的方法加以实施。

2. 运行（措施阶段）

企业计划的实施并达到一致的程度是企业追求的目标。

3. 检查（评价阶段）

根据计划检查措施的效率和有效性，并根据计划比较资源的利用情况。

4. 改进（纠正措施阶段）

识别所有的不足和薄弱环节并加以纠正，为适应变化了的形势可能要改变计划，修订程序，如果需要还可改变方针。

第二节 ISO 14000 系列标准构成及其发展趋势

一、ISO 14000 标准由来

国际标准化组织是由多国联合组成的非政府性国际标准化机构。国际标准化组织 1946 年成立于瑞士日内瓦，负责制定在世界范围内通用的国际标准。

ISO 的技术工作是通过技术委员会（简称 TC）来进行的。根据工作需要，每个技术委员会可以设若干分委员会（SC），TC 和 SC 下面还可设立若干工作组（WG）。ISO/TC 207 是国际标准化组织于 1993 年 6 月成立的一个技术委员会，专门负责制定环境管理方面的国际标准，即 ISO 14000 系列标准。

ISO 制定的标准推荐给世界各国采用，而非强制性标准。但是由于 ISO 颁布的标准在世界上具有很强的权威性、指导性和通用性，对世界标准化进程起着十分重要的作用，所以各国都非常重视 ISO 标准

二、基本框架和内容

ISO 14000 是一个系列的环境管理标准，它包括了环境管理体系、环境审核、环境标志、生命周期评价等国际环境管理领域内的许多焦点问题，旨在指导各类组织取得和表现正确的环境行为。ISO 14000 系列标准共预留 100 个标准号。该系列标准共分七个系列，其编号为 ISO 14001 ~ 14100。

（一）ISO 14000 中的子系列

ISO 14000 系列标准目前包括：环境管理体系、环境审核、环境标志、环境表现评价、生命周期评估、环境管理、产品标准中的环境因素指南 7 个子系列。

1. 环境管理体系（EMS）子系列

环境管理体系标准（ISO 14001 ~ 14009）是 ISO 14000 系列标准的核心，目前包括 ISO 14001、ISO 14002 和 ISO 14004 三项标准。其中以 ISO 14001《环境管理体系规范及使用指南》最为重要，它是企业建立环境管理体系以及审核认证的准则，是一系列随后标准的基础，为各类组织提供了一个标准化的环境管理体系的模式。

环境管理体系标准要求组织在其内部建立并保持一个符合标准的环境管理体系，体系由环境方针、规划、实施与运行、检查和纠正、管理评审等 5 个基本要素构成，它们逻辑上连贯一致，步骤上相辅相成，通过有计划地评审和持续改进的循环，保持组织内部环境管理体系的不断完善和提高。

实施环境管理体系标准为组织建立了对自身环境行为的约束机制，同时也是系列标准中其他标准得以有效实施，先进环保思想与技术得以最大化发挥作用的基础，从而促进组织环境管理能力和水平不断提高，最终实现组织与社会的经济效益与环境效益的统一。

2. 环境审核（EA）子系列

环境审核子系列目前已经有 8 个标准，即 ISO 14010、ISO 14011、ISO 14012、ISO 14013、ISO 14014、ISO 14015。作为环境管理体系思想的体现，环境审核标准着重于检查，为组织自身和第三者认证机构提供一套标准化的方法和程序，对组织的环境管理活动进行监测和审计，使得组织可以了解掌握自身环境管理现状，为保障体系有效的运转，改进环境管理活动提供客观依据，同时更是组织向外界展示其环境管理活动对标准符合程度的证明。

3. 环境标志（EL）子系列

环境标志标准中目前已经有 5 个标准，即 ISO 14020、ISO 14021、ISO 14022、ISO 14023、ISO 14024。通过环境标志对组织的环境表现加以确认，通过标志图形、说明标签等形式，向市场展示标志产品与非标志产品环境表现的差别，向消费者推荐有利于保护环境的产品，提高消费者的环境意识，形成强大的市场压力和社会压力，以达到影响组织环境与决策的目的，提高其建立环境管理体系的自觉性。

4. 环境表现评价（EPE）子系列

环境表现评价标准（ISO 14030 ~ 14039）目前包括 ISO 14031、ISO 14032 两个标准。环境表现评价标准通过组织的"环境表现指数"表达对组织现场环境特征、某项具体排放指标、某个等级的活动、某产品生命周期综合环境影响的评价结果。这一标准不仅可以对组织的某一时间、地点的环境表现进行评价，而且可以对环境表现的长期发展趋势进行评价，以指导组织选择更利于环保的产品以及防治污染、节约资源的管理方案。

5. 生命周期评价(LCA)子系列

生命周期评价标准(ISO 14040 ~ 14049)目前有四个标准，即 ISO 14040、ISO 14041、ISO 14042、ISO 14043。它们是对从产品开发设计、加工制造、流通、使用、报废处理到再生利用的全过程中的每个环节的活动进行资源消耗和环境影响评价。

6. 环境管理(EM)子系列

环境管理标准(ISO 14050 ~ 14059)目前仅有 ISO 14050 一个标准。该标准主要是对环境管理的术语进行汇总和定义，对环境管理的原则、方法、程序及特殊因素处理提供指南。

7. 产品标准中的环境因素指南(EAPS)子系列

产品标准中的环境因素指南标准(ISO 14060 ~ 14069)目前仅有 ISO 14060 一个标准，该标准主要是为产品标准制定者提供指南，以便充分认识环境影响，最大限度地消除产品标准要求对环境产生的不利影响。

(二) ISO 14000 系列标准分类

作为一个多标准组合系统，按标准性质分为三类：

第一类：基础标准——术语标准。

第二类：基本标准——环境管理体系、规范、原理、应用指南。

第三类：支持技术类标准(工具)，包括环境审核、环境标志、环境行为评价、生命周期评价。

按标准功能分为两类：

第一类：评价组织，包括环境管理体系、环境行为评价、环境审核。

第二类：评价产品，包括生命周期评估、环境标志、产品标准中的环境指标。

(三) ISO 14000 系列标准之间的关系

ISO 14000 系列标准已经有 24 个，按标准的作用可分为基本概念标准、体系要求、基础标准和支持技术等类别。

环境管理的基本概念是贯穿整个环境管理体系的，不论哪一个子系列的标准，环境管理体系的哪一个环节，都要用基本概念去规范名词术语的内涵，还要限定它们的范围。

环境管理体系要求的标准是企业环境管理体系必须达到的基本要求。如果企业能证实确实达到了这些要求，就可以获得认证机构颁发的认证证书。所以说，这些标准是认证用标准。

基础标准是企业建立、实施、保持和完善一个环境管理体系所以必须遵照的。按照这个标准的建议去建立环境管理体系，使环境管理的能力和水平不断提高，制定并实施一项符合标准的自我声明，外部组织可以按照环境管理体系要求对企业进行认证和评估，企业向外部证实自身遵循声明的方针，使企业在承诺和方针、策划、实施、测量和评价、评审和改进的不断评审、不断改进、不断证实的循环中，持续地保持体系的完善和提高。

支持技术标准对企业、对顾客、对认证机构都是非常重要的标准。

环境审核指南不仅是认证机构审核企业的依据，也是企业自身评价、审核的依据。环境标志是实施环境标志制度的基础。通过环境标志对企业的环境行为加以确认，表示标志产品与非标志产品环境表现的差异，形成市场压力，达到影响企业实施环境管理体系的目的。

环境表现评价是使企业的环境表现不仅满足其自身的需要，而且还要考虑到相关方需要。尽管标准中并未规定具体的环境表现准则，但是可以通过环境方针、目标和声明的方式建立自我约束机制，帮助企业进行环境管理。

生命周期评价标准是能否有效实施环境管理体系的重要标准。在产品生命周期的各个阶段，一方面要保证不浪费和破坏资源，另一方面又要在生产过程中不产生污染。使用这些标准对产品生命周期全过程的每个环节的资源消耗和污染进行评估，以便企业通过实施环境管理体系达到最终有效地利用资源和消除污染的目的。

产品标准中环境因素指南系列标准是为产品标准的制定者使用的。无论是国家标准、行业标准、地方标准还是企业标准，在起草产品标准时，均要考虑产品产生的环境影响。

三、ISO 14000 系列标准的特点及其作用

1. 特点

（1）强调污染预防。污染预防是该标准体系的基本指导思想，即首先从源头考虑如何预防和减少污染的产生，而不是末端治理。通过方针、目标、法律法规、建立程序、审核、评审与各种技术、管理措施把污染消灭在萌芽之中。

（2）强调持续改进。该标准没有规定绝对的行为标准，大部分是相对的，没有绝对值。但要求企业环保逐年有所改进，一年比一年好。有计划地实施改进措施，持续改进，不仅包括管理水平的提高，也包含技术工艺的革新。这和我国现在推广的可持续发展战略和清洁生产是一致的。

（3）要求管理过程系统化、文件化和程序化，强调管理行为和环境问题的可追溯性，体现了管理责任的严格划分。

（4）自愿性。该系列标准不带有任何强制性，建立 EMS 体系并申请认证，完全是企业的自愿行动，任何人不能强迫。这为不同层次和技术水平的企业组织提供了较大的可选空间。

（5）广泛适用性。该系统标准不仅适用企业，同时也可适用于事业单位、商行、政府机构、民间机构等任何类型的组织。

（6）体现了产品生命周期思想。标准要求企业、组织不仅要自己达到标准要求，而且对其原料供应商也提出了环境要求，从而推动了整个行业、产业体系的环保行为的改善。

（7）重在体系。该系统标准不以单一的环境要素为对象，而是以环境管理体系为对象，特别注意 EMS 体系的完整性和符合性。该标准体系逻辑性极强，一环扣一环，只要严格按照标准要求实施就会实现既定目标。如果体系中某一环节出现失误，整个体系的运转就要受到影响，甚至损害，既定目标就难以实现。标准不仅有方针、目标、指标，而且有实现它们的措施、运行机制以及纠正、审核、评审等一整套自我约束、自我完善的机制。

2. 作用

ISO 14000 系列标准所带来的益处远远超过单纯的对环境的改善，其主要作用是：

（1）增强企业竞争力，现代市场经济的企业竞争，是综合能力竞争，产品的环境特性则是崭新的竞争力因素。

（2）增强对成本的控制、节省能源和资源，从而保护环境。

（3）增强企业形象，ISO 14001 认证具有更高的权威、适用性和全球通用性，一个注重环境的企业必定会受到社会广泛赞同，从而为企业经营带来益处，ISO 14000 将使企业获得 21 世纪的绿色签证。

（4）促进提高管理水平。企业实施 EMS 的过程也是引进现代管理理论，促进管理日臻完善的过程，必将改善它的管理水平。

（5）避免贸易损失。ISO 14000 系列标准的颁布必将带来新的非关税贸易壁垒，尽早实施该系列标准，可以避免新标准可能产生的壁垒，并且从中获取更多的商业利益。

四、ISO 14000 与 ISO 9000 的关系

一方面，ISO 14000 与 ISO 9000 的思路和模式相近，使用相同的管理系统原则，所不同的是 ISO 14000 针对环境管理体系生产的现场，ISO 9000 针对产品质量管理体系生产的产品。

两套标准分别基于产品质量和环境保护，共同目的是使企业通过加强管理的手段，降低生产成本，保证产品质量，获得良好的经济、社会和环境效益，服务于国际贸易，消除贸易壁垒。

另一方面，ISO 14000 与 ISO 9000 之间存在交叉和矛盾，目前世界上一些企业已经通过或正在接受 ISO 9000 的审核和认证，在这种情况下，又要实施 ISO 14000，这将使企业面临双重的压力，这两个系列的国际标准的并轨问题就显得比较突出。为了使国际标准的制定原则由质量管理为中心向以行为控制为中心转移，国际标准化组织已计划逐步将 ISO 9000 与 ISO 14000 统一，成为统一的 ISO 标准。

从目前来看，ISO 9000 与 ISO 14000 的实质性差别可归纳为以下三点：

（1）ISO 14001 有法规要求，ISO 9000 没有。

各国都有环境立法机构和执行机构。因此，实施 ISO 14001 标准，地方和国家的法规标准以及执法部门的评判与裁决将成为实施 ISO 14001 标准的特征之一。

（2）ISO 14001 有相关方，ISO 9000 只有顾客一方。

相关方包括政府、银行、保险机构、供货方、分包方、当地公众等，可以对其施加环境影响，也会因相关方的要求而给自己加压，这就决定了实施 ISO 14001 标准的范围，是链式的、动态的、相互促进、互为推动的过程。

（3）ISO 14001 有环境影响，ISO 9000 没有。

根据环境影响，确定环境因素，评价重要因素，分解目标为指标，拟定可供选择的方案，并通过不断审核的机制，产生环境绩效，实现持续改进，不断减少负面环境影响。这是 ISO 14001 的主线，正是环境影响分析这一工具，才使 ISO 14001 标准具有不断改善环境质量的推动力。

五、ISO 14000 标准的实施与环境管理工作的关系

ISO 14000 标准是国际标准化组织于 1996 年 9 月 1 日以来陆续出台的关于环境管理的一系列国际标准。中国政府自始至终参与了标准的制定，并高度重视推广实施工作，至 1997 年 12 月底，我国已有 13 家组织通过了 ISO 14001 试点认证，有 10 余家组织已进入了现场审核阶段，有百余家组织正在实施该标准，到 1999 年底，有近 500 家组织通过

ISO 14001 认证。

ISO 14000 系列标准的实施为我国提供了与国际社会同步规范和深化环境管理的良机。实施 ISO 14000 系列标准，可以促进我国的环境管理，使企业环境管理更为科学化和规范化，建立起一套自我完善、自我约束的环境管理体系，从而促进我国环境管理法规、标准及各项环境管理制度的落实。具体体现在以下四个方面：

1. 有助于提高全社会的环保意识，为环境管理创造一个良好的社会氛围

ISO 14000 标准实施对象十分广泛。ISO 14000 标准实施对象按照标准要求建立环境管理体系，组织内部横向的不同岗位及纵向的各个层次形成一个全方位的环境网络，相关人员均受到岗位培训，了解各自岗位的环境因素、岗位责任和相关的环境责任。在组织及其内部领导层和员工的环境意识都得到提高的情况下，有助于 ISO 14000 标准的实施，为环境管理创造了良好的社会氛围。例如，首批通过 ISO 14001 试点认证的北京松下彩色显像管有限公司的领导和职工环保意识在实施 ISO 14001 过程中普遍得到了提高，原来环保工作只是少数环保人员的职责，现在公司每一个员工都把环境管理作为自己的责任。环境意识的普遍提高又反过来推动 ISO 14000 标准的实施。

2. 有助于环境管理主体的多样化，实现管理方式的根本性转变

环境保护是一项专业性很强的工作，同时又是一项多学科、综合性的工作，各地区、各部门都肩负着保护环境的义务，各级环保行政主管部门肩负着统一监督管理的职责。环境管理主体的多样化表现在：ISO 14000 系列标准在我国开始推行后，我国环境管理体系认证指导委员会组织由国家环保部牵头，国家发政委、经贸委、商检局等 33 个部委组成，共同指导 ISO 14000 在我国的实施；管理主体多样化的另一重要体现是通过 ISO 14000 标准的实施，培育众多的第三方认证机构，对受审核方的环境管理体系符合性进行审核以及发证后的监督审核工作。另外，ISO 14000 的实施将实现管理方式上的根本性转变。

组织按照 ISO 14000 标准要求建立一个严密的、结构化和程序化的环境管理体系，使重要环境因素始终处于受控制状态，以求符合法律、法规和标准的要求，并及时评审以达到持续改进的目的。由此可见，在管理方式上实现了由被动管理向自主管理，由要我做向我要做的根本性转变。

3. 有助于环境管理制度的有效落实，实现与现行环境制度的有机结合

在 ISO 14000 标准出台前，各国都有自己的环境管理制度和标准，在 ISO 14000 标准出台后也不排斥各国的环境管理制度和标准。比如，整个 ISO 14001 标准从头至尾都没有任何量的设置，只要求符合所在国的法律、法规和其他要求，这是该标准的一个显著特点，也是该标准广受欢迎的原因所在。例如，在我国实施 ISO 14000 就要求组织首先应遵守我国的各项环保法律、法规和其他要求，包括环保三大政策、八项制度以及达标排放、总量控制、清洁生产、环境标志等都可以与 ISO 14000 标准相结合。

4. 有助于环境管理规范化建设，推进环境管理标准化工作

管理是一门科学，管理的目的在于提高效率、改善绩效，环境管理的规范化建设是依法治国方针策略的一个重要组成部分。ISO 14000 标准的实施是环境管理规范化建设的一个重要里程碑，使环境管理有据可依、有章可循。我国实施 ISO 14000 是在环境管理领域吸收世界上的先进成果，为我所用，促进我国在环境管理领域与国际惯例接轨。一般而言，发达国家在标准化工作方面走在发展中国家的前面，一些工业基础薄弱的国家，无力制定自己的国家标准，因此，通过采用国际标准来摆脱标准化工作的困境无疑是一条捷径。

六、在我国推行 ISO 14000 标准的情况

（一）我国推行 ISO 14000 系列标准所采取的行动

1. 成立全国环境管理标准化技术委员会

1995 年 10 月，我国成立了"国家环境管理标准化技术委员会"。该委员会的宗旨是通过在各企业中建立起科学的环境管理体系来规范企业的环境行为，支持环境保护工作，促进经济的持续发展。其工作任务是负责与 ISO /TC207 的联络，跟踪、研究 ISO 14000 环境管理系列标准，结合国内实际情况，适时把 ISO 14000 转化为我国国家标准，以推动我国的环境管理标准化工作。

2. 成立中国环境管理体系认证国家指导委员会

为了指导 ISO 14000 环境管理系列标准的实施，1997 年 5 月 27 日在北京成立了"中国环境管理体系认证国家指导委员会"。该委员会的主任由时任原国家环保局的局长担任，指导委员会下设环境管理体系认证机构认可委员会和认证人员国家注册委员会，该指导委员会的日常工作由国家环保总局的有关司承担。指导委员会将根据有关国际指南，实施环境管理体系的认证认可制度，对环境管理体系认证机构进行资格认可和审核人员注册管理，以确保环境管理体系的公正性和有效性。

3. 开展 ISO 14000 环境管理体系认证试点工作

原国家环保局为实施和贯彻 ISO 14000 系列标准，于 1996 年 1 月成立了"国家环保局环境管理体系审核中心"，它是负责在全国实施 ISO 14000 系列环境管理标准的专门机构，它的主要任务是推动我国环境管理体系制度的建设和 ISO 14000 系列标准的实施，帮助我国企事业单位建立健全环境管理体系，提高我国环境管理水平和环境管理体系审核水平，加快我国的环境管理与国际接轨。

为了积极配合国家推行 ISO 14000 系列标准，深圳市政府于 1996 年 8 月 30 日成立了"深圳环境管理体系认证中心"，该中心是我国第一家由政府批准成立的地方认证机构。中心自成立以来，在深圳经济特区开展了 ISO 14000 系列标准的宣传、培训、咨询工作。

为了摸索和积累 ISO 14000 标准在我国推行的经验和技术规范，原国家环保局在全国范围内积极组织试点，迄今已开展了三批试点工作。1996 年 8 月 8 日，原国家环保局挑选了 5 家对 ISO 14000 标准认识早、反应强，本身管理工作基础好，能够便组织环境管理工作在短时间内符合 ISO 14000 标准的要求，并迫切要求通过 ISO 14000 认证来促进企业的管理水平，提高企业知名度的企业，他们分别是青岛海尔冰箱股份有限公司、上海高桥－巴斯天分散体有限公司、厦门 ABB 开关有限公司、长岭股份有限公司和北京松下彩色显像管有限公司，作为首批环境管理体系认证试点单位。1996 年 9 月 17 日，第二批企业环境管理体系认证试点工作启动，选入第二批试点企业有 22 家，相对于首批试点企业，这批企业覆盖了煤炭、水泥、石化、有色金属、铁路、冶金、核电、通讯电子、加工制造以及饮料等重要工业部门，遍布在国内各个不同的经济发展地区，具有更大的行业代表性和地域代表性。

1996 年，原国家环保局批准厦门市为我国第一个实施 ISO 14000 标准试点城市。1997

年 4 月 4 日，第三批 28 家企业环境管理体系认证试点工作启动。1997 年 5 月 8 日，原国家环保局批准北京市、天津市、上海市、重庆市、大连市、苏州市、深圳市、成都市等 8 个城市为实施 ISO 14000 标准试点城市。1997 年 6 月 19 日，原国家环保局批准青岛、本溪 2 个城市为实施 ISO 14000 标准试点城市。这些试点认证工作为在我国正式开展环境管理体系认证工作积累了经验，具有一定的示范作用，推进了 ISO 14000 标准的实施

（二）推行 ISO 14000 系列标准面临的问题

1. 企业管理差与环境意识薄弱

由于历史原因，我国存在很大的一批环境管理水平低，环境意识差的企业。有些企业的领导短期行为很严重，缺乏明智的考虑。通常表现为重眼前利益，轻长远利益；重局部利益，轻全局利益；重经济效益，轻环境效益。企业管理水平落后，环境意识薄弱的问题，不仅制约着企业经济效益的提高，也成为影响 ISO 14000 系列标准推行的一个严重障碍。如何提高企业的环境意识，促进企业管理与环境管理水平的共同提高，是推行 ISO 14000 进程中遇到的一个课题。

2. 技术水平低与生产方式相对落后

我国人口众多，人均自然资源相对短缺，生态环境相当脆弱，加之长期以来实行粗放式的生产经营，更加重了资源的浪费和环境的污染。经济基础薄弱和技术水平落后是我国环境保护工作深入开展的制约因素，生产工艺落后，经济效益差，企业在财力上难以承受进行 ISO 14000 认证的费用，这些都会成为 ISO 14000 系列标准推行的一个不利因素。

3. 有意愿做 ISO 14000 的企业过分信赖国外的咨询和认证机构

造成这种局面的原因有以下几个方面：

首先，是我国在从事 ISO 9000 的咨询和认证过程中的某些失误引起的。在 1990 年代初期，国内迅速成立了很多 ISO 9000 的咨询机构，还有很多单位申请注册了认证机构。咨询和认证机构一下子就壮大起来，数量十分庞大，又由于 ISO 9000 咨询和认证的管理部门的失控，认证质量难以保证，使咨询和认证机构的信誉下降。

其次，由于我国 ISO 14000 的咨询和认证机构，历史工作起步晚，组织管理水平低，同时，缺乏有丰富经验的专业人员，人员素质低。在从事咨询和认证工作中，给企业造成不良影响。

再次，国外的咨询和认证机构在我国改革开放的新形势下，纷纷涌入，如英国的标准协会、德国的 TW、挪威的船级社等，他们都是一些老牌的咨询和认证机构，历史悠久，实力雄厚，拥有一支富有经验的专业队伍。在我国从事咨询和认证工作过程中，他们很注意进入策略，给企业留下了一个良好的形象，他们所开展的工作受到企业界的普遍赞誉，成为国内机构强有力的竞争对手。

最后，有些企业由于产品是外向型，产品销售地所在国就 ISO 14000 系列标准和我国没有达成互认，迫使企业找产品销售地所在国的机构进行 ISO 14000 的咨询和认证。

4. 现行环境管理制度与全过程管理有差距

现行的某些政策、法规和制度与 ISO 14000 系列标准的要求和部分国际惯例不完全适应，需要做相应调整。ISO 14000 系列标准的核心内容如产品生命周期分析的思想与我国现行的环境管理制度的主导思想基本一致，但我国现行的一些具体管理办法如主要以浓度标准控制污染排放等与 ISO 14000 尚有一定的差距。如何协调现行的环境管理制度与 ISO

14000 的关系并使之有机地统一，是一个值得研究的课题。

第三节　环境管理体系认证

一个组织历经体系的策划、初始评审、文件编写和体系的试运行，直至管理评审，一个完整的运行周期完成，这时如果认为条件成熟，组织便可以申请环境管理体系认证了。环境管理体系认证是由获得认可资格的环境管理体系认证机构依据审核准则对受审核方的环境管理体系通过实施审核及认证评定，确认受审核方的环境管理体系的符合性及有效性，并颁发证书与标志的过程。

环境管理体系认证审核由于其是独立于受审核方，且不受其经济利益制约的第三方机构依据特定的审核准则，按规定的程序和方法对受审核方进行的审核，所以具备较强的权威性、公正性和客观性。

一、国家有关认证法律法规

中国环境管理体系认证指导委员会发布的《环境管理体系认证管理规定》具体内容为：

第一章　总则

第一条　为规范环境管理体系认证工作，保证认证质量，促进合理利用自然资源，节能降耗，减少污染物的产生和排放，保护环境，特制订本规定。

第二条　凡在中华人民共和国境内开展与环境管理体系认证相关的活动，必须遵守本规定。

第三条　本规定所称与环境管理体系认证相关的活动，是指环境管理体系认证、咨询、认可、培训、注册等工作。

第四条　环境管理体系认证遵循自愿原则，任何组织都可提出申请。

第二章　管理机构

第五条　中国环境管理体系认证指导委员会(以下简称指导委员会)是由国务院批准成立的部际协调机构，负责对环境管理体系认证以及 ISO 14000 系列标准的实施工作进行统一管理。指导委员会办公室设在国家环境保护总局，负责指导委员会的日常工作。

指导委员会下设中国环境管理体系认证机构认可委员会和中国认证人员国家注册委员会环境管理专业委员会，具体负责 ISO 14000 系列标准实施的监督管理工作。

第六条　中国环境管理体系认证机构认可委员会(以下简称环认委)负责对环境管理体系认证机构的认可及认可后的监督管理。

第七条　中国认证人员国家注册委员会环境管理专业委员会(以下简称环注委)负责环境管理体系审核员的注册及对培训机构的认可。

第八条　国家环境保护总局依据有关管理规定，负责对环境管理体系咨询机构的备案管理。

第三章　环境管理体系认证管理要求

第九条　凡在中华人民共和国境内从事环境管理体系认证的机构须经环认委认可；从事环境管理体系认证或咨询工作的人员及相关培训课程须经环注委注册；环境管理体系咨询机构须到国家环境保护总局备案。

第十条　拟申请环境管理体系认证的组织(以下简称申请认证的组织)可以自主选择有资格的咨询机构和认证机构分别进行环境管理体系咨询和认证。

第十一条　申请认证的组织必须具备以下条件：

（1）依据 ISO 14001 标准建立的环境管理体系在进行现场审核前应运行三个月以上；

（2）符合国家和地方环境保护法律、法规及规章的要求。

第十二条　申请认证的组织在申请认证审核时，应向认证机构提交如下证明材料：

（1）由具有法定资格的环境监测机构近一年内出具的该组织各项污染物监测结果；

（2）该组织所在地（市）级以上环境保护行政主管部门出具的该组织在近一年内未因环境违法受到处罚的证明。

环境保护行政主管部门开具的证明应以日常执法监督情况为依据，不应收取任何费用。

第十三条　环境管理体系认证或咨询机构开展环境管理体系认证或咨询活动，应向申请认证的组织所在地省级环境保护行政主管部门提交其认可证书或备案资格证书，经验证、登记后方可开展认证或咨询活动。

环境管理体系咨询机构与有关组织签定环境管理体系咨询合同后，须将咨询项目名称抄送申请认证的组织所在地省级环境保护行政主管部门。

环境管理体系认证机构在与有关组织签定环境管理体系认证合同后、审核工作开始前，须将认证项目名称抄送申请认证的组织所在地省级环境保护行政主管部门。环境管理体系认证工作结束后，认证机构应将审核报告在 10 个工作日内抄送申请认证的组织所在地的省级环境保护行政主管部门。

第四章　环境管理体系认证活动监督管理

第十四条　指导委员会负责对中国境内与环境管理体系认证相关的活动监督管理，并对环认委和环注委的工作进行日常监督管理。

第十五条　环认委负责对认证机构实施监督管理，并负责处理对认证机构的有关投诉。对于违反本规定或认证质量不合格的环境管理体系认证机构，任何社会团体和个人均有权向环认委投诉，环认委将依据《环境管理体系认证机构管理处罚规则》予以处理。

第十六条　环注委负责对环境管理体系审核员及审核员培训机构实施监督管理，并负责处理对审核员及审核员培训机构的有关投诉。对有违法失职、徇私舞弊、弄虚作假等情况的审核员，由环注委视其情节轻重予以警告或降低审核员级别直至注销注册，并予以公告。

第十七条　环境保护行政主管部门在日常行政监督管理中发现已通过环境管理体系认证的组织有违反环境法律、法规及规章要求的行为时，应依法进行处理，并可通报指导委员会。指导委员会应根据环境保护行政主管部门通报的违法处理结果，对通过认证的组织进行相应的处理，并将处理结果反馈给通报情况的环境保护行政主管部门。环境保护行政主管部门在日常的监督管理中发现认证机构或咨询机构未按本规定开展工作的，应当向指导委员会报告，指导委员会应按规定予以调查处理。

第十八条　环境管理体系认证机构应按照国家规定的环境管理体系认证收费标准向申请认证组织收取费用。环认委应对认证机构的收费情况进行监督。

第五章　附　　则

第十九条　本规定由申国环境管理体系认证指导委员会办公室负责解释。

第二十条　本规定自发布之日起施行。《环境管理体系认证暂行管理规定》同时废止。

二、环境管理体系认证程序

（一）环境管理体系审核

在 GB/T 24001 环境管理体系标准中，规定了环境管理体系审核的定义。即环境管理体系审核是客观地获取审核证据并予以评价，以判断一个组织的环境管理体系是否符合环境管理体系审核准则的一个系统化和文件化的验证过程，包括将这一过程的结果呈报委托方。

环境管理体系审核是判定一个组织的环境管理体系是否符合环境管理体系审核准则，进而决定是否给予该组织认证注册的一个重要步骤。

环境管理体系审核首先应以客观事实为依据，审核证据必须真实可靠；其次审核工作要遵循严格的程序，审核内容应覆盖环境管理体系标准的十七个要素。最后审核中各个步骤的工作内容都需形成文件，以保持可追塑性。

（二）认证申请须知

（1）申请环境管理体系认证的组织必须承诺遵守中国环境保护法律法规及其他要求。

（2）组织已按 GB/T 24001 标准建立环境管理体系，实施运行至少 3 ~ 6 个月，自体系运行后组织无重大环境污染事故，污染物无严重超标排放。

（3）组织应按中心的要求填写环境管理体系认证申请书，并提供认证必须的文件。

① 同意遵守认证要求、提供审核所需信息的声明。

② 组织的基本情况，如组织的名称、地址、法律地位、组织的性质、规模、主要产品及工艺流程、组织环境管理体系主要责任人及其技术资源。

③ 组织的地理位置图、厂区平面图、工艺流程图、污染物分布图、地下管网图、环评批复、"三同时"验收报告、监测报告、污染物排放执行标准。

④ 环境管理体系手册、程序及所需的相关文件。

（4）组织环境管理体系申请。

（5）环境管理体系认证证书有效期为三年。获证组织在三年有效期内应接受认证机构的监督检查，监督检查在获证后半年进行一次，以后每年一次。三年有效期满时，如愿意继续保持证书，应于有效期满前三个月申请复评。

（6）申请组织的权利：

① 与审核中心协商确定审核计划、审核组成员；

② 与审核组共同确认不符合报告并对审核报告提出意见；

③ 利用各种宣传媒体进行认证宣传；

④ 对中心认证活动、人员、认证结果提出申诉、投诉。

（三）实施环境管理体系审核的程序和要求

根据 GB/T 24001 标准，环境管理体系审核的实施可分成四个阶段：

1. 启动审核阶段

在接受委托方的审核申请后，如认证机构确认受审核方符合实施审核的基本条件，即可安排人员去受审核方进行初访，以了解受审核方的规模、性质、特点及环境状况等基本情况，并共同确定审核范围，进而双方签订审核合同。启动审核阶段的主要工作是文件预审。包括对环境管理手册、程序文件以及必要的环境背景资料文件的审核。

2. 审核准备阶段

主要工作内容是在认证机构内部完成的。其中包括制定审核计划，组成审核组并对审核组成员的工作进行分工，编制现场审核用的工作文件等。这里面工作量最大的是编制现场检查清单，审核人员要在仔细阅读受审核方的环境管理手册及程序文件的基础上，列出现场审核中对各部门的检查内容。

3. 实施现场审核阶段

根据 ISO 14011 标准在这一阶段的工作程序又可分为四部分。

（1）首次会议：审核组长要向受审核方的管理层人员介绍审核组成员，要共同确认审核范围、审核准则和审核进度等。

（2）收集审核证据：审核组成员需到企业的各有关部门和生产现场去，通过交谈、现场观察和查阅文件、记录等方式收集审核证据，以便判定受审核方的环境管理体系是否符合审核准则。现场审核原则上采用抽样方式进行，但为了保证审核工作的质量，审核组在现场审核中至少应包括以下内容。①现场审核应覆盖 GB/T 24001 标准中的 17 个要素，包括与最高管理者座谈环境方针及管理评审的贯彻、实施情况，检查目标、指标和环境管理方案的具体执行情况，各级机构与干部职责的履行情况以及其他各项主要程序文件的实施情况。②要对重要环境因素有关的作业点进行审核，包括现在的和潜在的重要环境因素作业点。在这些作业点要与负责人和操作工人交谈，以了解他们是否具备了这些岗位所要求的知识与技能，这些作业点是否执行了环境管理体系文件中规定的要求。③要检查各种重要的环境管理记录。包括各种主要污染物的监测记录，法律法规的收集记录，环境管理体系内审记录，管理评审记录，培训记录等。通过这些记录判定体系的运行状况和效果。④现场观察。审核员要对生产现场、动力设施现场、环保设施现场、危险品及化学品库房等进行现场检查，以判断是否有重要的环境因素被遗漏，体系文件的实施情况，以及员工的环境意识等，做到全面了解环境管理体系在本组织的运行状况。

（3）审核方与受审核方共同评议：分析审核发现是审核组内部对审核中发现的问题进行分析评审，以找出受审核方在体系上存在的问题。为了更加慎重起见，对于这些审核发现都要与受审核方的环境管理人员共同评议一次，以确认所有审核发现的事实依据。

（4）末次会议：审核组长向受审核方宣布审核中发现的不符合项以及现场审核结论。

4. 编制审核报告阶段

审核组在完成现场审核后，要编写审核报告。审核报告中应包括受审核方的基本情况，环境管理体系文件评审情况，现场审核情况及审核结论等。如果审核组认为受审核方的环境管理体系符合审核准则，则推荐注册。经认证机构技术委员会审议后即可批准注册。

（四）获证后的监督及复评

（1）根据国家有关规定认证合格证书有效期为三年。企业自获证之日起，认证机构对获证企业环境管理体系运行情况每年按计划进行监督审核，其间隔不超过 12 个月。第一次监督审核在获证之日起半年内进行，总监督次数不少于 3 次。

（2）凡证书有效期满前 90 日内获证单位如提出继续保持环境管理体系认证资格的申请时，应签订复评合同，按合同安排对其环境管理体系进行一次全面的复评，复评合格后按规定办理换证手续。

（3）监督复评的程序参照初次审核的程序进行。

（4）如果获证企业对其环境管理体系进行了重大更改或者发生了影响认证基础的更改，监督活动应依据特别规定进行。

体系发生重大更改的情况，如：

① 更换主要负责人；

② 环境管理体系覆盖范围的变化；

③ 环境管理体系文件进行重大修改；

④ 发生了重大环境事故；

⑤ 组织机构进行了重大调整（包括重要的人员、设备、设施或其他重要资源）。

根据上述情况决定是否需要增加非例行监督。

（5）在监督审核中如果发现获证方存在严重不符合或其他重要问题，视情节轻重和纠正情况，可做出如下处理决定：暂停使用认证证书和认证标志；撤销使用认证证书和认证标志。

（6）认证证书的更换。

（五）换证的规定

凡出现体系认证标准、认证范围和证书持有者变更时，需要按规定，由申请方提出书面申请，经认证机构审查批准后准予换证，换证的原因有以下几种情况。

（1）企业在认证有效期内要求变更环境管理体系标准。

（2）体系认证证书持有者变更、企业名称更改。

（3）在证书有效期内认证所覆盖的范围变更。

（4）认证要求的更改，包括认证标准的换版。

（六）认证证书的注销

凡出现下列情况之一时，认证机构应注销证书持有者使用的资格，收回体系认证证书。

（1）由于环境管理体系认证规则发生变更，体系认证证书持有者不愿或不能确保符合新要求的。

（2）在体系认证证书有效期届满时，体系认证证书持有者未向认证机构提出复评申请的。

（3）体系认证证书持有者正式提出注销的。

（七）认证证书的暂停使用

凡有下列情况之一者，认证机构将暂停获证方使用认证证书和标志的资格：

（1）获证方未经认证机构批准对获准认证的环境管理体系进行了重要更改，并且这种更改影响到认证资格。

（2）监督审核发现获证方环境管理体系达不到规定要求，但严重程度尚不构成撤销认证资格。

（3）获证方对认证证书和标志的使用不符合认证机构的规定。

（4）获证方未按期交纳认证费用，且经指出后未予以纠正。

（5）不按期接受监督。

（6）发生其他违反体系认证规则的情况。

（八）认证证书的恢复

获证方在暂停期间采取纠正措施，经审核证明已满足了规定要求的，认证机构将取消暂停处理，恢复认证证书和标志的使用。

（九）认证证书的撤销

有下列情况之一者，认证机构将撤销获证方使用认证证书和标志的资格：

（1）获证方在被暂停使用环境管理体系认证证书后，未按规定要求，采取适当的纠正措施解决存在的问题。

（2）监督审核时发现获证方环境管理体系存在严重不符合规定要求的情况。

（3）发生 BCC 与获证方之间正式协议中特别规定的其他构成撤销认证证书和标志使用资格的有关情况。

被撤销体系认证资格的，应书面通知企业，一年后才能受理其重新提出体系认证的申请。

（十）认证资格保持的条件

（1）组织环境管理体系能持续满足认证标准要求。

（2）组织能持续遵守相关法律、法规、标准，各相关方满意。

（3）组织环境管理体系持续有效运行，保持自我改进和自我完善的机制。

（4）现场审核不符合项的纠正措施应实施完成并验证有效。

（十一）认证资格扩大、缩小的条件

（1）扩大(缩小)体系覆盖产品/服务，其体系应符合申请标准要求。

（2）产品/服务质量符合相关法规/标准要求，各相关方满意。

（3）环境管理体系有效运行，并能有效实现组织的环境方针。

第七章 清洁生产概述

第一节 清洁生产的产生及其必要性

一、清洁生产的产生

人类在创造世界、改造世界的过程中，必然要向大自然进行掠夺。在利润诱惑下，资源过度开发、消耗，环境污染和生态平衡破坏，已触及到世界每一个角落，人们开始反思并重新审视已走过的路，认识到必须建立新的生产方式和消费方式，清洁生产是必然的选择。清洁生产是由于人类解决环境问题的战略进步的结果。

二、清洁生产的必要性

1. 清洁生产使工业持续发展

1992年在巴西召开的环境发展大会，通过《21世纪议程》，制定了可持续发展重大行动计划，将清洁生产作为可持续发展关键因素，得到各国共识。

清洁生产可大幅度减少资源消耗和废物产生，通过努力还可使破坏了的生态环境得到缓解和恢复，排除匮乏资源困境和污染困扰，走工业可持续发展之路。

2. 清洁生产开创防治污染新阶段

清洁生产改变了传统的被动、滞后的先污染后治理的污染控制模式，强调在生产过程中提高资源、能源转换率，减少污染物的产生，降低对环境的不利影响。

3. 清洁生产避开了末端治理

目前，我国经济发展是以大量消耗资源粗放经营为特征的传统发展模式，工业污染控制以"末端治理"为手段，这虽然使一些局部环境好转，为环境保护起了积极作用，但一些城市、企业已经承受不起为此付出的高昂费用。代之而起的是把废物消灭在生产过程中，使企业由以消耗大量资源和粗放经营为特征的传统发展模式向集约型转化。

总之，推行清洁生产，是实现可持续发展的必然要求，是使我国经济沿着健康、协调、可持续发展道路的重要保证，是实现社会主义精神文明、提高民族整体素质的重要组成部分。实现清洁生产不单是一个工业企业的责任，也是国民经济的整体规划和战略部署，需要各行各业共同努力，转变传统的发展观念，改变原有的生产与消费方式，实现一场新的工业革命。

第二节 清洁生产的基本概念

一、清洁生产的定义

为了保证在获得最大经济效益的同时使工业的工艺生产过程、产品的消费、使用以及处理对社会、生态环境产生最小的影响，1989 年，联合国环境署率先提出"清洁生产"，亦被称为"无废工艺"、"废物减量化"、"污染预防"，得到国际社会普遍响应，是环境保护战略由被动转向主动的新潮流。

清洁生产有如下一些定义：

（1）清洁生产是在产品生产过程和产品预期消费中，既合理利用自然资源，把对人类和对环境的危害减至最小又充分满足人们的需要，使社会、经济效益最大化的一种生产方式。

（2）清洁生产是将污染整体预防战略持续地应用于生产全过程，通过不断改善管理和技术进步，提高资源综合利用率，减少污染物排放以降低对环境和人类的危害。

（3）清洁生产是一种新的创造性思想，该思想将整体预防的环境战略持续应用于生产过程、产品和服务中，以增加生态效率和减少人类及环境的风险。

（4）联合国环境规划署与环境规划中心综合各种说法，采用了"清洁生产"这一术语来表征从原料、生产工艺到产品使用全过程的广义的污染防治途径，给出了以下定义：清洁生产是指将综合预防的环境策略持续地应用于生产过程和产品中，以便减少对人类和环境的风险性。对生产过程而言，清洁生产包括节约原材料和能源，淘汰有毒原材料并在全部排放物和废物离开生产过程以前减少它的数量和毒性；对产品而言，清洁生产策略旨在减少产品在整个生产周期过程（包括从原料提炼到产品的最终处置）中对人类和环境的影响。清洁生产不包括末端治理技术如空气污染控制、废水处理、固体废弃物焚烧或填埋，通过应用专门技术、改进工艺技术和改变管理态度来实现。

（5）美国环保局提出污染预防和废物最小量化。废物最小量化是污染预防的初期表述，现一般已用污染预防一词所代替。美国对污染预防的定义为：污染预防是在可能的最大限度内减少生产厂地所产生的废物量。它包括通过源削减（在进行再生利用、处理和处置以前，减少流入或释放到环境中的任何有害物质、污染物或污染成分的数量，减少与这些有害物质、污染物或组分相关的对公共健康与环境的危害）、提高能源效率、在生产中重复使用投入的原料以及降低水消耗量来合理利用资源。常用的两种源削减方法是改变产品和改进工艺（包括设备与技术更新、工艺与流程更新、产品的重组与设计更新、原材料的替代以及促进生产的科学管理、维护、培训或仓储控制）。污染预防不包括废物的厂外再生利用、废物处理、废物的浓缩和稀释，或有害性、毒性成分从一种环境介质转移到另一种环境介质中的活动。

（6）《中国 21 世纪议程》的定义：清洁生产是指既可满足人们的需要又可合理使用自然资源和能源并保护环境的实用生产方法和措施，其实质是一种物料和能耗最少的人类生产活动的规划和管理，将废物减量化、资源化和无害化，或消灭于生产过程之中。同时对人体和环境无害的绿色产品的生产亦将随着可持续发展进程的深入而日益成为今后生产的主导方向。

总之清洁生产是时代的要求，是世界工业发展的一种大趋势，是相对于粗放的传统工业生产模式的一种方式，概括地说就是：低消耗、低污染、高产出。是实现经济效益、社会效益与环境效益相统一的 21 世纪工业生产的基本模式。

清洁生产主要体现在以下几个方面：

（1）尽量使用低污染、无污染的原料替代有毒有害的原材料。

（2）采用清洁高效的生产工艺，使物料能源高效益地转化成产品，减少有害于环境的废物量。对生产过程中排放的废物实行再利用，做到变废为宝、化害为利。

（3）向社会提供清洁的产品，这种产品从原材料提炼到产品最终处置的整个生命周期中，要求对人体和环境不产生污染危害或将有害影响减少到最低限度。

（4）在商品使用寿命终结后，能够便于回收利用，不对环境造成污染或潜在威胁。

（5）完善的企业管理，有保障清洁生产的规章制度和操作规程，并监督其实施。同时，建设一个整洁、优美的厂容厂貌。

（6）要求将环境因素纳入设计和所提供的服务中。

二、清洁生产的内容

清洁生产使自然资源和能源利用合理化、经济效益最大化、对人类和环境的危害最小化。通过不断提高生产效益，以最小的原材料和能源消耗，生产尽可能多的产品，提供尽可能多的服务，降低成本，增加产品和服务的附加值，以获取尽可能大的经济效益，把生产活动和预期的产品消费活动对环境的负面影响减至最小。对于工业企业来说，应在生产、产品和服务中最大限度地做到：

（1）节约能源，利用可再生能源，利用清洁能源，开发新能源，实施各种节能技术和措施，节约原材料，利用无毒和无害原材料，减少使用稀有原材料，现场循环使用物料、废弃物；

（2）减少原材料和能源的使用，采用高效、少废和无废生产技术和工艺，减少副产品，降低物料和能源损耗，提高产品质量，合理安排生产进度；

（3）培养高素质人才，完善企业管理制度，树立企业良好形象。

清洁生产包括以下几方面内容：

（1）清洁能源　包括新能源开发、可再生能源利用、现有能源的清洁利用以及对常规能源（如煤）采取清洁利用的方法，如城市煤气化、乡村沼气利用、各种节能技术等。

（2）清洁原料　少用或不用有毒有害及稀缺原料。

（3）清洁的生产过程　生产出无毒、无害的中间产品，减少副产品，选用少废、无废工艺和高效设备，减少生产过程中的危险因素（如高温、高压、易燃、易爆、强噪声、强振动声），合理安排生产进度，培养高素质人才，物料实行再循环，使用简便可靠的操作和控制方法，完善管理等。

（4）清洁的产品　产品在使用中、使用后不危害人体健康和生态环境，产品包装合理，易于回收、复用、再生、处置和降解，使用寿命和使用功能合理。

三、清洁生产的特点

清洁生产包含从原料选取、加工、提炼、产出、使用到报废处置及产品开发、规划、设计、建设生产到运营管理的全过程所产生污染的控制。执行清洁生产是现代科技和生产力发展的必然结果，是从资源和环境保护角度上要求工业企业的一种新的现代化管理的手段，其特点有：

（1）是一项系统工程　推行清洁生产需企业建立一个预防污染、保护资源所必需的组织机构，要明确职责并进行科学的规划，制定发展战略、政策、法规。是包括产品设计、能源与原材料的更新与替代、开发少废无废清洁工艺、排放污染物处置及物料循环等的一项复杂系统工程。

（2）重在预防和有效性　清洁生产是对产品生产过程产生的污染进行综合预防，以预防为主，通过污染物产生源的削减和回收利用，使废物减至最少，以有效的防止污染的产生。

（3）经济性良好　在技术可靠前提下执行清洁生产、预防污染的方案，进行社会、经济、环境效益分析，使生产体系运行最优化，即产品具备最佳的质量价格。

（4）与企业发展相适应　清洁生产结合企业产品特点和工艺生产要求，使其目标符合企业生产经营发展的需要。环境保护工作要考虑不同经济发展阶段的要求和企业经济的支撑能力，这样清洁生产不仅推进企业生产的发展而且保护了生态环境和自然资源。

第三节　推行清洁生产存在的问题、症结及对策

一、存在的问题

（一）主动要求进行清洁生产审核的组织不多

从中国组织实施清洁生产的实际情况来看，参加过清洁生产审计的组织普遍获得明显的环境和经济效益。国家清洁生产中心完成了100多家组织的审计，根据审计报告，平均每个组织削减主要污染物20%以上，每年获得经济效益超过100万元。但是，由于清洁生产没有与组织市场销售挂钩，组织普遍缺乏积极性，目前仍很难发现主动要求实施清洁生产审计的组织。

（二）清洁生产审计的成果持续性差

清洁生产审计的成果主要是靠无/低费方案取得的，在清洁生产审计时组织都将无/低费方案作为重要的方面高度重视，采取各种措施加以实施。然而，审计结束一段时间后，许多组织又恢复了过去的管理和操作水平。

尽管中国有过许多的清洁生产国际合作项目，进行了多年的清洁生产推进活动，现在仍很难找到示范组织持续推行清洁生产。另据对联合国环境署工业环境管理网络（Industrial Network for Environmental Management）在中国淮河流域实施的27个纸浆造纸厂清洁生产项目的调查，绝大部分组织在审计完成半年或一年后仍回到过去的松散管理状态。

清洁生产的最初发起国——美国，在15年前就已开展污染预防和清洁生产工作。各州清洁生产中心是由政府建立的，州中心工作人员由政府提供薪水和运行经费，包括提供费用以利于组织进行免费的清洁生产咨询。

西欧各国，例如挪威、荷兰、丹麦、瑞典等，在欧洲率先实施和推进清洁生产。虽然这些国家均具有10年以上的清洁生产实践历史，现在仍然和美国一样，清洁生产均由政府采用供给方式推动，通过制定优惠政策和提供经费支持，对从事清洁生产的中介机构进行政府补贴。尽管如此，这些国家仍然存在组织清洁生产审计积极性低和清洁生产审计效果不能持久的问题。据荷兰一家咨询公司调查，70%的组织在审计完成半年或一年后就恢复到过去的松散管理状态。

许多发展中国家如中国和印度也正在进行推进清洁生产的努力。但一个不可否认的事

实是，所有国家推进清洁生产的进程均较缓慢。

二、症结

目前，世界各国正在实施和制定的清洁生产政策大致分为两类：法规方面（组织环境报告、清洁生产审计报告的排污许可证、组织领导人强制培训）；经济方面（拨款、排污费返还用做清洁生产审计、提高资源价格、政府补贴、清洁生产滚动金、清洁技术进口关税优惠）。以上政策都没有真正达到预期的政策目的，看来政策存在着偏差，其主要原因有以下几个方面。

1. 以供给驱动替代了需求驱动

同世界上其他致力于清洁生产的国家一样，中国也一直在向组织供给清洁生产概念和实践。发达国家中，向组织供给清洁生产是通过政府补贴进行的。而在发展中国家如中国，政府提供的资金非常有限，主要依靠发达国家的多边和双边援助，以及世界银行、亚洲开发银行和联合国有关机构的资助，向组织供给清洁生产。尽管如此，很不幸的是组织总是不愿接受这样的帮助，其中缺乏清洁生产需求是一个简单原因。实践证明，单纯依靠这种机制不能大面积、有效地激发企业自主地进行清洁生产。

2. 忽略了组织的本质

经营性组织与生俱来的本质是，以最大限度和最快速度地赢利为目的。虽然清洁生产审计可给组织带来经济与环境效益，但这些效益只是间接地与组织产品市场相联系，而没有直接与组织的市场和销售额相关联。

3. 优惠政策难以广泛实施

科研人员反复提出了一系列推行清洁生产的优惠政策的建议，但其中很少有可以广泛实施者。对进行清洁生产审计的组织实行税收优惠，会直接导致国家税收的减少；贷款只能在有限的情况下发放，而不可能大规模推广；银行也不愿意在向组织贷款时仅仅由于希望支持清洁生产，而降低其赢利，增加自身的运转风险。

三、对策

1. 要在思想层次、推行机制层次和技术层次三个层次上创新

在思想层次上，要大大丰富和提升清洁生产这种创新性的思想和整体预防的环境战略，并将其纳入国民经济计划之中。在国民经济计划这个源头，把好工业结构关、经济布局关、产品生命周期关，把污染消灭在产生之前。

在推行机制层次上，要详细分析全面总结国内外目前已使用过的清洁生产推行政策，结合国情，正确、综合地使用需求机制和供给机制，促使企业产生对清洁生产的大面积的和持久的需求。

为了全面持久地推动清洁生产，各政府部门还要制定各种优惠政策，同时投资建立各种创新性科研基地，以开辟更深更广的清洁生产领域。

在技术层次上，要总结、提高、创造新型清洁生产手段，开发出在实际工作层面上落实清洁生产思想的有效手段。

2. 采取市场运作机制

（1）政府作用。用市场运作机制推行清洁生产不是不要政府，相反，政府在这一政策

中要发挥十分重要的作用。市场运作机制的前提是要形成市场。就清洁生产而言，就是要形成这样一个市场：由组织出资购买清洁生产咨询服务和清洁技术；由中介机构出售清洁生产咨询服务；由生产厂家出售清洁技术的大规模买卖关系。

市场运作机制的一个关键条件是市场的规范化，即市场的管理。没有规范化的管理，不可能形成大规模的买卖关系，即使形成了这样的关系也不能持久。

显然，清洁生产市场的培育和管理都离不开政府。政府培育清洁生产最直接的手段，就是将清洁生产与组织的产品销售、资金获得和环境形象等挂钩。例如政府采购，如果政府优先采购经过清洁生产审计企业的产品，必将在很大程度上调动组织的积极性，形成清洁生产市场。当然，享受这种政策的企业，其清洁生产审计必须经过权威部门认可。清洁生产合格评定制度无论是在形成市场还是在管理市场上均是一种十分重要的手段。

（2）金融界作用。资金的获得对任何组织的重要性都是不言而喻的。遗憾的是，我国在过去几年推行清洁生产的种种政策和努力中，基本上未注意发挥金融界的作用。就世界而言，金融界在推行清洁生产中的重要作用被忽视是一个共性问题。

让银行认识到贷款给经过清洁生产审计的组织，或制造清洁技术的组织，银行承担的风险小、获利的可能性大，是清洁生产工作者的首要任务之一。这一任务完成得好与坏，直接影响到清洁生产市场规模的大小与形成速度的快慢。

（3）组织作用。组织是市场的买方，是清洁生产市场的必然要素。但是，组织成为买方至少要具备两个条件：一是购买愿望，二是购买能力。从我国目前情况来看，购买愿望是组织是否成为买方的决定性条件。摆在政府、金融界、中介机构、媒介、教育单位等一切有志于清洁生产事业者面前的一个艰巨而重大的任务，就是要激活、提高、加速和扩大组织的购买愿望。

（4）中介机构作用。清洁生产市场的培育和管理的另一个要素是中介机构。中介机构在帮助政府部门决策、执行政府决定、鼓励金融界向清洁生产组织和清洁技术投资和贷款、说服组织接受清洁生产思想等诸多方面，起到不可忽视的作用。也就是说，中介机构在培育、搞活、扩大和帮助政府管理清洁生产市场中，可以而且应该是一支不可或缺的生力军。

中介机构要发挥作用也至少要具备两个条件：一是服务质量要好，确实能帮助组织创造经济效益和环境效益；二是在经济上要有合理收入，没有合理的经济收入，是不可能产生一支质量高、数量大的中介队伍的。

3. 努力贯彻清洁生产促进法

从当前我国的实际情况来看，机制创新最核心和最迫切的问题，是要首先建立政府部门之间推动清洁生产的合作多赢机制。《清洁生产促进法》对各相关政府推行清洁生产的职能做出了明确具体的规定，只要各政府部门按照这些规定努力去做，我国清洁生产一定会出现一个前所未有的大好局面。

《清洁生产促进法》规定第一类企业必须执行强制性审核，并且明确规定由环保行政主管部门负责强制性审核的组织和管理。

《清洁生产促进法》中对第一类即强制进行清洁生产审核企业的定义和要求，大大丰富了清洁生产的思想内容和工作范围，为加速我国推广清洁生产审核增加了巨大的原动力。这一类企业的数量很大，情况也很复杂，对其采用强制性清洁生产审核是一项政策性很强的工作，需要提前做好大量的准备工作。

对《清洁生产促进法》规定第二类即自愿进行清洁生产审核的企业，首先要分析自愿进行清洁生产审核的企业需要什么？ISO 14000 环境标志认证启动时间比清洁生产晚，但现在搞得如火如荼，其根本原因是 ISO 14000 认证和环境标志认证直接与企业的市场销售挂钩，满足了企业的这一最大需求。因此，调动第二类企业进行清洁生产的积极性只能按照市场机制运作。美国等发达国家目前广泛流行一系列以政府牵头组织、企业自愿参加为特征的环境管理制度，例如政府公认制度、信息公告制度、合作伙伴制度等，值得我国借鉴。

针对自愿进行清洁生产审核企业的特点，制定指导性的清洁生产技术要求或清洁生产标准。其目的是加强现阶段我国的环境管理水平；完善我国的环境标准体系；提供同行业间企业与国内外同行比较、学习的依据，判断一个企业清洁生产水平的科学准则。

第八章 清洁生产的理论基础

第一节 系统论

一、系统论的基本概念

(一)系统的定义

"系统"一词来源于拉丁语的 systema，一般认为是"群"与"集合"的意思。系统大量存在于自然界、人类社会以及人类思维描述的各个领域，但不同的人对其所赋予的含义有所不同。

贝塔朗菲认为，任何系统都是一个有机的整体，它不是各个部分的机械组合或简单相加，系统的整体功能是各要素在孤立状态下所没有的新质。同时，系统中各要素不是孤立地存在着，每个要素在系统中都处于一定的位置上，起着特定的作用。要素之间相互关联，构成了一个不可分割的整体。

美国的《韦氏大辞典》中，"系统"一词被解释为"有组织的或被组织化的整体；结合着的整体所形成的各种概念和原理的结合；由有规则的相互作用、相互依赖的形式组成的诸要素集合。"在日本的 JIS(日本工业标准)中，"系统"被定义为"许多组成要素保持有机的秩序向同一目的的行动的集合体。"前苏联大百科全书中定义"系统"为"一些在相互关联与联系之下的要素组成的集合，形成了一定的整体性、统一性。"《中国大百科全书·自动控制与系统工程》解释"系统"是"由相互制约、相互作用的一些部分组成的具有某种功能的有机整体。"

钱学森对系统的描述性定义为：系统是由相互作用和相互依赖的若干组成部分结合的具有特定功能的有机整体。

总之，不论如何定义，系统一般具有三个基本特征：①系统是由若干元素组成的；②这些元素相互作用、相互依赖；③由于元素间的相互作用，使系统作为一个整体具有特定功能。

(二)系统的结构

各种系统的具体结构大不相同，大系统的结构往往很复杂。但是从一般意义上说，系统的结构可以用式(8-1)表示：

$$S = \{E, R\} \tag{8-1}$$

式中 S——系统；

E——要素(elements)的集合(firstset)；

R——要素之间的各种关系(relations)的集合(secondset)。

由式(8-1)可知，作为一个系统，必须包括其要素的集合与由此集合而生成的关系的集合，两者缺一不可。两者结合起来，才能决定一个系统的具体结构与特定功能。

E 和 R 具有丰富的内涵，可以划分为若干层次。要素集合 E 可以分为若干子集 E。例如一个企业，其要素集合 E 可以分为人员子集 E_1、设备子集 E_2、原材料子集 E_3、产品子集 E_4 等；而人员子集 E_1 又可以分为工人子集 E_{11}、技术人员子集 E_{12}、管理人员子集 E_{13} 等，

$$E = E_1 \cup E_2 \cup E_3 \cup E_4 \quad (8-2)$$
$$E_1 = E_{11} \cup E_{12} \cup E_{13} \quad (8-3)$$

不同的系统，其要素集合 E 的组成大不相同。但是，在要素集合 E 之上建立的关系集合却是大同小异的。一般可以表示为：

$$R = R_1 \cup R_2 \cup R_3 \cup R_4 \quad (8-4)$$

式中　R_1——要素与要素之间、局部与局部之间的关系（内部的横向联系）；

　　　R_2——局部与全局（系统整体）之间的关系（内部的纵向联系）；

　　　R_3——系统整体与环境之间的关系；

　　　R_4——其他各种关系。

当然，每一个 R_i 都是可以细分的，例如 R_1，不仅包含同一层次上不同局部之间、不同要素之间的关系，还包含系统内部不同层次之间的关系。在系统要素给定的情况下调整这些关系，一般可以改变系统的功能。这就是组织管理工作的作用，是系统工程的着眼点。

系统的涌现性存在于集合 R 之中。如果说集合 E 代表了系统的躯体，那么，系统的灵魂存在于集合 R 之中。系统工程的工作重点在于集合 R，即塑造或改造系统的灵魂。

一般而言，系统结构决定着系统功能，系统性质是建立在系统结构基础之上的。为了对系统的性质加以研究，钱学森先生提出如下分类：①按照系统规模，可以分为小系统（littlesy stem）、大系统（largesy stem）和巨系统（giantsystem）；②按照系统结构的复杂程度，可以分为简单系统（simple system）和复杂系统（complexsy stem）。把两个标准结合起来进行分类，就形成一种新的完备分类，如图 8-1 所示。

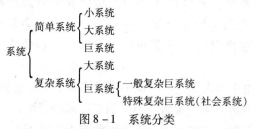

图 8-1　系统分类

（三）系统与环境

通常，将作为研究对象的那部分集合体当作系统，而系统边界以外并与之密切相关的世界称为环境。任何一个系统都存在于一定的环境之中，在系统与环境之间具有物质、能量和信息的交换。

根据系统与环境之间是否存在物质与能量的传递，可以将系统分为以下三类：

（1）孤立系统：既无能量交换，又无物质交换。

（2）封闭系统：只有能量交换，没有物质交换。

（3）开放系统：既有物质交换，又有能量交换。

环境的变化可以作用于系统或其要素，从而引起系统及其要素的变化。系统要获得生

存与发展，必须适应外界环境的变化，这就要求系统具有开放性。系统必须适应环境，就像要素必须适应系统一样，这就要求在研究系统时必须放宽眼界，不但要看到整个系统本身，还要看到系统的环境或背景。只有在一定的背景上考察系统，才能看清系统的全貌；只有在一定的环境中研究系统，才能有效地解决系统中的问题。

开放系统与环境之间的流动现象有两类：一类是由环境向系统的流动，称为系统的"输入"；另一类是由系统向环境的流动，称为系统的"输出"。若用圆圈表示系统，用指向系统的箭头表示输入，离开系统的箭头表示输出，则一般的开放系统可用图8-2表示。

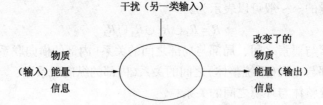

图8-2　开放系统的一般表示

开放系统是动态的、"活"的系统，封闭系统是僵化的、"死"的系统。系统由封闭走向开放，就可以增强活力，焕发青春。在开放系统中，按反馈属性分为开环系统与闭环系统。系统的输出反过来影响系统的输入的现象，称为"反馈"。增强原输入作用的反馈称为"正反馈"；削弱原输入作用的反馈称为"负反馈"。负反馈使得系统行为收敛，正反馈使得系统行为发散。通常所讲的"良性循环"与"恶性循环"，也与之类似，一个开放的、动态的循环系统往往能良性运作下去，而封闭的、僵化的系统则往往难以长期顺利运行下去。

系统与环境的作用关系是清洁生产研究的立足点之一。当我们对一个生产过程、一个企业或一项产品制定或实施清洁生产方案时，过程、企业或产品就是我们所要考察的系统。现实世界中，这一系统是一个开放的系统，与外界环境有着一定的输入和输出关系。换句话说，它要从自然环境或外围环境中获取资源或原材料，向社会经济系统输出产品和废物。输入端会带来资源消耗问题，输出端会带来环境污染问题，清洁生产的目的就是要使其在满足人们需要的前提下尽可能避免或减少对生态环境的负面影响。

历史上，人们经常由于对人类生产活动的环境影响缺乏足够的认识或者漠视它，而遭受自然界的惩罚。美索不达米亚、希腊、小亚细亚等地的居民，为了想得到耕地，把森林都砍完了，但是他们想不到，这些地方今天竟因此成为荒芜不毛之地，因为他们使这些地方失去了森林，也失去了积聚和贮存水分的地方。总之，系统整体在发展过程中，对环境是有重要影响和作用的，我们应当努力去扬其利而避其害，使系统整体的发展同环境的改善统一起来。

二、系统的属性

1. 集合性

集合性指系统是由许多(至少两个)可以相互区别的要素组成的。例如一个工业企业是一个系统，其要素集合如图8-3所示。

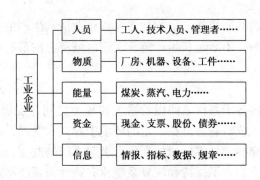

图 8-3　工业企业的组成要素

2. 整体性

系统论的核心思想是系统的整体观点，正如钱学森所指出的那样，系统方法实质是"从整体上考虑并解决问题"。如上所述，系统是由相互依赖的若干部分组成，各部分之间存在着有机的联系，构成一个综合的整体，以实现一定的功能。这表现为系统具有整体性，即构成系统的各个部分可以具有不同的功能，但要实现系统的整体功能。因此，系统不是各部分的简单组合，而要有统一性和整体性，要充分注意各组成部分或各层次的协调和连接，提高系统的有序性和整体的运行效果。

3. 层次性

一个系统往往是另一更大系统的组成要素，我们把系统的组成要素称为子系统。世界上任何事物都可以看成是一个系统，系统是普遍存在的。一套生产装置可以看作一个系统，由多套装置组成的一个工厂可以看成一个系统，由多个工厂和居民区组成的一个工业区可以看成一个系统。图 8-4 表示了企业管理的层次，它分为战略计划层（高层）、经营管理层（中层）、作业层（基层）；大企业的中层又可以分为若干层次，构成一座金字塔。

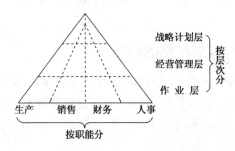

图 8-4　企业管理的层次

因此，系统与子系统的概念是相对的，是在一定的边界范围内来说的。对于同一个事物或物体，它在某一个层次上是一个系统，但它在更高的层次下则是一个子系统二在各个层次上都存在着系统，这就是系统的层次性。

在社会经济系统中，清洁生产实践也具有明显的层次性。高层次经济系统对低层次经济系统施加一定的约束和调控作用。反过来讲，高层次经济系统又以低层次经济系统为载体，高层次经济系统的许多行为要依靠低层次经济系统来体现。比如，在企业层次上，从生产的源头和全过程充分利用资源和能源，使每个生产企业在生产过程中废物最小化、资源化、无害化，在小范围内实现物料的闭合循环；但是为了达到综合利用原料的目的，往往需要跨行业、跨地区的共同协作。这样就需要在企业清洁生产的基础上，使上游企业的废物成为下游企业的原料，不断延长生产链，实现区域资源的最有效利用，废物产生量最小，甚至零排放。

4. 协同性

协同性是指在系统内各子系统之间以及系统和环境之间在发展过程中保持协调匹配。现实中的系统都是开放系统，它总是在一定的环境中存在和发展，系统和环境之间不断地有物质、能量和信息的交换，外界环境的变化会引起系统的改变，相应地引起系统内各部分相互关系和功能的变化。为了保持和恢复系统原有特性，系统必须具有对环境的适应能力，例如下面将要讲到的反馈系统等。

反馈系统中，外界通过控制机构对系统输入物质、能量和信息，经过系统（受控对象）的处理，向环境输出新的物质、能量和信息，这就是系统功能的表现。输出的结果返回来与系统预期的目标相比较，以决定下一步措施。这个过程叫做反馈。

从系统控制论来看，清洁生产系统就是一个反馈系统，清洁生产实践是一个根据清洁生产预期目标的系统调优的过程，是一个管理系统输入 – 输出的过程。系统与环境是有机结合在一起的，各种流进入和离开系统。这些流完成系统与环境的能量、物质和信息等各种交换。

清洁生产的实施主体是作为生产单元的企业，但其有效实施必须建立在企业、政府与公众良好的协调关系上。清洁生产必须依靠各级政府、部门和公众的支持，特别是国家要在宏观经济发展规划和产业政策中纳入清洁生产内容，以引导和约束企业。另外，必须进一步加强政府部门、企业和公众的清洁生产意识，提高清洁生产知识和技术水平。

第二节　可持续发展理论

一、我国实施可持续发展战略的必要性

我国是一个发展中国家，人口多，资源相对缺乏，不断恶化的生态环境正日益成为制约社会经济发展的重要因素。而我国有限的国力、资金和技术的缺乏迫使我们不能也不应该走发达国家走过的并为之付出惨重代价的"先污染，后治理"的老路，唯一的选择就是走可持续发展之路。

从 20 世纪 80 年代起，中国科学院国情分析研究小组通过 10 年的研究，收集大量资料，对我国的人口、资源、环境、能源、粮食和发展问题等进行了综合、系统的分析，先后完成了一系列有影响的国情报告。《国情第一号报告——生存与发展》在分析我国的基本国情与面临的困境、危机之后指出，在我国举世瞩目的发展与变革过程中，至少有四大困境摆在我们与子孙后代面前：人口继续膨胀与迅速老化，就业负担严重；农业资源日益紧张，接近资源承载极限；环境污染的迅速蔓延与自然生态日趋恶化；粮食需求迅速增加与粮食增产举步维艰。

而我国面临的发展环境与机遇也令人堪忧：我国人均资源占有量极其低下；对外开放比日本晚了 100 年左右，国际市场已基本被占领；人口总数大大超过欧、美、日等国人口

的总和；我国的生产技术水平低下，开发利用资源的能力不足。特别是工业化国家曾经依靠的资源(尤指不可再生资源)的高消耗和生活资料的高消费来支撑和刺激经济高速增长的发展方式，已经被证明是一种不可持续的发展模式，我国不可能再照搬这样的发展模式。

由此，该研究小组认为我国不得不寻求一种与外国不同的、非传统的现代化发展模式，其核心思想就是：实行低度消耗资源的生产体系；适度消费的生活体系；使经济持续稳定增长、经济效益不断提高的经济体系；保证效率与公平的社会体系；不断创新、充分吸收新技术、新工艺、新方法的适用技术体系；促进与世界市场紧密联系的、更加开放的贸易与非贸易的国际经济体系；合理开发利用资源，防止污染，保护生态平衡。这种模式同世界环境与发展委员会于1987年的报告《我们共同的未来》中所提出的"可持续发展"是不谋而合的，在我国也是现实可行的。

从1989年起，我国积极参与联合国环境与发展大会(UNCED)的各项筹备工作，同时，国家计划委员会(STC)、国家科技委员会(SSTC)、原国家环保局等部门也及时把国外有关环境与发展的新思想、新战略引进国内，如"持续发展"，"综合抉择"等。1992年联合国环境与发展大会之后不久，发布了《环境与发展十大对策》，明确了要在中国"实行持续发展战略"。1994年3月，国务院发布了《中国21世纪议程——中国21世纪人口、环境与发展白皮书》，提出了我国实施可持续发展的总体战略、对策以及行动方案；有关部门和地方也分别制定了实施可持续发展战略的行动计划：1996年3月发布的《国民经济和社会发展"九五"计划和2010年远景目标纲要》中再次把可持续发展确定为我国经济社会发展的重大战略。

1998年，新的国家环保总局成立，级别提高，职能明显加强，进一步在组织机构、宏观管理、政策制定和执行方面确保可持续发展战略的顺利实施。

二、清洁生产是可持续发展的必由之路

清洁生产不仅要实现生产过程的无污染或少污染，而且生产出来的产品在使用和最终报废处理过程中，也不对人类生存环境造成损害。清洁生产在生产全过程的每一个环节，以最小量的资源和能源消耗，使污染的产生降到最低程度。清洁生产低消耗、高产出，是实现经济效益、社会效益与环境效益相统一的生产方式。

可持续发展是我国的基本国策，也是我国长期必须坚持的经济社会发展战略目标，这个目标要求在发展经济的同时，正确处理经济发展与人口、环境、资源的关系，使经济、环境与社会步入合理、协调、持续发展的道路；把经济发展建立在自然生态环境的长期承载能力上，使环境和资源既能满足经济发展目标的需要，又能满足人民日益增长的物质和文化需求。

第三节 能量守恒原理

物质循环与物质能量的梯级利用是清洁生产的重要内容，物料和能量平衡也因此成为清洁生产实施所需要的重要工具，其理论基石是能量守恒原理。

一、能量守恒原理

(一) 能量守恒与转换定律

从热力学的角度来看，能量守恒和转换定律，是能量有效、合理利用的基本依据。

一切物质都具有能量，能量是物质固有的特性。通常，能量可分为两大类，一类是系统蓄积的能量，如动能、势能和热力学能，它们都是系统状态的函数。另一类是过程中系统和环境传递的能量，常见的有功和热量，它们不是状态函数，而与过程有关。热量是因为温度差引起的能量传递，而做功是由势差引起的能量传递。因此，热和功是两种本质不同且与过程传递方式有关的能量形式。能量的形式不同，但是可以相互转化或传递，在转化或传递的过程中，能量的数量是守恒的，能量既不能创造，也不会消灭，而只能从一种形式转换为另一种形式，从一个物体传递到另一个物体；在能量转换和传递过程中能量的总量恒定不变。这就是热力学第一定律，即能量守恒与转换定律。

能量转换是能量最重要的属性，也是能量利用中的重要环节。体系在过程前后的能量变换 ΔE 应与体系在该过程中传递的热量 Q 与做功相等。

$$\Delta E = Q + W \tag{8-5}$$

体系吸热为正值，放热为负值；体系得功为正值，对环境做功为负值。

(二) 能量贬值原理

能量从量的观点来看，只是是否已利用，利用了多少的问题。而从质(品位)的观点来看，则是个是否按质用能的问题。热力学第一定律只说明了能量在量上要守恒，并不能说明能量在质方面的高低。所谓提高能量的有效利用问题，其本质就在于防止和减少能量的贬值现象发生。能量的质的属性是由第二定律来揭示的。

热力学第二定律的实质是能量贬值原理。它指出能量转换过程总是朝着能量贬值的方向进行；高品质的能量可以全部转换为低品质的能量；能量传递过程也总是自发地朝着能量品质下降的方向进行；能量品质提高的过程不可能自发地单独进行；一个能量品质提高的过程肯定伴随有另一能量品质下降的过程，并且这两个过程是同时进行的，即这个能量品质下降的过程就是实现能量品质提高过程的必要的补偿条件。

(三) 能量转换的效率

根据能量贬值原理，不是每一种能量都可以连续地、完全地转换为任何一种其他的能量形式。从转换的角度看，可以把能量分为"㶲"(exergy)和"㷻"(anergy)两个部分。㶲又称为可用能或有效能，即在给定的环境条件下，它可以连续地完全转换为任何一种其他形式的能量。㷻则是一种不可以转换的能量，又称为无用能或无效能。由此，对于一切形式的能量都可以表示为

$$能量 = 㶲 + 㷻 \tag{8-6}$$

或者 $\qquad E = Ex + An$

不同形式的能量，按照其转换能力可以分为三类：

(1) 全部转换能：它可以完全转换为功，称为高质能(high grade energy)。高质能全部都是㶲，即 $E = Ex$，$An = 0$，因此它的数量和质量是统一的，比如电能、机械能等。

(2) 部分转换能：它只能部分地转换为功，称为低质能(low grade energy)，即 $Ex < E$，$An > 0$，因此它的数量和质量是不统一的。如热能、流动体系的总能等。

（3）废弃能：它受环境限制不能转换为功。如处在环境条件下的介质的内能、焓等，这种能量称为寂态能量（dead energy）。根据能量贬值原理，尽管废弃能有相当的数量，但从技术上讲，无法使之转换为功，所以对废弃能而言，$Ex = 0$，$E = An$。

热力学的这两个定律告诉我们：欲节约能源，必须考虑能量的量和质两方面。对于能量利用中最重要的热能利用来说，可用能可以理解为：处于某一个状态的体系可逆地变化到基准态（周围环境状态）相平衡时，理论上能对外界所做出的最大有用功。采用周围环境作为基准态，是因为它是所有能量相关过程的最终能源。

二、物质变换过程

人与自然之间的物质变换过程，不仅是产生使用价值的物质变换过程，而且也是产生废弃物的物质变换过程，尽管后者并不是人类进行生产劳动的目的。完整的物质变换过程应同时包含这两部分的物质变换。无数个这样同时发生两方面物质变换的劳动过程构成了我们所依赖的经济系统。

在生产活动中，生产资料一部分转变为具有价值的产品，一部分转变为废弃物，产生的废物越多，则生产资料的消耗越大。事实上，废物只是不符合生产目的，不具有价值的非产品产出，是放错了位置的资源，若合理利用，则废物不废。非产品产出的存在是客观的，因为任一生产工艺的转化率都不可能是百分之百；同样，经济活动中产生废弃物的现象也是客观的。但是，并不能据此而无视非产品产出，因为人类无限制地向环境排放废物，当超过自然界的自净力时，将给自然界带来危害。对废弃物的错误处置行为导致了环境污染与生态破坏，而且从废物中提取可用的资源，可以实现废弃物的资源化、节约能源，有利于人类社会的可持续发展。

物质循环不仅涉及有限的资源如何可持续利用问题，而且它又是解决环境问题的手段之一。一个产业系统由原材料获取、物质加工、能量转换、残余物处理和最终消费等多个部门组成。这些部门之间，以及产业系统与自然环境之间，存在着物质和能量的流动关系。也就是说，产业部门在将资源转变为产品的制造过程中和产品的使用与处理过程中，都在产生废弃物，废弃物是产业部门对环境污染的主要根源。为了减少产业系统对自然环境的污染，重要的手段是提高物质和能量的利用效率和循环使用率，借此减少自然资源的开采量和使用量，从而降低污染物的排放量。因此，清洁生产预防污染的根本途径之一是优化物质流动过程，使得物料利用率尽可能高，废弃资源尽可能少。循环利用一方面减少了原材料的消耗，另一方面又减少工业生产对环境造成的危害和影响，通过物质循环提高过程效率，节约原料和其他物质的消耗，减少废物排放。在工业系统内，通过物质循环，建立良性的工业生态链，使得物质梯级利用；对形成的废物，进行物质的再生循环可以有效弥补资源的短缺状况，为可持续利用资源提供新的思路。

第四节　产业生态学理论

一、产业生态学理论的形成与发展

20 世纪 80 年代末，美国物理学家、哈佛大学教授罗伯特·弗罗施（Robert A. Frosch）

等人模拟生物的新陈代谢过程和生态系统的循环再生过程开展了"工业代谢"研究，认为现代工业生产过程就是一个将原料、能源和劳动力转化为产品和废物的代谢过程。经进一步研究，弗罗施与加劳普劳斯（N. Gallopoulos）等人从生态系统角度提出了"产业生态系统"和"产业生态学"（Industrial Ecology）的概念，并于 1989 年 9 月在《科学美国人》上发表了《可持续工业发展战略》的文章，引起社会强烈反响，被认为是产业生态学形成的源头。

20 世纪 90 年代以来，产业生态学发展非常迅速，科学界、产业界和生态学界纷纷介入其理论与实践探索。1991 年美国国家科学院与贝尔实验室共同组织了首次"产业生态学论坛"，对产业生态学的概念、内容、方法及应用前景进行了全面系统的总结，基本形成了产业生态学的概念框架，并指出"产业生态学是研究各种产业活动及其产品与环境之间相互关系的跨学科研究"。1992 年美国最大的电信企业 AT&T 的官员艾伦比（Allenby），作为美国国家工程院项目的参加者，完成了第一个产业生态学博士论文答辩。1995 年国际电力与电子工程研究所（IEEE）在一份称为"持续发展与产业生态学专论：可持续发展与生态学研究新进展白皮书"的报告中提出："产业生态学"是一门探讨产业系统与经济系统以及他们同自然相互关系的跨学科研究，这种研究包括能源生产及其使用、新材料的研究和开发等等，涉及的学科包括基础科学、经济科学、法律、管理、人类学和人文科学，是一门研究可持续能力的科学"。1996 年美国可持续发展总统委员会在弗吉尼亚召开生态产业园工作会议，研究了生态产业园的定义、建设原则及其在美国的实践情况。1997 年耶鲁大学和麻省理工学院共同合作出版了全球第一本《产业生态学杂志》。在发刊词中进一步明确了："产业生态学是一门迅速发展的系统科学分支。它从局部、地区和全球三个层次上系统地研究产品、工艺、产业部门和经济部门中的能量流动和物质流动，其焦点是研究在降低生命周期过程中对环境所造成的压力这一问题方面，产业界所发挥的作用。"同年，美国《环境科学与技术》杂志将"产业生态学"列入 21 世纪研究的六个优先领域之一。1998 年，美国矿产资源局召开有关物质与能量流动专题研究会，推动了产业生态学的基础研究。2000 年美国产业生态学、物质与能量流跨部门工作小组发表报告，分析总结了 20 世纪近百年来美国物质流在理解、使用、政策及控制方面的成功经验与失败教训，研讨了运用产业生态学思想以更有效使用物质材料的方法及相关政策法规。

与此同时，除美国外，加拿大、德国、日本、意大利、瑞士、丹麦、荷兰、匈牙利等许多国家也陆续开展了相当规模的高质量的产业生态学有关研究工作。2000 年还在世界范围内成立了"产业生态学国际学会（The International Society for Industrial Ecology）"。目前欧美等国已有 30 多所大学开设了产业生态学的课程。

目前，对产业生态学的概念的具体描述有许多不同的看法，但其本质和内涵是基本相同的。归结到一点，产业生态学主要研究社会生产活动中自然资源从源到汇的全代谢过程及其组织管理体制，以及生产、消费、调控行为的动力学机制、控制论方法及其与生命支持系统的相互关系。它以新的眼光来看待经济发展，力图模仿自然生态系统的运行，通过重组和调整工业系统，将环境因素整合到经济过程之中，使之与生物圈相兼容，从而能持久生存。

二、产业生态学的基本思想

在自然生态系统中，所有的动物和植物以及它们产生的废物都是某些其他有机体的食物。在这个庞大的自然系统中，物质和能量在一个巨大的食物链中循环和转化，从而使整个系统得以保持平衡和不断进化。自然生态系统产生的废物是最少的。而在人类经济系统中，生产和消费的经济活动链中未完全使用的材料和能量成为了产业废物，大多被弃置于自然环境中的土地、水和空气中成为废弃物，或者被变成其他生产和消费过程中的可用材料和能源。当废弃物的数量超过自然环境的吸收能力时，即产生环境污染，久而久之将造成环境恶化和资源匮乏。环境污染主要是由工业废物产生的，而工业废物往往是在生产之前的原材料加工、产品的生产过程以及产品使用寿命结束后的处置过程三个主要阶段产生的。过去，解决工业废物的主要办法就是在废物产生后加以一定程度的处理或者干脆弃置。传统的工业模式和经济概念没有深入考虑工业产品的原材料从哪里来，废物又向哪里去。传统的生产和消费观念限制了工业废物的回收和再循环与工业过程再结合。弗罗施等学者却认为，工业废物不应被废弃，而应当作为其他工业过程和产品的材料来源，工业废物应当被看成是一种副产品，只是尚未找到适当的用途。为了在人口和经济不断增长的同时，不增加全球资源和环境的负担，保持全球生态系统的平衡，必须保持工业生态系统的平衡。此后，人们意识到，要彻底解决问题，必须在废物和污染产生之前就消除它或避免它的产生，也就是说，治标不如治本，要从源头着手，防患于未然。这就需要在产品的生产之前、生产过程中和废弃的整个生命周期着手，使工业废物得以避免、减少和再利用。这就是产业生态学的基本思想。它试图从工业和技术的角度来协调经济与环境发展之间的关系。

同时，产业生态学试图将整个产业系统视为一种类似于自然生态系统的封闭体系，其中一个体系要素产生的"废物"，是另一个体系要素所需的"资源来源"。这样，整个产业系统内的各个要素就形成了相互依存，类似于自然生态系统的食物链过程的"产业生态系统"。

在过去的若干年中，我们的工业系统基本上是开放型的，大量的资源不断输入到工业系统当中，同时不加节制地产出废料，造成了如今日益严重的环境问题。当人们发现可供利用的资源越来越有限的时候，产业生态系统内部的物质循环就变得极为重要，此时资源和废料的进出量受到了可供资源数量与环境接受废料能力的双重制约，人们不再无限地开采资源，同时开始限制对废弃物的排放，环境问题引起了世界各国的广泛关注，如图8－5所示。与开放型产业生态系统相比，半开放型产业生态系统对资源的利用虽然已经达到相当高的效率，但也仍然不能长期维持下去，因为物质流、能量流都是单向的，因此资源将会不断减少，而废料不可避免地持续增加。图8－5(c)所示体现了产业生态学的基本观点，这是一个理想的产业生态系统的状态，其中各个体系要素之间构成了相互循环的关系，在这种状态下，资源与废料很难明确区分，因为一个要素产生的废料，对另一个要素来说可能恰恰是资源。只有太阳能是来自外部的能量输入。按照产业生态学的观点，理想的工业社会，应该尽可能地接近封闭型的产业生态系统。

产业生态学是一种系统观。它是一种关于产业体系的所有组分及其同生物圈的关系问题的全面的、一体化的分析视角，它属于应用生态学，其研究核心是产业系统与自然系统、经济社会之间的相互关系。

产业生态学强调一种整体观即全过程观，它考虑产品、工艺、服务整个生命周期的环境影响，而不是只考虑局部或某个阶段的影响。

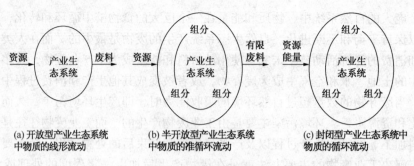

(a) 开放型产业生态系统　　(b) 半开放型产业生态系统　　(c) 封闭型产业生态系统中
中物质的线形流动　　　　　中物质的准循环流动　　　　物质的循环流动

图 8-5　产生生态系统

　　产业生态学提倡一种发展观、未来观，主要关注未来的生产、使用、再循环技术的潜在的环境影响，其研究目标着眼于人类与生态系统的长远利益，追求经济效益、社会效益和生态效益的统一。

　　产业生态学倡导一种全球观，不仅要考虑人类产业活动对区域，地区的环境影响，更要考虑对人类和地球生命支持系统的重大影响，重点是区域性、全球性的具有持久性和难于处理的问题。

　　总之，产业生态学的研究与应用涉及三个层次：宏观上，它是国家产业政策的重要理论依据，即围绕产业发展，如何将生态学的理论与原则融入国家法律、经济和社会发展纲要中，促进国家以及全球生态产业的发展。中观上，它是企业生态能力建设的主要途径和方法，其中涉及企业的竞争能力、管理水平、规划方案等。微观上，则是具体产品和工艺的生态评价与生态设计。因此，产业生态学既是一种分析产业系统与自然系统、社会系统以及经济系统相互关系的系统工具，又是一种发展战略与决策支持手段。

三、产业生态学的研究内容

　　产业生态学是一门年轻、不断发展的新学科，其研究内容会随着理论研究的深入和实践的扩展而不断完善。目前，产业生态学研究的主要内容包括：

（一）产业系统与自然生态系统的关系

　　各种产业活动对环境造成了巨大的压力，但也成为产业生态学迅速发展的一个重要驱动力。产业生态学必须首先研究产业系统与自然系统之间的交互界面。自然生态系统既是产品的原料源，又是其产品及废物的汇。因此需要从局部、地区和全球三个层次上扩展我们对自然生态系统动力学的认识，监测和分析自然生态系统的环境容量，详细了解自然生态系统的同化能力，恢复时间以及尽可能获取目前环境的真实信息，并在此基础上依据自然生态系统的环境容量平衡产业系统的输入、输出流。

　　目前"末端控制"的环境管理思想和方法希望每一个工业过程都成为一个单独封闭的系统，实际上既不经济也不可能。一个工业生态系统恰恰是在利用与再利用价值。我们可以将自然生态系统设想为工业系统输出流的中介或载体，如一个工厂排放的 CO_2，通过大气这个中间传输载体被另一地点的另一家工厂作为原料利用，从而平衡整个生态系统中的输入和输出。

　　产业系统同自然系统之间的输入、输出流可以通过""物质平衡"和"物质循环"的理论进行测度，通过对流量、途径以及最终的环境汇来比较自然系统与产业生态系统物流变化。它可以作为评价产业系统对环境影响的一个起点，为进一步改善环境提供一种机会，实际上也为复杂的环境决策提供一个可行的办法。

（二）产业生态系统结构分析和功能模拟

从生态学的观点来看，产业实体（企业）相当于生态系统中物种个体，产业行业相当于物种种群，而在一定的自然区域内不同产业实体的总和则相当于物种群落，可称为产业生态群落。自然生态系统之所以是一个相对稳定、持续且非常高效的系统，一方面是由于该系统内物质、能量可充分利用，物流、能流形成闭合式循环，另一方面在于其代谢过程中能量和物质的转化（利用）效率很高。而目前产业生态系统基本是开放的，即产业物质流、能量流单一，产品和废物、废能大多不再循环而直接或间接进入自然环境，不能实现物质与能量的循环利用，且物质和能量转化（利用）效率较低，因而该系统不稳定也难以持续。产业生态学的理想目标，就是建立一个模拟自然生态系统运行机制的高级产业生态系统。也就是说，产业生态系统中所有的废物、废能都应该作为其他产业过程和产品的材料来源和能源。总之是要在产业活动中，从原料到加工后的材料，从产品组件到成品，从可循环利用的物质、能量到最终的废弃物，各项活动中都力求实现生态效率和封闭循环。

（三）产业生态系统的低物质化

近些年来，一些产业生态学研究人员提出了"低物质化理论"。所谓"低物质化"是指在同样多的，甚至更少的物质基础上获得更多的产品与服务。其宗旨就是提高资源的生产率。"信息替代"就是一个相当重要的低物质化因素。以农业使用的各种杀虫剂为例，出于预防考虑，人们总是多使用一定数量，以确保实际效果。一种定时观察虫害和预警机制相结合的信息系统可以让农户在合适的时机只使用严格所需的杀虫剂量。

低物质化理论认为，产业活动的增多和经济的增长并不一定会带来所需物质量的增加，随着技术的进步，资源消耗应该越来越少。通过各种创新技术，可从矿物中更有效地提取有用物质，改善材料的性能，促进废物再利用，减少材料的使用量，从而实现低物质化。在工业发达国家，降低工业生产过程中的物料消耗和能源强度，已成为一种发展趋势。

随着新材料的不断发展，再循环技术的完善，生态设计方法的发展，产品和生产方式的低物质化倾向将进一步加强。从理论上说，掌握这种生产方式，还可以在生产过程中不产生任何废料，因为人们只使用需要的那部分原子和分子。还必须指出，单从消费角度考虑低物质化是不够的，应该从产品开发时就依据需要的功能（比如制冷）来设计（冰箱），努力在生产、使用、维护、修理、回收及最终弃置过程中减少物质与能量的消耗。从目前情况来看，单位产品的物料投入在下降，但从全球来看，对原材料的利用和消耗却大幅度上升，因此必须从产业生态系统代谢的角度，研究产品及其物料的再循环和能源的多级高效利用。产业生态学不仅要努力促进现有生产过程中的低物质化的发展，也要不断开拓工业生产的新模式，摒弃工业化早期大量消耗原材料的传统工业模式，为广大发展中国家提供快速实现工业化的新模式。

（四）产品生态评价与生态设计

产品是人类与自然系统进行交互的中介，当前人类所面临的所有生态环境问题都与产品有关。产业生态学的思想包含了"从摇篮到坟墓"的全过程管理系统观，即在产品的整个生命周期内不应对环境和生态系统造成危害，产品生命周期包括原材料的提取与加工、产品生产、运输及销售、产品使用(包括再利用和维护)以及产品用后处理(包括废物循环和最终废弃处理)等各个环节。生命周期评价法也是目前产业生态学中普遍使用的有效方法，目的在于寻找改善产品环境影响的机会与方法，从而为产品生态设计提供技术支持。有关产品生态设计的理论尽管尚不完善，但在实践上发展很快，生命周期设计(LCD)，生命周期工程(LCE)、为环境而设计(DfE)、为拆解而设计(DfD)、为再循环而设计(DfR)等一系列新的设计理念和方法正在成为热点。

四、产业生态学的研究方法

产业生态学的思想是一种全过程管理系统观，而系统分析是产业生态学的核心方法，在此基础上发展起来的产业代谢分析和生命周期评价是目前产业生态学中普遍使用的有效方法。二者在本质上是统一的，目标均是着眼于人类和生态系统的长远利益，保证在整个产品系统环境影响最小的前提下，尽可能满足人类需要。只不过产业代谢方法强调产业生态系统的代谢机理和系统结构，而生命周期评价强调的是产品的生命周期。在实际工作中，二者常常相互交叉。

(一) 产业代谢分析

产业代谢是模拟生物和自然生态系统代谢功能的一种系统分析方法，其根据是质量守恒定理。一定数量的物质因人类活动而消失在生物圈之中，但其质量却是守恒的。与正统的经济学家的观念相反，物质没有或者不再有价格，但并不从地球上消失。产业代谢研究方法旨在揭示经济活动纯物质的数量与质量规模，展示构成产业活动全部物质流动与储存。因此，产业代谢研究的方法论就在于建立物质结算表，估算物质流动与储存，描绘其行进的路线和复杂的动力学机制，同时也指出它们的物理的和化学的状态。对这些物质流动进行研究的难度主要源自排放方式的多样性。有在产品使用过程中点状的、农业化学的、消耗性的排放，也有产品使用完毕后最终存放时的排放。所有这些污染物通过各种各样的机制进入环境：挥发、风蚀、雨蚀、浸出、渗入等，并且它们的排放随气候和物理化学条件的不同而变幻莫测。

还要考虑到增效作用。比如，锌的腐蚀快慢就与空气中二氧化硫的含量密切相关。从理论上说，产业代谢研究不局限于分析污染物，可以分析在产业体系中循环的所有物质的流动。最终，产业代谢还要研究产业物质循环与自然生物地球化学循环之间的相互动态影响。

产业代谢研究有多种形式：

(1) 可以在有限的区域内追踪某些污染物。基于方法论的原因，但也出于紧迫性的原因，江河流域特别适合这类研究。江河流域地区往往产业集中，人口密度也高。

(2) 可以分析研究一组物质，特别是某些重要金属。由于其潜在的毒性，重金属应列入首选研究对象。不过，分析环境中的重金属也相对比较容易。有些合成的有机物，如多氯联苯(PCB)或二噁英，其毒性与重金属相当，甚至有过之，但在实践中极难先在产业体系的加工过程中，后在环境中进行不间断的跟踪研究。

(3) 产业代谢研究也可以仅限于某种物质成分，以确定其不同形态的特性及其与自然生物地球化学循环的相互影响。比如硫、碳、氮等的产业代谢分析。

(4) 产业代谢也可以研究不同的与这样那样的产品相联系的物质与能量流。

（二）生命周期评价（LCA）

生命周期评价起源于企业内部，是对物质、过程或产品从产生到废弃乃至再生的整个生命周期内的资源、环境、经济和技术评估。该方法是工业生态学中普遍使用的环境影响分析工具，通过物质生产、使用和废弃过程中环境影响因素的识别与改进，使产业生态系统的管理变得更为有效。生命周期评价是一种评价产品、生产工艺以及其他活动对环境的压力的客观过程，一般通过对能量和物质利用以及由此造成的环境废物排放进行辨识和量化来进行。其目的在于评估能量和物质利用以及废物排放对环境的影响，寻求改善环境影响的机会。这种评价贯穿于产品、工艺和活动的整个生命周期，包括原材料提取与加工；产品制造、运输以及销售；产品的使用、再利用和维护；废物循环和最终废物弃置。目前生命周期评价已形成了基本的概念框架、技术步骤和系统软件。其基本结构可归纳为四个有机联系的部分：定义目标与确定范围、清单分析、影响评价和改善评价。关于这些内容我们已在前面详细给予阐述。在工业生态学中，生命周期评价方法的应用主要有以下4个领域：

（1）产品系统的生态辨识与诊断是通过生命周期评价的分析识别对环境影响最大的工艺过程和产品生命周期阶段。不同产品不同生命周期阶段的环境影响是不同的，例如电冰箱的主要环境影响阶段是用后处理阶段，即CFCs。释放对臭氧层损耗和全球变暖的影响非常严重，而彩电的主要影响阶段是使用阶段。另外，也可评估产品（包括新产品）的资源效益，即对能耗、物耗进行全面平衡，一方面降低能耗、物耗从而降低产品成本，另一方面，帮助设计人员尽可能采用有利于环境的原材料和能源。

（2）产品环境影响评价与比较是以环境影响最小化为目标，分析比较某一产品系统内的不同方案或者分析比较替代前后的产品（或工艺）。例如，通过分析燃油汽车和电力汽车，发现电力汽车的环境影响并不像通常所认为的那样小，而是要大于燃油汽车。

（3）生态产品设计与新产品开发，直接将生命周期评价应用于新产品的开发与设计中。例如，丹麦的著名电冰箱厂GMM通过对其原有产品进行生命周期评价，发现电冰箱的使用阶段对资源和能源的消耗最大，而在用后处理阶段对臭氧层损耗和全球变暖影响最大。在此基础上，设计出了低能耗、无CFCs的新一代电冰箱LER200，在市场上取得了很好的经济效益。

（4）再循环工艺设计。大量生命周期评价工作结果表明，产品用后处理阶段的问题十分严重。解决这一问题需要从产品的设计阶段就考虑产品用后的拆解和资源的回收利用，因而迅速出现了一大批"为再循环而设计"或"为拆解而设计"的企业和研究机构。

此外，政府和环境管理部门常常借助有关生命周期评价结果进行环境立法、制定环境标准和产品生态标准等。

第九章 清洁生产的法律法规

立法是推进清洁生产的主要手段之一。中国在原有的环境和资源立法的基础上逐步制定了有关推行清洁生产的法律法规和政策规定，如《中华人民共和国清洁生产促进法》于2003年1月1日起施行，《清洁生产审核暂行办法》于2004年10月1日起施行等。而原有的《中华人民共和国环境保护法》、《清洁生产促进法》、《中华人民共和国大气污染防治法》《中华人民共和国水污染防治法》、《中华人民共和国固体废物污染环境防治法》等同样适用于清洁生产。另外，各省市也制定和颁布了一批地方性的清洁生产政策和法规。

其他一些与清洁生产相关的政府规定、政府文件、清洁生产标准等同样具有法律效率。

政府规定：国家发改委和国家环境保护总局发布的《清洁生产审核暂行办法》、国家环境保护总局发布的《重点企业清洁生产审核程序的规定》等；政府文件：国务院办公厅转发《关于加快推行清洁生产的意见》、国家环境保护总局《关于推行清洁生产的若干意见》、国家环境保护总局《关于贯彻落实〈清洁生产促进法〉的若干意见》、各地方政府关于清洁生产的文件等；清洁生产标准：各行业清洁生产标准、《国家重点行业清洁生产技术向导目录》（第二批，2003）、《国家重点行业清洁生产技术向导目录》（第三批，2006）等。

第一节 清洁生产促进法

2002年6月29日，第九届全国人民代表大会常务委员会第二十八次会议审议并通过了《中华人民共和国清洁生产促进法》（以下简称《清洁生产促进法》），并于2003年1月1日起实施。该法明确规定了政府推行清洁生产的责任，对企业提出实施清洁生产的要求，并对企业实施清洁生产给予支持鼓励，是我国第一部以推行清洁生产为目的的法律。

一、制定《清洁生产促进法》的意义和必要性

《清洁生产促进法》第一条阐明了制定本法的目的：提高资源利用效率，减少和避免污染物的产生，保护和改善环境，保障人体健康，促进社会经济的可持续发展。具体地说，制定《清洁生产促进法》的必要性主要体现在以下方面：

（一）提高自然资源利用效率的必然选择

中国人口众多、资源相对不足、生态环境脆弱，在现代化建设中必须实施可持续发展战略。核心问题是要正确处理经济发展同人口、资源、环境的关系，努力开创一条生产发展、生活富裕、生态良好的文明发展道路。

中国经济发展面临的资源形势相当严峻：水资源短缺、耕地减少、矿产资源保证程度下降等，成为中国经济持续发展的制约因素。面对日益严峻的资源形势，要实现经济社会的可持续发展，唯一的出路就是大力推行清洁生产。而清洁生产的推行则必须通过调整结

构，革新工艺，提高技术装备水平，加强科学管理，合理高效配置资源，包括最大限度地节约能源和原材料、利用可再生能源或清洁能源、利用无毒无害原材料、减少使用稀有原材料、循环利用物料等措施，以最少的原材料和能源投入，生产出尽可能多的产品，提供尽可能多的服务，最大限度地减少污染物的排放。

（二）对环境"末端治理"战略的根本变革

工业革命以来，随着科技的迅猛发展，人类征服自然和改造自然的能力大大增强，人类创造了前所未有的物质财富，人们的生活发生了空前的巨大变化，极大地推进了人类文明的进程。然而，人类在充分利用自然资源和自然环境创造物质财富的同时，却过度地消耗资源，造成了严重的资源短缺和环境污染。"先污染、后治理"的"末端治理"模式虽然取得了一定的效果，但并没有从根本上解决经济发展对资源环境造成的巨大压力，资源短缺和生态破坏日益加剧，"末端治理"战略的弊端日益显现。

国内外的实践表明，清洁生产是污染防治的最佳模式。它不仅可以使环境状况得到根本的改善，而且能使能源、原材料和生产的成本降低，经济效益提高，竞争力增强，实现经济与环境的"双赢"。

（三）清洁生产是应对 WTO 绿色贸易壁垒的重要途径

在当前的国际贸易中，与环境相关的绿色壁垒已成为一个重要的非关税贸易壁垒。按照 WTO 有关例外措施的规定，进口国可以以保护人体健康、动植物健康和环境为由，制定一系列相关的环境标准或技术措施，限制或禁止外国产品进口，从而达到保护本国产品和市场的目的。近年来，发达国家为了保护本国利益，设置了一些发展中国家目前难以达到的资源环境技术标准，不仅要求产品符合环保要求，而且规定产品开发、生产、包装、运输、使用和回收等环节都要符合环保要求。为了维护中国在国际贸易中的地位，避免因绿色贸易壁垒对中国出口产品造成影响，只有实施清洁生产，提供符合环境标准的"清洁产品"，才能在国际市场竞争中处于不败之地。

（四）从中国的实践看，必须依法推行和实施清洁生产

中国推行清洁生产已近 10 年，虽取得了不少的成果，但从总体上看进展比较缓慢。目前，推行清洁生产存在的主要问题有：

（1）各级领导特别是企业领导对清洁生产在可持续发展中的重要作用缺乏足够的认识，重外延、轻内涵，重治标、轻治本，还没有转到从源头抓起、实施生产全过程控制、减少污染物产生的清洁生产上来。

（2）缺乏必要的政策环境和保障措施，企业遇到大量自身难以克服的障碍。从已经开展清洁生产的企业看，由于缺乏资金，绝大多数还停留在清洁生产审核阶段，重点放在无费和低费方案。

（3）现行环境管理制度和措施在某些方面侧重于"末端治理"，在一定程度上影响了清洁生产战略的实施。

近年来，一些发达国家积累了不少有益的经验，立法是重要的手段之一。美国 1990年通过了《污染预防法》；德国 1994 年公布了《循环经济和废物处置法》；日本 1991 年以来先后制定了《资源有效利用促进法》《推动建立循环型社会基本法》《包装容器法》和《特定家用电器回收和再商品化法》等；加拿大和欧盟许多国家也在其环境与资源立法中增加了大量推行清洁生产的法律规范和政策规定。

因此，借鉴国外经验，中国政府出台了《清洁生产促进法》。该法的出台和实施，可以使各级政府、企业界和全社会更好地了解实施清洁生产的重要意义，提高企业自觉实施清洁生产的积极性。可以明确各级政府及有关部门推行清洁生产的责任，为企业实施清洁生产创造良好的外部环境，帮助企业克服技术、资金、市场等方面的障碍，增强企业实施清洁生产的能力。

二、《清洁生产促进法》的总体结构

《清洁生产促进法》的总体结构为：

第一章　总则(6 条)

第二章　清洁生产的推行(11 条——与政府相关的条款)

第三章　清洁生产的实施(14 条——与企业相关的条款)

第四章　鼓励措施(5 条——与资金相关的条款)

第五章　法律责任(5 条)

第六章　附则(1 条——实施时间)

三、《清洁生产促进法》的指导思想和基本原则

《清洁生产促进法》的指导思想是引导企业、地方和行业领导者转变观念，从传统的末端治理转向污染预防和全过程控制。由于中国过去的环境保护法律主要侧重于末端治理，因此促进这一转变是制定《清洁生产促进法》的一个核心要求。在这一要求下，制定《清洁生产促进法》遵循了如下的指导思想和基本原则：

(1) 清洁生产促进政策包括了支持性政策、经济政策和强制性政策几个方面，而鼓励和支持性政策是《清洁生产促进法》的主要方面。

支持性政策的涉及面很宽，包括国家宏观政策及国家和地方规划、行动计划以及宣传与教育、培训等能力建设。在国家宏观调控方面，今后制定的产业政策应把清洁生产作为工业生产的指导方针之一，按照污染预防的原则，鼓励发展物耗少、污染轻的工业企业，限制发展高物耗、重污染的工业企业。在编制社会经济发展中长期规划和年度计划时，对一些主要行业特别是原材料和能源行业应有推进清洁生产的具体目标和要求，不仅要将其纳入环境保护计划，还应列为工业部门的发展目标。

经济政策是通过市场的作用将经济与环境决策结合起来，力图利用市场信号以一种与环境目标相一致的方式影响人们的行为。与行政手段相比，经济手段可以给予企业决策者以更大的灵活性。随着经济改革的不断深化，目前中国在与清洁生产相关的领域内已经开始实施经济政策。为了有效地推进清洁生产的开展，还应当加强有针对性的经济政策的制定和实施。例如，财政和金融部门对实施清洁生产的企业应在信贷、税收方面加以扶持；财政和金融部门应把实施清洁生产作为制定信贷和税收政策的准则之一，对那些环境效益和社会效益显著，而经济效益不明显的清洁生产项目，采取信贷上倾斜、税收减免等措施，鼓励开展清洁生产。为此，《清洁生产促进法》中提出了一系列经济优惠政策，如该法第三十条规定的自愿削减污染物排放协议中载明的技术改造项目，列入国务院和县级以上地方人民政府同级财政安排的有关技术进步专项资金的扶持范围；第三十五条提出的对利用废物生产产品的和从废物中回收原料的，税务机关按照国家有关规定，减征或者免征

增值税等。

强制性政策在《清洁生产促进法》中不是主要内容,但它仍发挥着必要的作用。例如清洁生产审核应当是企业的自主行为,但对于一些特定的情况,如对使用有毒有害原料进行生产或排放有毒有害废弃物的企业要实行强制的审核。

(2)推动清洁生产工作的一个重要内容是资金问题。就中国而言,应当考虑采取多种途径支持清洁生产工作。《清洁生产促进法》中也提出了一些资金方面的推动措施,如该法第三十三条提出,对从事清洁生产研究、示范和培训,实施国家清洁生产重点技术改造项目和本法第二十九条规定的自愿削减污染物排放协议载明的技术改造项目的,列入国务院和县级以上地方人民政府同级财政安排的有关技术进步专项资金的扶持范围。第三十四条提出,在依照国家规定设立的中小企业发展基金中,应当根据需要安排适当数额用于支持中小企业实施清洁生产。

(3)清洁生产虽是企业的事情,但却离不开政府的引导。国外的工业部门、环境保护部门等在清洁生产中都发挥着重要作用。因为在某些情况下,企业不愿意主动采取清洁生产措施解决存在的问题,除非是这些问题已危及当前的利益。因此,中央和地方的各个政府部门在促进清洁生产发展及将其运用于经济建设过程中起着至关重要的作用。在规范政府部门的职责时,应考虑到各方面的相互协调。《清洁生产促进法》的第二章对于各级政府部门的职责进行了详细的规范。

(4)由于中国一些政府部门、企业和公众对清洁生产的认识还不是很清楚,尤其是企业对于清洁生产还存在很多糊涂认识,往往认为清洁生产只是从环境保护角度出发而提出的一种措施,对于清洁生产所能带来的经济效益和资源节约效益往往认识不到位,因此,加强清洁生产培训和教育是十分必要的。

(5)清洁生产是近些年来提出的一个新概念,但其实质内容的许多部分在中国以往的环保、经济、技术、管理等方面的法规和政策中都有所体现,只是较为分散。《清洁生产促进法》应当与过去的有关立法及政策衔接和协调好,使之发挥最大作用。例如,该法第十八条提出,对新建、改建和扩建项目应当进行环境影响评价,对原料使用、资源消耗、资源综合利用以及污染物产生与处置等进行分析论证,优先采用资源利用率高以及污染物产生量少的清洁生产技术、工艺和设备。这一要求与《环境影响评价法》及其他相关法律要求是紧密相关的。

(6)清洁生产工作虽然以工业部门为重点,但也不限于工业部门,在农业、服务业等领域也可以发挥重要的作用。因此,在该法中也适当体现了这些方面的要求。

四、《清洁生产促进法》的适用领域

《清洁生产促进法》的适用领域,与清洁生产本身的适用领域密切相关。《清洁生产促进法》的适用领域,既参考了联合国环境规划署清洁生产定义中有关清洁生产的适用范围,也结合了中国的国情。

《清洁生产促进法》第三条规定:"在中华人民共和国领域内,从事生产和服务活动的单位以及从事相关管理活动的部门依照本法规定,组织、实施清洁生产。"也就是说,适用范围包括两个方面:一是全部生产和服务领域的单位,二是从事相关管理活动的部门。适用范围之所以包括全部生产和服务领域,主要原因有:①目前国内外对清洁生产的认识已经突破了传统的工业生产领域，农业、建筑业、服务业等领域也已开始推行清洁生产，有些还取得了不少的成绩，积累了有益的经验；②法律规定的政府责任，是以支持、鼓励为主，从这一角度出发，清洁生产的范围宜宽不宜窄，以免使一些领域开展的清洁生产得不到国家的政策优惠或资金支持，事实上也没有必要对不同的领域制定不同的清洁生产促进法；③推行清洁生产是一个渐进的过程，法律应当为未来的发展留有空间，如果范围规定过窄，对今后推行清洁生产不利。

考虑到法律的可操作性，从中国的国情出发，《清洁生产促进法》对工业领域推行和实施清洁生产做了具体规定，而对农业、建筑业、服务业等领域实施清洁生产则提出了原则要求。这样的规定，既满足了当前工业领域推行清洁生产的迫切需要，又为今后在其他领域推行清洁生产提供了法律依据；既突出了重点又兼顾了方方面面。

清洁生产最早是从工业领域开始的，因此，工业领域的清洁生产已经广泛开展。与工业领域推行清洁生产一样，农业领域推行清洁生产的实质是在农业生产全过程中，通过生产和使用对环境友好的"绿色"农用化学品，或不用化学品，减少农业污染的产生，减少农业生产及其产品和服务过程导致的环境和人类健康的风险。

服务业的清洁生产，也得到越来越多的重视。例如，旅游业清洁生产的重点是提高旅游资源的利用效率和保护环境。又如，政府服务方面的清洁生产也得到很多的关注。在政府服务过程中，如何减少资源和能源的消耗，减少服务活动对环境的影响，具体体现在节能、节水、办公用品的重复利用等方面，这是政府服务中实施清洁生产的重要内容。中国政府机构的能源消费量巨大，在政府部门的建筑、车辆等用能上，浪费现象尤为严重。因此，为了树立良好的政府形象，推动全社会的节能工作，政府和公共机构必须率先使用节能设备和办公用品，并将建筑节能作为重点，如将办公楼建设成节能型的服务场所。又如，提高资源的利用效率，可以从日常小事入手，像减少保温瓶中开水的浪费、复印纸的正反面使用及回收、随手关灯、减少办公设备的待机消耗能源等。通过政府的垂范，引导全社会的清洁生产意识。

五、与环境保护行政主管部门关系比较密切的条款

与环境保护行政主管部门关系比较密切的条款主要有以下7条：

第四条　国家鼓励和促进清洁生产。国务院和县级以上地方人民政府，应当将清洁生产纳入国民经济和社会发展计划以及环境保护、资源利用、产业发展、区域开发等规划。

第十七条　省、自治区、直辖市人民政府环境保护行政主管部门，应当加强对清洁生产实施的监督；可以按照促进清洁生产的需要，根据企业污染物的排放情况，在当地主要媒体上定期公布污染物超标排放或者污染物排放总量超过规定限额的污染严重企业的名单，为公众监督企业实施清洁生产提供依据。

第二十八条　企业应当对生产和服务过程中的资源消耗以及废物的产生情况进行监测，并根据需要对生产和服务实施清洁生产审核。

污染物排放超过国家和地方规定的排放标准或者超过经有关地方人民政府核定的污染物排放总量控制指标的企业，应当实施清洁生产审核。

使用有毒、有害原料进行生产或者在生产中排放有毒、有害物质的企业，应当定期实

施清洁生产审核，并将审核结果报告所在地的县级以上地方人民政府环境保护行政主管部门和经济贸易行政主管部门。

清洁生产审核办法，由国务院经济贸易行政主管部门会同国务院环境保护行政主管部门制定。

第二十九条　企业在污染物排放达到国家和地方规定的排放标准的基础上，可以自愿与有管辖权的经济贸易行政主管部门和环境保护行政主管部门签订进一步节约资源、削减污染物排放量的协议。该经济贸易行政主管部门和环境保护行政主管部门应当在当地主要媒体上公布该企业的名称以及节约资源、防治污染的成果。

第三十一条　根据本法第十七条规定，列入污染严重企业名单的企业，应当按照国务院环境保护行政主管部门的规定公布主要污染物的排放情况，接受公众监督。

第四十条　违反本法第二十八条第三款规定，不实施清洁生产审核或者虽经审核但不如实报告审核结果的，由县级以上地方人民政府环境保护行政主管部门责令限期改正；拒不改正的，处以十万元以下的罚款。

第四十一条　违反本法第三十一条规定，不公布或者未按规定要求公布污染物排放情况的，由县级以上地方人民政府环境保护行政主管部门公布，处以十万元以下的罚款。

以上 7 条《清洁生产促进法》的要求归纳起来可以看出：

（1）县级以上环保局必须将清洁生产纳入环保计划和规划中；

（2）省级环保局可以根据需要（非必需）对双超（浓度超标/总量超标）的重污染企业进行公示；

（3）国家鼓励已达标企业参与自愿性的清洁生产行动；

（4）县级以上环保局可以对违规企业处以 10 万元以下的罚款。

六、与企业关系比较密切的方面

（一）财政鼓励政策

（1）政府采购优先；

（2）建立表彰奖励制度；

（3）技术改造项目资金补助；

（4）中小企业发展基金优先用于清洁生产；

（5）清洁生产审核和培训费用，列入企业经营成本。

（二）税收优惠政策

（1）对利用废水、废气、废渣等废弃物作为原料进行生产的，在 5 年内减征或免征所得税，增值税优惠；

（2）对利用废弃物生产产品和从废弃物中回收原料的，减征或免征增值税、消费税；

（3）低排放标准汽车减征 30% 消费税。

（三）强制执行措施

（1）根据需要，在当地主要媒体上公示浓度/总量未达标企业名单；

（2）被公示的企业必须公布污染的排放情况；

（3）浓度/总量超标的企业必须进行清洁生产审核；

（4）使用有毒、有害原料或排放有毒、有害物质的企业必须进行清洁生产审核。

（四）处罚

第三十七条 违反本法第二十一条规定，未标注产品材料的成分或者不如实标注的，由县级以上地方人民政府质量技术监督行政主管部门责令限期改正；拒不改正的，处以五万元以下的罚款。

第三十九条 违反本法第二十七条第一款规定，不履行产品或者包装物回收义务的，由县级以上地方人民政府经济贸易行政主管部门责令限期改正；拒不改正的，处以十万元以下的罚款。

第四十条 违反本法第二十八条第三款规定，不实施清洁生产审核或者虽经审核但不如实报告审核结果的，由县级以上地方人民政府环境保护行政主管部门责令限期改正；拒不改正的，处以十万元以下的罚款。

第四十一条 违反本法第三十一条规定，不公布或者未按规定要求公布污染物排放情况的，由县级以上地方人民政府环境保护行政主管部门公布，并处以十万元以下的罚款。

第二节　清洁生产相关法

一、《关于加快推行清洁生产的意见》

2003 年 12 月 17 日，国务院办公厅转发了国家发展改革委员会、环保总局、科技部、财政部、建设部、农业部、水利部、教育部、国土资源部、税务总局、质检总局《关于加快推行清洁生产的意见》（国办发［2003］100 号），对加快推行清洁生产工作提出了要求。

文件提出：一要提高认识，明确推行清洁生产的基本原则；二要统筹规划，完善政策。包括制订推行清洁生产的规划，指导清洁生产的实施，完善和落实促进清洁生产的政策，实施清洁生产试点工作：三要加快结构调整和技术进步，提高清洁生产的整体水平，包括抓好重点行业和地区的结构调整，加快技术创新步伐，加大对清洁生产的投资力度；四要加强企业制度建设，推进企业实施清洁生产，提出企业要重视清洁生产，认真开展清洁生产审核，加快实施清洁生产方案，鼓励企业建设环境管理体系；五要完善法规体系，强化监督管理，加强对推行清洁生产工作的领导，提出要完善清洁生产配套规章，加强对建设项目的环境管理，实施重点排污企业公告制度，加大执法监督的力度；六要加强对推行清洁生产工作的领导，包括加强组织领导，做好法规宣传教育，建立清洁生产信息和服务体系，做好监查工作。

二、《清洁生产审核暂行办法》

2004 年 8 月 16 日国家发展和改革委员会、国家环保总局制定并审议通过了《清洁生产审核暂行办法》（16 号令）（以下简称《办法》），《办法》于 2004 年 10 月 1 日起施行。

《办法》中规定：清洁生产审核，是指按照一定程序，对生产和服务过程进行调查和诊断，找出能耗高、物耗高、污染重的原因，提出减少有毒有害物料的使用、产生，降低能耗、物耗以及废物产生的方案，进而选定技术经济及环境可行的清洁生产方案的过程。

同时,《办法》原则上规定了清洁生产审核的程序,即包括审核准备,预审核,审核,实施方案的产生、筛选和确定,编写清洁生产审核报告等。具体如下:

(1) 审核准备。开展培训和宣传,成立由企业管理人员和技术人员组成的清洁生产审核工作小组,制订工作计划。

(2) 预审核。在对企业基本情况进行全面调查的基础上,通过定性和定量分析,确定清洁生产审核重点和企业清洁生产目标。

(3) 审核。通过对生产和服务过程的投入产出进行分析,建立物料平衡、水平衡、资源平衡以及污染因子平衡,找出物料流失、资源浪费环节和污染物产生的原因。

(4) 实施方案的产生、筛选。对物料流失、资源浪费、污染物产生和排放进行分析,提出清洁生产实施方案,并进行方案的初步筛选。

(5) 实施方案的确定。对初步筛选的清洁生产方案进行技术、经济和环境可行性分析,确定企业拟实施的清洁生产方案。

(6) 编写清洁生产审核报告。清洁生产审核报告应当包括企业基本情况、清洁生产审核过程和结果、清洁生产方案汇总和效益预测分析、清洁生产方案实施计划等。

此外,《办法》规定,清洁生产审核应当以企业为主体,遵循企业自愿审核与国家强制审核相结合、企业自主审核与外部协助审核相结合的原则,因地制宜、有序开展、注重实效。

《办法》规定有下列情况之一的,应当实施强制性清洁生产审核:①污染物排放超过国家和地方排放标准,或者污染物排放总量超过地方人民政府核定的排放总量控制指标的污染严重企业;②使用有毒、有害原料进行生产或者在生产中排放有毒、有害物质的企业。

《办法》规定实施强制性清洁生产审核的企业,应当在名单公布后一个月内,在所在地主要媒体上公布主要污染物排放情况。省级以下环境保护行政主管部门按照管理权限对企业公布的主要污染物排放情况进行核查,列入实施强制性清洁生产审核名单的企业应当在名单公布后两个月内开展清洁生产审核。规定实施强制性清洁生产审核的企业,两次审核的间隔时间不得超过五年。

《办法》明确了各级发展改革(经济贸易)行政主管部门和环境保护行政主管部门,应当积极指导和督促企业按照清洁生产审核报告中提出的实施计划,组织和落实清洁生产实施方案。

该法同时对协助企业组织开展清洁生产审核工作的咨询服务机构应当具备的条件、法律责任、政府部门在资金上的支持等做了规定。

三、《重点企业清洁生产审核程序的规定》

为规范有序地开展全国重点企业清洁生产审核工作,根据《清洁生产促进法》《清洁生产审核暂行办法》的规定,2005 年 12 月 13 日,国家环保总局发布《关于印发重点企业清洁生产审核程序的规定的通知》,主要内容有《重点企业清洁生产审核程序的规定》和《需重点审核的有毒有害物质名录》。

重点企业是指按照《清洁生产促进法》第二十八条第二、第三款规定应当实施清洁生产审核的企业,包括:

（1）污染物超标排放或者污染物排放总量超过规定限额的污染严重企业（简称"第一类重点企业"）。

（2）生产中使用或排放有毒有害物质的企业（有毒有害物质是指被列入《危险货物品名表》（GB12268）、《危险化学品名录》、《国家危险废物名录》和《剧毒化学品名录》中的剧毒、强腐蚀性、强刺激性、放射性（不包括核电设施和军工核设施）、致癌、致畸等物质，简称"第二类重点企业"。

按照《清洁生产促进法》第二十八条第二、第三款规定，对"第一、二类"重点企业应当实施清洁生产审核，亦称为"强制性审核"。

该《办法》分别对上述重点企业名单的确定、公布程序做出了规定，对第一类重点企业，按照管理权限，由企业所在地县级以上环境保护行政主管部门根据日常监督检查的情况，提出本辖区内应当实施清洁生产审核企业的初选名单，附环境监测机构出具的监测报告或有毒有害原辅料进货凭证、分析报告，将初选名单及企业基本情况报送设区的市级环境保护行政主管部门；设区的市级环境保护行政主管部门对初选企业情况进行核实后，报上一级环境保护行政主管部门；各省、自治区、直辖市、计划单列市环境保护行政主管部门按照《清洁生产促进法》的规定，对企业名单确定后，在当地主要媒体公布应当实施清洁生产审核企业的名单。公布的内容应包括：企业名称、企业注册地址（生产车间不在注册地的要公布其所在地的地址）、类型（第一类重点企业或第二类重点企业）。企业所在地环境保护行政主管部门在名单公布后，依据管理权限书面通知企业。第二类重点企业名单的确定及公布程序，由各级环境保护行政主管部门会同同级相关行政主管部门参照上述规定执行。

《规定》要求列入公布名单的第一类重点企业，应在名单公布后一个月内，在当地主要媒体公布其主要污染物的排放情况，接受公众监督。

《规定》说明，重点企业的清洁生产审核工作可以由企业自行组织开展，或委托相应的中介机构完成。自行组织开展清洁生产审核的企业应在名单公布后45个工作日之内，将审核计划、审核组织、人员的基本情况报当地环境保护行政主管部门。委托中介机构进行清洁生产审核的企业应在名单公布后45个工作日之内，将审核机构的基本情况及能证明清洁生产审核技术服务合同签订时间和履行合同期限的材料报当地环境保护行政主管部门。上述企业应在名单公布后两个月内开始清洁生产审核工作，并在名单公布后一年内完成。第二类重点企业每隔五年至少应实施一次审核。

对未按上述规定执行审核的重点企业，由其所在地的省、自治区、直辖市、计划单列市环境保护行政主管部门责令其开展强制性清洁生产审核，并限期提交清洁生产审核报告。

自行组织开展清洁生产审核的企业应具有5名以上经国家培训合格的清洁生产审核人员并有相应的工作经验，其中至少有1名人员具备高级职称并有5年以上企业清洁生产审核经历。为企业提供清洁生产审核服务的中介机构应符合下述基本条件：

企业完成清洁生产审核后，应将审核结果报告所在地的县级以上地方人民政府环境保护行政主管部门，同时抄报省、自治区、直辖市、计划单列市环境保护行政主管部门及同级发展改革（经济贸易）行政主管部门。各省、自治区、直辖市、计划单列市环境保护行政主管部门应组织或委托有关单位，对重点企业的清洁生产审核结果进行评审验收。

　　国家环保总局组织或委托有关单位，对环境影响超越省级行政界区企业的清洁生产审核结果进行抽查。各级环境保护行政主管部门应当积极指导和督促企业完成清洁生产实施方案。每年 12 月 31 日之前，各省、自治区、直辖市、计划单列市环境保护行政主管部门应将本行政区域内清洁生产审核情况以及下年度的重点地区、重点企业清洁生产审核计划报送国家环保总局，并抄报国家发展和改革委员会。国家环保总局会同相关行政主管部门定期对重点企业清洁生产审核的实施情况进行监督和检查。

　　环境保护部 2008 年 7 月下发了《关于进一步加强重点企业清洁生产审核工作的通知》（环发［2008］60 号），进一步明确了环保部门在重点企业清洁生产审核工作中的职责和作用，要求抓好重点企业清洁生产审核、评估和验收，加强清洁生产审核与现有环境管理制度的结合，规范管理清洁生产审核咨询机构，提高审核质量。规定了《重点企业清洁生产审核评估、验收实施指南》和《需重点审核的有毒有害物质名录》（第二批）。

第十章 清洁生产实施方法

清洁生产是一个系统工程，是对生产全过程以及产品的整个生命周期采取污染预防的综合措施。工业生产过程千差万别，生产工艺繁简不一。因此，推行清洁生产应该从各行业或企业的特点出发，在产品设计、原料选择、工艺流程、工艺参数、生产设备、操作规程等方面分析生产过程中减少污染物产生的可能性，寻找清洁生产的机会和潜力，促进清洁生产的实施。根据清洁生产的概念和近年各国的成功实践，实施清洁生产的有效途径主要包括改进产品设计，选择环境友好材料替代有毒有害的原材料，强化生产过程的工艺控制，优化操作参数，改进设备维护，增加废物循环等。就目前状况而言，主要应三个方面加以实施：推行清洁生产工艺、推广清洁能源、推广清洁产品。

第一节 推行清洁工艺和技术

一、产业结构的优化调整

通过产业结构调整，开展清洁生产和资源循环，把污染消灭在源头。大力发展无污染、少危害的项目及产品，大力发展质量好、能耗低、效益高的行业和产品，这是国内外产业发展的共识。产业结构调整要立足于实际，以提高经济整体素质为目标，以市场为导向，以体制创新和科技带动为动力，以增强经济的国际竞争力为重点，通过政策引导、示范带动和规划建立产业结构协调科学、产业布局合理、产品链条完整、生产效率高、经济效益好的生态产业体系，确保生态产业在国民经济中占主导地位，逐步形成合理的产业体系，消除结构性污染。

大力推进农业产业和农村经济结构调整，深入实施农业产业化经营，优化农业产业布局，加大科技兴农力度，促进农业和农村经济向专业化、产业化、标准化、生态效益化转变，全面提高生产效率。结合农业结构调整，采取有效措施，多途径治理农业面源污染，大力发展生态农业，鼓励施用复合肥、有机肥，控制不合理使用农药化肥产生的农业面源污染；通过发展农村沼气，推广畜禽养殖业粪便综合利用和处理技术，防治养殖业污染。

立足现有的工业基础，加快第二产业的结构调整，以市场为导向，以提高市场竞争力和发展特色工业为重点，以"资源能源消耗低、效益高、污染小"为原则，对企业改造一批、壮大一批、培植一批、淘汰一批，实施工业结构的战略调整。大力发展高新技术产业，加大扶持力度，使高新技术产业发展成国民经济新的支柱产业；对传统骨干产业，利用高新技术和先进实用技术进行高起点嫁接改造，促使其升级换代，更好地发挥传统工业的优势，快速提升经济竞争力；重点淘汰位于主要生态功能区内的落后生产工艺装备的企业，从而实现经济、社会、环境三个效益的协调统一。在第二产业内部，按区域资源特点进行产业合理布局，加速传统产业和新兴产业的结构调整，同时积极推行清洁生产，贯彻清洁生产的有关法规、标准，向公民普及清洁生产知识和环境法律知识，实行管理和监督机制。

大力发展第三产业，对产业结构、经济结构进行战略性调整。对商贸流通、交通运输、市政服务等传统服务业，运用现代经营方式和服务技术进行全面改造，提高服务质量和经营效益；运用生态经济的思想，加快现代流通、旅游、金融保险、房地产、社区服务、中介服务等现代服务业的发展，拓宽服务领域，提高服务水平。

二、改造提升传统产业

中国的各个产业普遍存在技术含量低，技术装备和工艺水平不高，创新能力不强，高新技术产业化比重偏低，能源消耗高、能源消费结构不合理，经济的国际竞争力不强等问题，这些问题已经成为制约中国经济和企业可持续发展的主要因素，亟需利用高新技术进行改造和提升。目前，利用高新技术改造提升传统产业，加快推进信息化和现代化，促进社会生产力跨越式发展，已成为许多国家和地区经济增长的新引擎。

针对中国产业特点，吸收国外先进的工艺和技术，整合国内现有技术，对传统产业进行改造提升，增强传统产业的可持续发展能力。

（一）造纸行业

目前，无论是国际还是国内，制浆和造纸技术的发展主题是降低污染、提高制浆产率，减少气体和水的排放，提高产品质量和经济生产。

对制浆生产工艺，现在世界造纸行业广泛采用的是 Ahlstrom Kamyr 公司和 Kvoerner 公司开发的改进连续型和延深脱木素改良型连续蒸煮、等温蒸煮以及快速置换加热法的间歇蒸煮等工艺和技术。在 20 世纪 90 年代中期推出氧脱木素，采用单段或两段反应槽使蒸煮后的浆木素含量进一步降低 35% ～50% 。

造纸技术方面，先进性体现在纸机及其辅助设备的改进。夹网成形器、压力流浆箱或全流流浆箱以及宽压区压榨纸机是目前先进的纸机设备代表。

（二）石油化工行业

实行油、化、纤整体发展，合理使用和综合利用石油资源。

清洁汽油生产技术主要是减少汽油中的硫和烯烃含量。汽油脱硫主要是加氢处理，汽油进行选择性加氢或非选择性加氢脱硫。汽油降烯烃技术主要措施有采用 GOR 系列降烯烃催化剂、LAP 降烯烃添加剂，采用 MGD 工艺等。

清洁柴油生产技术主要是采用 MCI 技术加工催化轻循环油，渣油加氢处理/重油催化裂化（RHT/RFCC）联合技术，最大量地提高轻质产品产率；采用延迟焦化/循环流化床（CFB）锅炉联合技术，降低焦化装置的能耗。

化工行业应采用合成氨原料气净化精制技术，合成氨气体净化新工艺，气相催化法联产三氯乙烯、四氯乙烯，磷石膏制酸联产水泥，磷酸生产废水封闭循环技术，天然气换热式转化造气新工艺及换热式转化炉等清洁工艺、技术。

（三）食品行业

实现生产过程高效率化，采用光/机/电/算一体化，过程控制智能化，生产线高度自动化，生产规模化大型化。

大力推广采用差压蒸馏，玉米酒精糟生产蛋白饲料（DDGS），薯类酒精糟厌氧－好氧处理，啤酒酵母回收及综合利用，味精发酵液除菌体生产高蛋白饲料，浓缩等电点法提取谷氨酸，浓缩废母液生产复合肥技术等，以及微电子技术、微波技术、真空技术、膜分离技术、挤出膨化技术、超微粉碎技术、超临界萃取技术、超高压杀菌、低温杀菌、无菌包装技术等，提高资源与能源的综合利用率，达到产品节能、减少浪费、提高效益的目的。

（四）纺织行业

纺织工业增强核心竞争力的根本问题是提高关键工艺技术水平。

化纤行业要加强产业链上下游企业的紧密配合与协作，注重化纤、纺织、染整、服装一条龙的配套开发。棉纺行业采用紧密纺、全自动转杯纺、喷气纺等新型纺纱装备，开发多种纤维混纺、交织产品。丝绸行业推广应用数码喷射印花、四分色印花、电脑测配色、连缸染色、冷轧堆丝绸精炼、喷雾染色、涂料染色与印花、功能性整理等新工艺、新技术，采用新型纤维原料，提高丝绸产品的技术含量与品质。麻纺行业应重视新型纺纱方法的应用，缩短工艺流程。针织行业应发展针织物连续前处理工艺技术与功能整理技术。

印染行业要加快环保型染化料、退煮漂一步法、湿短蒸、低温等离子体处理、超临界CO_2染色、低浴比染色、无水染色、生物酶处理、数码喷射印花、热量回收、碱回收装置等技术的推广和应用，加快电脑测配色、电脑分色制版、染整工艺参数在线监测等技术的应用，保证染整工艺的准确性、重现性和稳定性。

（五）冶金行业

运用铁矿磁分离设备永磁化技术进行金属矿分选和非金属矿的除杂，采用高效连铸技术、洁净钢生产系统优化技术，高炉富氧喷煤工艺，尾矿再选生产铁精矿，干熄焦技术，小球团烧结技术，LT法转炉煤气净化与回收技术，石灰窑废气回收液态 CO_2 等新工艺、新技术。

（六）建材行业

推广应用新型干法水泥窑纯余热发电技术，利用工业废渣制造复合水泥技术，挤压联合粉磨工艺技术，快速沸腾式烘干系统，开流高细、高产管磨技术，高浓度、防爆型煤粉收集技术等。

三、大力发展高新技术产业

重点发展电子信息、生物技术及制药和新材料三大高新技术产业，引进开发高新技术及产品，培育高新技术企业，建设高新技术产业基地，同时带动海洋新兴产业、先进制造业、新能源等领域的发展。

（一）电子信息产业

围绕微电子技术、光电子技术、软件技术、数字技术、光通信器件与系统、新型电子元器件等发展方向，以制造业信息化为切入点，进一步壮大信息装备制造产品，大力培植软件产品，加强信息网络工程建设和信息服务，以计算机及通信设备、信息家电、网络技术与设备等为重点，推动电子信息产业的发展，实现从以模拟技术为主向数字化、网络化、智能化方向转变，形成各具特色的电子信息产业群。

计算机及外围设备，以提高计算机产业的国产化水平、提高市场竞争能力为目标，研究开发专用集成电路设计技术、计算机总线设计技术、IC卡及设备、工业控制机、计算机外设等产品，形成经济规模。网络与通信技术及产品，研究开发有线电视网络、综合业务数字网(ISDN)、计算机网络传输系统、信息互联网、移动通信、光纤通信、多媒体通信、智能网等，着重抓好数字程控交换机、移动通讯、智能公用电话、网络电话机等主要产品的开发和生产，以此带动其他终端设备的发展。消费类数字化电子产品，围绕提高数字信号处理水平和电子产品的高智能化程度，开发生产高清晰度电视、视频点播等数字化电子产品和高智能化家用电器。软件产品，以推进信息化建设为主攻方向，大力开发计算机辅助设计与制造、计算机集成制造系统、工业控制软件、仿真系统软件、智能软件、多媒体应用软件、嵌入式软件、管理信息系统软件、电子商务等应用软件，推进信息服务业的发展。微电子、光电子和新型元器件，研究和发展专用集成电路的设计与生产、中高压陶瓷电容器、微电子器件等。

（二）生物技术及制药

围绕基因工程、细胞工程、酶工程、发酵工程、生化工程"五大技术"研究开发，重点发展农业生物工程、生物工程创新药物及食品生物工程产业，开展生物工程育种。

推动现代生物技术的应用，重点攻克药物新制剂的关键技术，逐步建立新药创新体系。大力发展现代生物技术产品，着力开发有自主知识产权的新药。围绕转基因药物和生物农药、海洋药物、中药等创新药物的研究开发和产业化，培植高科技医药产业。以下游技术开发和产业化为重点，有选择的发展基因工程药物。围绕肿瘤、心脑血管疾病、恶性传染病、免疫缺陷等重大疾病的防治，重点研制抗肿瘤新药、肝病治疗新药等一类创新药物。研制抗艾滋病新药、抗动脉硬化新药等海洋药物。围绕高效、安全生物农药的开发，研究微生物源、植物源农药及生产技术。以实现中药现代化为目标，依托区域丰富的自然生物资源，选育一批适宜日照栽培的中药新品种，积极开发天然资源药物（中药），组建优质中药材规范化生产示范基地、中药标准化研究基地和天然资源药物（中药）产业基地。研究天然动植物药物提取技术，加快中药复方制剂的研制，改进中药工艺，发展浓缩、微粉化及单体提取技术。

（三）新材料

紧跟新材料向功能化、复合化、智能化发展的国际趋势，以新材料制备、材料成型加工两大关键技术为基础，利用信息和计算机管理技术，重点发展新型高分子化工材料、特种材料、电子基础材料、新型建筑材料四大产业。

新型高分子化工材料，着力开发研究特性纤维、聚氨酯、塑料，发展节能、长寿命、轻量化、环保型高分子材料，MDI 规模生产、聚氨酯系列产品，差别化、功能化化纤和相关系列产品，离子膜、分离膜等膜材料及应用，海水淡化成套装置、均相膜及膜装置等产品。在特种陶瓷材料、纳米材料、高性能结构材料等方面，加强相关技术的研究开发，培植一批拳头产品。电子基础材料，重点发展大彩管导电涂料、电解铜箔、覆铜板、金丝等加工制品。新型建筑材料，以阻燃、轻质、隔热、吸音、防腐、防水为目标，大力增加节地、节能、利废产品，发展新型墙体材料、新型化学建材、无机非金属及复合建材、绿色环保建材，重点发展住宅产业和装饰装修市场需要的建筑节能和无毒害的"绿色"建材产品。有重点的适度发展特种钢材等冶金新材料、汽车专用新材料、新型精细化工材料。

四、延伸产品产业链，构建生态产业链网体系

依据生态工业的布局，结合循环经济和生态学的有关理论，通过分析企业之间原料和

副产品的代谢关系，使某一企业的副产物或废料成为另一企业的原料资源加以利用，推进企业之间的耦合共生，进行更充分的物质和能量交换利用，延伸产业链，通过对"生产者－消费者－分解者"循环"食物链网"的模拟，形成物质流的"生态产业链"或"生态产业网"，以达到能量流的多次梯级利用，使一定界区内的多行业、多产品得到联合发展。在延伸产业链的过程当中，以环境为最终的考察目标，追踪资源在从提炼到经过工业生产和消费体系后变成废物的整个过程中，物质和能量的流向，从而给出系统造成污染的总体评价，并力求找出造成污染的主要原因。

参与产业链构建的企业从区域位置看，一种是地理位置聚集于同一地区，可以通过管道设施进行成员间的物质交换的实体型；另一种是不以地理位置上的毗邻为局限，而是考虑"废物到原料"的可能性，通过交通运输进行成员间的物质交换的虚拟型。

在产业链市场机制还不很完善的情况下，产业链的运行过程中，一是要有法律保障和政府的引导，二是应明确企业的产权，以促进按市场规律交换，其方式有直接销售，以货易货，甚至友好的协作交换等，促使企业按经济规律办事，从最小成本角度选择生产中投入的原料，从而实现物料的循环使用，通过市场导向、利益驱动、政府整合的运行机制构建和完善主导产业链。

通过生态规划设计，使不同的企业群体间形成资源共享和废物循环的生态产业链网，采取资源综合循环利用，达到生态经济系统的最优化配置，从而实现以清洁生产和绿色工业为导向的新型经济模式。

第二节　推广清洁能源

一、清洁能源的概念和分类

清洁能源，即非矿物能源，也称为非碳能源，是清洁的能源载体，它在消耗时不生成CO_2等对全球环境有潜在危害的物质，将自然能源转换成清洁的能源载体，作为燃料和动力，也是实现清洁能源的重要途径。清洁能源有狭义与广义之分，狭义的清洁能源是指可再生能源，如太阳能、风能、地热能、潮汐能等。广义的清洁能源，除上述能源外，还包括用清洁能源技术加工处理过的非再生能源，如洁净煤、天然气、核能、水合甲烷、硅能等。具体地讲，可靠的清洁能源应具备以下特征：一是资源丰富；二是环境友好；三是技术可行；四是经济可行；五是易于实现。

在21世纪能够替代目前煤炭、石油、天然气等矿物能源的清洁能源，主要分为核能、水电和可再生能源三大类，后者指太阳能、风能、地热能、生物质能，还有新发展起来的氢能等。

二、清洁能源现状和发展趋势

清洁能源在我国能源消费结构中，除水电占据5%以外，其他如核能、太阳能、风能、地热能等，加起来也不足1%，煤炭的比重居高不下，20世纪90年代底稳定在75%上下，比世界高45个百分点。

我国水资源丰富，居世界首位。但水能资源开发程度很低，不到10%，与发达国家的 90% 相比差距太大。主要原因是水电投资大，工期长，加上我国水电资源 70% 以上分布在开发条件差的西南地区。

我国核电的发展尚处在起步阶段，并且举步艰难。目前，世界上已有 400 多座核电站在运行，总装机容量超过 3.8 亿 kW，其发电量占世界总发电量的 17%。而我国仅有 11 台核电机组在运行，总装机容量 870 万 kW，其发电量占全国总发电量的 2%，我国计划到 2020 年核电装机容量有 4000 万 kW 的建成核电机组和 1800 万 kW 的在建核电机组，核电发电量将占全国总发电量的 4% 左右。

三、推广节能技术

节能技术分为广义节能技术和狭义节能技术。广义节能技术包括对能源品种的规划，能源从广泛开采到运输、使用整个系统的优化配置，用能系统的结构优化、能源品种的优势、能源等级的合理利用等；狭义节能技术即采用新的用能工艺和节能设备替代旧的能耗高的工艺设备，实现某一过程的节能。广义节能技术只有与狭义节能技术结合起来才能发挥出最佳的效果。

常见的节能技术如热电冷联供技术、热管技术、高效工业锅炉和窑炉、电力电子调节补偿技术，高效节能照明技术、高效加热技术、高效风机、高效水泵、高效压缩机、高效电机、热泵、热管技术等。

热电冷联产联供技术是同时产电、供热、供冷的系统技术、在热电产联供基础上、再配以制冷系统，利用调节电能或少量机械能来泵热制冷，可进一步提高电厂能量转换系统。据报道，我国最近已开发出利用冰——水蓄能调电供冷技术。城区住户，夏天分散制冷或用空调，会导致炎热时齐开机，电力不足；凉爽时齐停机，电力过剩。这种供电峰谷在每月、每旬，甚至每天内都有可能出现，造成电力资源的极大浪费。采用集中供冷系统，可以在电力过剩时大量制冰并存入冰库，冰库底部有冰水，可通向冷负荷，同时为居民循环供冷。

热管是一种高效率而结构简单的传热元件，它在两端封闭的两圆柱壳内壁衬一层多微孔的吸液"管芯"。管内一端受热另一端被冷却时，工质在受热端吸热气化，流向另一端就放热凝结，凝结的液态工质借毛细作用沿管芯又渗回热端，如此循环传热。热管广泛用于工业热回收、电子工业和航空航天技术中。

20 世纪 90 年代中期以前我国的工业锅炉和窑炉效率低。煤耗高，污染重。目前正采取发展高效层燃式煤燃烧器、流化床燃烧器、小容器煤粉燃烧器和适当提高蒸汽压力、余热回收利用等措施，平均热效率高达 80% 以上，且排污量符合标准。

当前世界各国都十分重视节能，能源界也有人将节能称为第五种能源，与煤炭、石油和天然气、水电、核电并列。推动节能应采取多种政策和措施，开发各种节能产品，使节能技术和效率得到更大的发展。

四、加快清洁能源的开发

由于新型的清洁能源对环境无污染，具有取之不尽、用之不竭的可再生性，因此备受各国关注，洁净煤、水电、风电、太阳能、氢能和生物质能等清洁能源在近年来得到了广泛开发和利用。

应用洁净煤技术替代燃料油，包括应用水煤浆技术替代燃料油。水煤浆作为新型煤基流体燃料，具有燃料稳定、污染物排放量少等优点。2～2.5t 水煤浆替代 1t 重油，可降低燃料成本 500～800 元；炼化企业还可得到 500 元的重油深加工效益。现阶段，10 万 kW 以下燃油热电机组比较适宜采用水煤浆技术进行替代改造。近年来引进国外先进的大型气化技术和装置，煤炭转化率高，环保达标，可大幅降低生产成本。也可采用其他洁净煤技术替代燃料油，如大中型燃油发电机组改燃煤，一是采用先进成熟的粉煤燃烧加烟气脱硫技术进行代油改造；二是采用洗选煤或动力配煤，在环保达标的前提下，进行煤代油改造。

水电具有资源可再生、发电成本低、生态上较清洁等优越性，已经成为世界各国大力利用的水力资源。世界上有 24 个国家靠水电为其提供 90% 以上的能源，如巴西、挪威等；有 55 个国家依靠水电为其提供 50% 以上的能源，包括加拿大、瑞士、瑞典等。我国水能资源丰富，总量位居世界首位，可开发量 3.78 亿 kW，占全世界可开发水能资源总量的 16.7%。截止 2003 年底，我国水电装机达 9217 万 kW，占发电总装机的 24%，占总发电量的 15%。

在风能方面，风能正在得到前所未有的利用。截止 2000 年 1 月底，德国的风力发电机已达 390 万 kW，美国达 249 万 kW，丹麦达 176 万 kW，日本达 7.5 万 kW。2010 年，美国风力发电达到 1000 万 kW，荷兰达到 2000 万 kW。目前，我国风电装机容量位居世界第 10 位，亚洲第三位（位于印度和日本之后）。我国正在开发兆瓦级的大型风力发电设备，并且已经建成了数十个风电场。

在太阳能发面，因其具有无毒、无味、无污染，开发利用可大大减少温室气体的排放，宜于储存和转化等优点，其资源化利用越来越受到世界各国的普遍重视，各种资源化利用技术也日趋合理和完善。在美国和西欧诸国，太阳能光伏电池技术已经有了很大的发展，光伏电池产业以 15%～20% 的年增长率在增长，不少国家制定了光伏电池的屋顶规划。此外，太阳能集热器、太阳能泵、太阳能电厂、太阳能电池、太阳空调等也在研究与应用。在我国，太阳能热水器的生产量和使用量方面都居世界第一。到 2002 年底，全国太阳能热水器使用量达到 4000 万 m²，占全球使用量的 40% 以上。我国太阳能光伏电池的制造能力已超过 2 万 kW，制造厂有 10 多家，2002 年的实际产量超过 1 万 kW。除了利用太阳能光伏发电为边远地区和特殊用途供电外，我国也开始了屋顶并网光伏发电系统的试验和示范，正在为太阳能光伏发电的大规模利用奠定技术基础。

在氢能方面，日本通产省至 2010 年已有 5 万辆氢能汽车行驶在日本的公路上，计划 2020 年达到 200 万辆。欧盟将在未来 5 年内投入 20 亿欧元，研究开发氢能技术。我国则在全球环境基金和联合国的支持下，启动了"中国燃料电池公共汽车商业化示范项目"，推广燃料电池技术用于中国城市公共交通。

生物质能是由植物与太阳能的光合作用而贮存于地球上植物中的太阳能，也是最有可能成为 21 世纪的主要新能源之一。据估计，植物每年贮存的能量约相当于世界主要燃料消耗的 10 倍；而作为能源的利用量还不到其总量的 1%。通过生物质能转换技术可以高效地利用生物质能，生产各种清洁燃料，替代煤炭、石油和天然气等燃料，生产电力。既能减少环境污染，更能增加农民收入，是一种很有发展前途的能源利用方式。目前，生物质能发电装机容量约为 200 万 kW，其中蔗渣发电 170 万 kW，其余为稻壳等农业废物、林业废物、沼气和垃圾发电等。

第三节　推广清洁产品

在产品的生产过程中既要消耗能源、资源，又要污染环境，随着人们环境意识的提高，对产品的认识过程中既要消耗能源、资源、又要污染环境，随着人们环境意识的提高，对产品的认识已经从认识产品的性能、质量、价格到认识产品的生产过程以至扩大到产品的消费。在国内外出现了日益扩展的"绿色消费"运动。反映了公众对环境问题的重视和对消除工业生产过程中环境污染的渴望。众多的消费者宁可多花钱，都愿意购买优质的、生产及消费中均可对环境无害的产品。产品的"环境性能"已成为市场竞争的重要因素，这将敦促工业界开发、生产既能满足消费者要求又有利于环境的清洁产品。

"环境标志"则是目前清洁产品的重要标签，是附贴在商品上的、表示该产品在设计、生产、使用过程中均对环境无害、并引导消费者的重要标志。早在 1978 年，前联邦德国就率先推行了环境标志制度，特别是在 1984 年，其政府对 33 类产品颁发了 500 个标志，得到了公众的认可，同时获得了工业界的支持，到 1990 年，又有 64 个产品类别获得了3600 个环境标志。在前联邦德国的带动下，自 1988 年起，加拿大、日本、挪威、瑞典、芬兰、奥地利、葡萄牙、法国等相继实施了环境标志计划，并逐步扩大了澳大利亚和新西兰。1992 年，美国及 22 个经济合作与发展组织也参与了这一计划。

例如，德国的清洁产品共分为 7 个基本类型，64 个产品类别，共有环境标志产品3600 个。表 10 - 1 是这个 7 个基本类型中的一些重点产品类别。

表 10 - 1　重点产品类别

可回收利用性	经过翻新的轮胎；回收的玻璃容器；再生纸；可复用的运输周转箱（袋）；用再生塑料和废橡胶生产的产品；用再生玻璃生产的建筑材料；可复用的磁带盒和可再装的磁带盘；以再生石膏制成的建筑材料
低毒低害物质	非石棉闸衬；低污染油漆和涂料；粉末涂料；锌空气电池；不含农药的室内驱虫剂；不含汞和镉的锂电池；低污染灭火剂
低排放型	低排放雾化油燃烧炉；低排放燃气焚烧炉；低污染节能型烟气凝汽式锅炉；低排放少废印刷机
低噪声型	低排放割草机；低噪声摩托车；低噪声建筑机械；低噪声混合粉碎机；低噪声低烟尘城市汽车
节水型	节水型冲洗槽；节水型水流控制器；节水型清洗机
节能型	燃气多段锅炉和循环水锅炉；太阳能产品及机械表；高隔热多型窗玻璃
可生物降解型	以土壤营养物和调节剂制成的混合肥料；易生物降解的润滑油、润滑脂
其他	用于公共交通，有益环境的车票

我国为提高人民的环境意识，促进清洁产品的推广，于 1994 年 5 月正式成立了中国环境标志认证委员会，发布了首批环境标志产品的七项技术要求，有 11 家企业、6 类 18种产品通过了认证并获得了环境标志。1995 年，环境标志认证工作进入发展阶段，3 月20 日，国家环境保护总局与国家技术监督局在人民大会堂联合召开了首批环境标志产品的新闻发布会，继而，无氟冰箱、无汞电池、无磷洗衣粉等具有环境标志的产品先后问世。

在我国，目前优先开展认证的有六类产品，如表 10 - 2 所示。

表 10 - 2　优先认证产品类别

国际履约类	保证我国如期履约，促进各行业 CFC_s 替代，保证中国在国际上的声誉。1991 年 6 月，根据我国签订的《蒙特利尔议定书》，分别着 2000 年、2010 年分两步替代 CFC_s 制品
可再生、回收类	在很大程度上可以节约资源、减少废物、降低污染。这类环境标志产品也是各国环境标志产品认证的重点
改善区域环境质量类	主要针对消耗性消费品，特别是使用数量巨大，对环境三种介质（水、气、土壤）造成严重威胁的产品。其意义在于以市场为导向，为改善区域环境质量提供多种途径
改善居室环境质量类	可以保护消费者权益，改善居室环境质量、主要是针对居室环境的两个方面：空气环境和噪声指标
保护人体健康类	通过此类产品的认证，在一定范围内推动我国人民生活质量的提高，引导消费者逐步淘汰对人体有害的传统产品
提高资源、能源利用率类	可以节能降耗，提高产品的资源、能源综合利用率

第十一章 清洁生产审核与评价

开展清洁生产评价有助于衡量其资源能源利用水平、废弃物产生和管理水平，找出差距，从而采取清洁生产方案，提高企业、行业的清洁生产水平。

《中华人民共和国清洁生产促进法》第二十八条规定，企业应当对生产和服务过程中的资源消耗以及废物的产生情况进行监测，并根据需要对生产和服务实施清洁生产审核。清洁生产审核分为自愿性审核和强制性审核，国家鼓励企业自愿开展清洁生产审核。

清洁生产的目标是"节能、降耗、减污、增效"，但是，清洁生产审核更侧重于减少废物的产生和排放，节约资源、提高资源利用率，对节能和提高能量效率关注较少。2002年，联合国环境署开发了清洁生产——能量效率（CP-EE）评价方法论，将能量效率评价和清洁生产审核有机结合起来，弥补了以往清洁生产审核的不足。

《中华人民共和国环境影响评价法》中规定，对规划和建设项目实施后可能造成的环境影响进行分析、预测和评估，提出预防或者减轻不良环境影响的对策和措施。

第一节　清洁生产标准

为贯彻实施《中华人民共和国清洁生产促进法》，加强对我国清洁生产的技术指导，2003年以来，国家环保总局相继发布了啤酒制造业等30个行业的清洁生产标准。此外，自2005年开始，国家发展与改革委员会陆续发布了钢铁等行业清洁生产评价指标体系，用于指导企业和行业开展清洁生产。

一、制定原则

清洁生产标准的制定要符合产品生命周期评价理论的要求，能够体现出全过程污染预防思想。

（1）体现全过程的污染预防思路，不考虑污染物单纯的末端处理和处置。清洁生产标准重在控制生产过程中的污染物产生，而不是单纯的末端处理和处置，因此指标的选取应针对生产工艺和过程。

（2）针对典型工艺设定清洁生产标准，该工艺应能基本反映行业的总体生产状况，从而避免针对某一单项技术建立标准。

（3）技术与管理并重。实现清洁生产的途径，除了技术措施，还必须有管理措施。因此清洁生产标准中不仅要有具体的技术指标，还应有明确的管理要求。

（4）突出总量控制原则。单纯的浓度控制不利于污染物总量的削减，清洁生产标准必须立足于总量控制，设置单位产品的消耗指标和污染物产生指标。

（5）基准值设定时应考虑国内外的现有技术水平和管理水平，并考虑其相对性，并要有一定的激励作用。

（6）定量指标与定性指标相结合。清洁生产标准的指标应尽可能定量化，对难以定量化的指标，应给出明确的限定或说明。力求实用和可操作，尽量选本行业和环境保护部门常用的指标，以易于理解和掌握。

二、指标体系

我国的行业清洁生产标准指标以全过程污染预防思想为指导，将清洁生产指标分为六大类：生产工艺与装备要求（含节能要求）、资源能源利用指标、产品指标、污染物产生指标（末端处理前）、废物回收利用指标和环境管理要求。其中，生产工艺与装备要求、环境管理要求是定性指标，资源利用指标、产品指标、污染物产生指标（末端处理前）、废物回收利用指标是定量指标。

（一）生产工艺与装备要求

生产工艺和装备的先进性在很大程度上决定了资源能源利用水平和废物产生水平，采用先进的生产工艺和装备是开展清洁生产的重要前提。国家经贸委发布了《淘汰落后生产能力、工艺和产品目录》、《国家重点行业清洁生产技术导向目录》，开展清洁生产的企业，不得选用淘汰目录中的技术和产品，尽可能选清洁生产导向目录中的技术。

（二）资源能源利用指标

提高资源能源利用效率是清洁生产的目标之一。资源能源利用指标主要包括单位产品的物耗、能耗，以及无毒无害原辅材料的采用等。

（三）产品指标

从产品生命周期的角度来看，产品生产、销售、使用、报废后的处理处置过程都可能对环境造成影响。因此，开展清洁生产，不仅要提高产品质量，还要减少产品销售、使用、报废后的处理处置过程对环境造成的影响，其中包括包装材料等对环境造成的影响。

（四）污染物产生指标（末端处理前）

减少生产过程中污染物的产生也是清洁生产的目标之一。与传统的环境标准不同，清洁生产标准中采用末端处理前的污染物产生指标作为控制污染的指标，而不是采用末端治理后污染物的排放指标。这类指标通常包括废水产生指标、废气产生指标、固体废物产生指标。

（五）废物回收利用指标

综合利用是实现清洁生产的措施之一。废物回收利用指标主要包括废物利用的比例、途径和技术，以及由废物生产出的产品。

（六）环境管理要求

环境管理要求是指执行环保法规情况、企业生产过程管理、环境管理、清洁生产审核、相关方的环境管理等。

针对不同行业和工艺，上述六大类指标中，每类指标分为不同的亚类。例如，在啤酒行业清洁生产标准中，生产工艺与装备要求指标包括工艺、规模、糖化、发酵、包装、输送和贮存六个亚类指标；资源能源利用指标包括原辅材料的选择、能源、洗涤剂、取水量、标准浓度、啤酒耗粮、耗电量、耗标煤量、综合能耗九个亚类；产品指标包括啤酒包装合格率、优级品率、啤酒包装、处置四个亚类；污染物产生指标（末端处理前）包括废水产生量、COD 产生量、啤酒总损失率三个亚类；废物回收利用指标包括酒糟回收利用率、废酵母回收利用率、废硅藻土回收利用率、炉渣回收利用率、CO_2（发酵产生）回收利用率五个亚类；环境管理要求指标包括环境法律法规标准、环境审核、生产过程环境管理、废物处理处置、相关方环境管理五个亚类。

三、清洁生产标准与其他环境标准的区别

行业清洁生产标准是我国环境标准体系的一部分，与传统的环境标准相比，具有以下区别。

（一）自愿性与强制性

以往颁布的环境标准都是强制性标准，一旦违反，必须承担法律责任。

《清洁生产促进法》是一部引导性法律，规定清洁生产的开展以企业自愿为主，因而清洁生产标准也是引导性标准，目前并不强制要求有关企业必须达到。但是企业通过与标准值的对比，可以找出差距，明确努力方向。

按照《清洁生产促进法》的规定，不符合污染物排放标准要求和总量控制要求的企业应进行强制清洁生产审核，清洁生产标准将作为企业清洁生产审核的评判标准。审核结果应按环保部门的要求向社会公告，接受社会监督。

（二）前瞻性与现实性

清洁生产标准具有前瞻性，比以往的强制性标准严格。如能达到清洁生产标准规定的指标，则一定能够满足国家和地方环境标准。而其他强制性标准具有明显的现实性，其制定过程不仅考虑保持或改善环境状况的需要，而且还考虑了我国整体技术和管理水平、经济发展水平、绝大多数企业承受能力等因素。

清洁生产标准第三级与企业排放标准相比稍严，但对达标企业而言难度不是很大。

（三）末端处理前和末端处理后

清洁生产标准在制定中体现了污染预防思想、资源节约与环境保护的基本要求，强调要符合生命周期评价理论的要求，能够体现全过程污染预防思想。因此，清洁生产标准并不对末端排放做具体要求，而侧重于源削减和全过程控制。清洁生产标准深入生产工艺内部，规定了生产过程产污环节的指标值，提出了末端处理前污染物产生指标，有助于改进生产工艺和改善管理。而污染物排放标准则规定了污染物经过末端处理排放至企业外的指标值。因此，指标的监测部位不一样。对于强制性环境标准，监测点设在企业的排污口，而对于清洁生产标准，监测点设在企业的生产工艺过程中。

四、编制行业清洁生产标准的意义

（一）贯彻实施《清洁生产促进法》的需要

清洁生产标准的制定和发布，是为了贯彻实施《清洁生产促进法》，进一步推动中国的清洁生产，防止生态破坏，保护人民健康，促进经济发展；是环保工作加快推进历史性转变，提高环境准入门槛，推动实现环境优化经济增长的重要手段。

（二）为企业开展清洁生产提供技术支持和导向

清洁生产是我国可持续发展的一项重要战略。近年来，国内开展清洁生产审核的企业数呈逐年上升趋势，但在实践过程中，很难判断一个企业或者一个项目是否达到清洁生产要求。由于缺乏统一的标准，清洁生产的进一步推广难度较大。行业清洁生产标准的制定

可以促进国内企业走清洁生产的道路，为企业开展清洁生产提供技术支持和导向。清洁生产标准可以指导和帮助企业进行污染全过程控制，尤其是对生产过程产生的污染的控制，使各个环节的污染预防目标具体化和定量化。通过与标准的比较，企业可找出与国际和国内先进水平的差距，发现清洁生产的机会和潜力，积极开展清洁生产。

（三）完善国家环境标准体系的需要

清洁生产标准的制定和发布，是完善国家环境标准体系，加强污染全过程控制的需要。清洁生产标准弥补了以往环境标准侧重末端治理、忽视全过程控制的弊病，实现了两者的有机结合，完善了环境标准体系。

清洁生产标准是我国环境标准的重要补充。我国目前的环境标准体系包括国家环境保护标准、地方环境保护标准和国家环境保护行业标准三类。其中，环境保护行业标准主要包括：监测分析方法标准、环境监测技术规范和监测仪器标准、环境影响评价技术导则、清洁生产标准和环保设备标准等。

（四）有助于完善我国环境管理制度

清洁生产标准与我国的环境管理制度相结合，为限期治理、排污许可证的发放、环境影响评价中的清洁生产评价以及项目审批服务。清洁生产标准还将作为强制性清洁生产审核的依据，也可以为清洁生产企业的评定提供依据。

清洁生产标准作为推荐性标准，可用于企业的清洁生产审核和清洁生产潜力与机会的判断，以及企业清洁生产绩效评定和企业清洁生产绩效公告制度。

此外，行业清洁生产标准提供了一个与行业排放标准很好的衔接平台，是"一控双达标"的自然延伸和深化，将推动治污企业环境管理上一个新台阶。

五、行业清洁生产标准的作用

目前，清洁生产标准已经在全国环保系统、工业行业和企业中具有广泛的影响，成为清洁生产领域的基础性标准。各级环保部门已逐步将清洁生产标准作为环境管理工作的依据，作为重点企业清洁生产审核、环境影响评价、环境友好企业评估、生态工业园区示范建设等工作的重要依据。

（一）指导企业开展清洁生产审核

在预审核和审核阶段，需要对整个企业和审核重点的产排污状况、资源能源利用情况进行评估。通过生产工艺与装备水平、资源能源利用指标、产品指标、污染物产生指标、废物回收利用指标和环境管理水平与清洁生产标准的对比，可以对企业的清洁生产水平进行定位，找到与先进水平的差距，从而提出清洁生产方案进行改进。

目前，凡是已经发布清洁生产标准的行业，企业清洁生产审核均应按照标准的指标要求进行审核评估。

（二）作为清洁生产审核验收的基础

清洁生产标准的发布，为清洁生产审核验收工作提供了依据。《北京市清洁生产审核验收暂行办法》规定，清洁生产审核验收的主要内容包括：审核过程是否真实、规范，方法是否合理；审核报告是否如实反映企业基本情况，有毒有害原料的替代和无害化（包括转移、安全处置）情况，有毒有害原料使用量的变化、存放、转移情况；清洁生产目标的设定是否具有一定的前瞻性，是否符合国家和北京市产业政策，是否符合国家和北京市相关行业清洁生产标准。

（三）指导环境影响评价中清洁生产评价

《中华人民共和国环境影响评价法》中规定，对规划和建设项目实施后可能造成的环境影响进行分析、预测和评估，提出预防或者减轻不良环境影响的对策和措施。《中华人民共和国清洁生产促进法》第十八条规定："新建、改建和扩建项目应当进行环境影响评价，对原料使用、资源消耗、资源综合利用以及污染物产生与处置等进行分析论证，优先采用资源利用率高以及污染物产生量少的清洁生产技术、工艺和设备。"《环境影响评价技术导则总纲》（征求意见稿）中指出，"国家已发布行业清洁生产标准和相关技术指南的建设项目，应按所发布的规定内容和指标进行清洁生产水平分析，必要时提出进一步改进措施与建议。"目前，清洁生产标准已经成为我国环境影响评价中纳入清洁生产要求的依据。

在环境影响评价过程中，首先应介绍清洁生产指标的选取过程，确定清洁生产指标数值。其次，根据建设项目工程分析的结果，并结合资源能源利用情况、生产工艺和装备选择、产品指标、废弃物的回收利用等，确定建设项目所能达到的各个清洁生产指标数值。然后将采用清洁生产工艺的预测值与清洁生产标准指标值进行对比得出清洁生产评价结论。最后，在清洁生产分析的基础上，确定项目存在的主要问题，并提出相应的解决方案和建议。

清洁生产标准的发布，也为环境影响评价文件的审批提供了依据。《国家环境保护总局建设项目环境影响评价审批程序规定》中要求，在审查环境影响评价文件时，需要审查建设项目是否符合国家产业政策和清洁生产标准。

（四）作为环境友好企业评估的基础

自 2003 年起，国家环保总局开展了创建国家环境友好企业的活动。国家环境友好企业是指在清洁生产、污染治理、节能降耗、资源综合利用等方面都处于国内领先水平，为我国工业企业贯彻落实科学发展观和实践循环经济等做出示范和表率的企业。

江苏省在《环境友好企业创建中企业需提供的材料》中，要求企业"主要水、大气污染物排放浓度、总量，与国家或地方排放标准、清洁生产标准列表对比。"

（五）作为生态工业园区建设的重要依据

在生态工业园区建设中，园区中各生产单元必须采用清洁生产技术。因此，入园企业的选择、园区内原有企业的升级改造应该以清洁生产标准作为依据。

第二节　清洁生产审核程序

《清洁生产审核暂行办法》指出，清洁生产审核（Cleaner production audit）是指按照一定程序，对生产和服务过程进行调查和诊断，找出能耗高、物耗高、污染重的原因，提出减少有毒有害物料的使用、产生，降低能耗、物耗以及废物产生的方案，进而选定技术经济及环境可行的清洁生产方案的过程。

清洁生产审核的范围包括所有从事生产和服务活动的单位以及从事相关管理活动的部门，包括所有的产业领域。

清洁生产审核是实现清洁生产的有效途径，通过各类清洁生产方案的实施实现"节能、降耗、减污、增效"的目标。

清洁生产审核应当以企业为主体，遵循企业自愿审核与国家强制审核相结合、企业自主审核与外部协助审核相结合的原则，因地制宜、有序开展、注重实效。

《中华人民共和国清洁生产促进法》指出，清洁生产审核分为自愿性审核和强制性审核。国家鼓励企业自愿开展清洁生产审核。污染物排放达到国家或者地方排放标准的企业，可以自愿组织实施清洁生产审核，提出进一步节约资源、削减污染物排放量的目标。污染物排放超过国家和地方排放标准，或者污染物排放总量超过地方人民政府核定的排放总量控制指标的污染严重企业，以及使用有毒有害原料进行生产或者在生产中排放有毒有害物质的企业应当实施强制性清洁生产审核。有毒有害原料或者物质主要指《危险货物品名表》（GB 12268—2012）、《危险化学品名录》、《国家危险废物名录》和《剧毒化学品目录》中的剧毒、强腐蚀性、强刺激性、放射性（不包括核电设施和军工核设施）、致癌、致畸等物质。

通过清洁生产审核，达到以下目标：

（1）核对有关单元操作、原材料、产品、用水、能源和废弃物的资料。

（2）识别废弃物的来源、数量以及种类，判定企业效率低的瓶颈部位和管理不善的部位，确定废弃物削减的目标，制定经济有效的清洁生产方案。

（3）提高企业的经济效益和环境效益。

清洁生产审核程序包括审核准备、预审核、审核、实施方案的产生和筛选、实施方案的确定、编写清洁生产审核报告等。

一、审核准备

在审核准备阶段，通过培训和宣传教育，提高企业领导和职工的清洁生产意识，消除思想上和观念上的障碍；了解清洁生产审核的内客、要求及工作程序；建立审核小组，制定审核工作计划。

（一）取得领导支持

清洁生产审核不仅仅是企业环保部门的工作，而是一件综合性很强的工作，需要企业的各个部门和所有员工的联动。随着审核工作的不断深入，审核的工作重点也会发生变化，主要参与审核的工作部门和人员也需及时调整。同时，高层领导的支持和参与直接决定了审核过程中清洁生产方案是否符合实际、是否容易实施。因此，高层领导的支持和参与是保证审核工作顺利进行的不可缺少的前提条件。

（二）组建审核小组

组建一个有权威的清洁生产审核小组是至关重要的，这是顺利实施清洁生产审核的组织保证。审核小组的任务包括制定工作计划、开展宣传教育、确定审核重点和目标、组织和实施审核工作、编写审核报告等。

审核小组组长是审核小组的核心，应由企业主要领导人担任。审核小组成员至少应具备以下三个条件之一：具备清洁生产审核的知识或工作经验；掌握企业的生产、工艺、管理等方面的情况及新技术信息；熟悉企业废物产生、治理和管理情况以及国家和地区环保法规和政策等。

（三）制定审核工作计划

编制清洁生产审核工作计划，有助于组织好人力、物力，使清洁生产审核工作按一定的程序和步骤有条不紊地进行下去。清洁生产审核工作计划包括审核过程的所有主要工作，如工作内容、进度、参与部门等。

（四）开展宣传教育

清洁生产是一种与以往末端治理完全不同的全新的环保模式，必须广泛开展宣传教育活动，彻底转变传统的环保观念、生产观念和思维方式。争取企业内各部门和广大职工的支持，尤其是现场操作人员的积极参与，是清洁生产审核工作顺利进行和取得更大成效的保证。只有当全厂每个职工都把清洁生产思想自觉转化为指导本岗位生产操作实践的行动时，清洁生产审核才能顺利地开展下去。宣传的内容包括清洁生产的作用、开展清洁生产审核的方法、清洁生产的成果等。针对企业领导、中层干部、管理人员、操作人员，要采用不同的宣传方式，宣传内容侧重点也应有所不同。

（五）克服障碍

开展清洁生产审核时，经常会遇到一些障碍，例如思想观念障碍、技术障碍、资金障碍、管理障碍和政策法规障碍等。在审核过程中出现的障碍，审核小组要及时发现，认真分析，尽快克服。

二、预审核

在预审核阶段，要通过对企业全貌进行调查分析，评价企业的产污排污状况，分析和发现清洁生产的潜力和机会；通过定性和定量分析，确定审核重点，设置清洁生产目标。

（一）现状调研和现场考察

调查整个企业的概况、生产状况、环保状况和管理状况，并进行现场考察，核实资料。通过现状调研和现场考察，了解整个企业生产、经营、管理等基本情况，从而找出生产过程中资源能源消耗和环境污染最严重的部位，为确定审核重点作准备。

企业概况包括企业发展简史、规模、产值、利税、组织结构、人员状况和发展规划，以及企业所在地的地理、地质、水文、气象、地形和生态环境等基本情况。企业的生产状况包括近年来生产过程中的主要原辅料、主要产品、能源及用水情况，主要产品的单耗指标；主要工艺流程，以及各生产环节物料的输入输出、能耗和废物产生情况；设备水平及维护情况等。对企业的环境保护状况的调查包括主要污染源及其排放情况、治理现状，"三废"循环综合利用情况，达标情况，企业的环保设施和技术等。对企业的管理状况的调查包括从原料采购和库存、生产及操作、直到产品出厂的全面管理水平，主要调查规章制度是否完善，与同行业先进水平相比存在的差距等。由于原始设计和工艺参数在调试和后来的生产过程中有时会有所变动，而这些变动没有在图纸、说明书和有关手册中体现出来，为了进一步核对现状调研得到的资料，必须进行现场考察。同时，可通过现场考察，在全厂范围内发现明显的无/低费清洁生产方案。

现场考察应该对整个生产过程进行实际考察，重点考察各产污排污环节，污染物产生与排放量大、毒性大、处理处置难的部位，水耗、物耗、能耗大的环节，操作困难，易引起生产波动的部位，物料的进出口处，设备事故多发的环节或部位，并考察实际生产管理状况。现场考察要在正常生产条件下进行，要全面、仔细。

（二）评价产污排污状况

在现状调研和现场考察的基础上，确定本企业的生产、消耗、产污排污及管理的实际状况，评价企业执行国家及当地环保法规及行业排放标准的情况（包括达标情况、缴纳排污费及处罚情况等），与国内外同类工艺、同等装备、同类产品先进企业对比，或与行业清洁生产标准相比较，找出差距。从污染物产生的八个方面出发，分析和评价企业产污排污状况。

（三）确定审核重点

通常情况下，通过预审核，会发现许多清洁生产机会，但是由于受资金、技术、人力、时间等方面的限制，每轮清洁生产审核只能重点针对一个污染物产生量最大的环节或物耗能耗最高的环节，也就是说，需要确定一个审核重点。

通过现状调研、现场考察和评价产排污状况，已基本查明企业当前的主要问题。对于工艺简单、产品单一、生产规模小的企业，通过定性的方法就可以直接确定出审核重点。但是对于工艺复杂、生产单元多、生产规模大的大中型企业来说，首先要确定备选审核重点，然后通过定性与定量相结合的方法来确定审核重点。

审核重点的选择应结合企业的实际情况，可以为某一分厂、某一车间、某个工段、某个操作单元等。

确定备选审核重点，应遵循以下原则：污染物产生量大的环节和部位，污染物毒性大的环节和部位，物耗、能耗、水耗大的环节或部位，环境及公众压力大的环节或问题，有明显的清洁生产机会的环节或部位。为了简洁清楚地比较备选审核重点的情况，通常需要设计一个表格。表 11 – 1 为某厂的备选审核重点情况说明。

表 11 – 1　某厂备选审核重点情况说明

序号	备选审核重点车间名称	废物量/（t／a）		内部环境代价/（t／a）				外部环境排污费用/（万元/年）	管理水平
		废水	固废	能耗（标准煤）	水耗	原料消耗	末端治理		
1	一车间	1000	6	500	10	1000	40	80	中等
2	二车间	600	2	1500	25	2000	20	40	中上
3	三车间	400	0.2	750	20	800	5	10	中上

对备选审核重点的比较分析，应采用同一单位、同一标准。

在分析和综合每个备选审核重点的基础上，需要对备选审核重点进行科学地排序，最终确定审核重点。目前使用较多的方法是权重总和计分排序法。权重总和计分排序法是通过综合考虑各因素的权衡及其得分，对每一个因素的加权得分值进行加和，以求出权重总和，再比较各权重总和值来作出选择的方法。

根据我国清洁生产审核的实践和专家讨论结果，在确定审核重点时，各因素的权重值（W）可参考如下数值：

废弃物量 $W = 10$；

主要消耗 $W = 9$；

环保费用 $W = 8$；

废物的毒性 $W = 7$；

清洁生产潜力 $W = 5$；

车间积极性 $W = 2$。

表11-2是权重总和计分排序法确定审核重点的例子。

表11-2　权重总和计分排序法确定审核重点表

因素	权重W	得分					
		备选审核重点1		备选审核重点2		备选审核重点3	
		评分(R)	得分(WR)	评分(R)	得分(WR)	评分(R)	得分(WR)
废弃物量	10	5	50	6	60	7	70
主要能耗	9	10	90	10	90	6	54
环保费用	8	7	56	4	32	4	32
废物的毒性	7	6	42	9	63	4	28
清洁生产潜力	5	8	40	9	45	4	20
车间积极性	2	5	10	9	18	3	6
总分($\Sigma R \times W$)		288		308		210	
排序		2		1		3	

由于备选审核重点2的总分最高，因此把它确定为本轮审核的审核重点。

（四）设置清洁生产目标

清洁生产目标应针对审核重点，要求定量化、具有可操作性、挑战性和激励作用，要有绝对量和相对量，而且要有时限性。清洁生产目标通常采用原材料消耗指标、能耗指标、新鲜水消耗指标、水重复利用指标和废弃物产生指标等，一般分近期和中远期目标。近期目标是在本轮审核完成后必须达到的目标，中远期目标可成为企业长期发展规划的一个重要组成部分。

清洁生产目标确定时，应根据外部的环境管理要求，如达标排放、限期治理、区域总量控制规定，参照行业清洁生产标准、清洁生产评价指标体系、本企业历史最好水平和国内外同行业类似规模、工艺或技术装备的企业的先进水平。

（五）提出和实施无/低费方案

在清洁生产审核过程中，将发现企业各个环节存在的各种问题，这些问题分为两大类。一类是需要投资较高、技术性较强、投资期较长才能解决的问题，解决这些问题的方案叫中/高费方案。另一类只需少量投资或不需资金投入、技术性不强、很容易在短期得到解决的问题，对这些问题所确定的方案为无/低费方案。

在预审核阶段，现状调研和现场考察时，可以在全厂内产生一批无/低费方案。贯彻清洁生产边审核边实施的原则，及时取得成效，滚动式地推进审核工作。

无/低费方案可以通过座谈、咨询、现场查看和散发清洁生产建议表等方式征集。

常见的无/低费方案有以下几个方面。

原辅材料和能源方面，采购量与需求相匹配，加强原材料质量（如纯度、水分等）的控制，根据生产操作调整包装的大小和形式等。

技术工艺方面，改进配料方法，增加捕集装置，减少物料或产品损失等。

过程控制方面，选择最佳配比进行生产，增加检测计量仪表，校准检测计量仪表，改善过程控制及在线监控，调整优化反应参数（如温度、压力等）。

设备方面，改进并加强设备定期检查和维护，减少跑冒滴漏，及时修补输热、输气管线，确保隔热保温等。

产品方面，改进包装及其标志和说明，加强库存管理等。

管理方面，严格岗位责任制及操作规程等。

废物方面，冷凝液循环利用，现场分类收集可回收的物料和废物，余热利用，清污分流等。

员工方面，加强员工技术与环保意识的培训，采用各种形式的激励措施等。

三、审核

审核阶段是通过对审核重点的物料平衡、水平及能量衡算，与国内外先进水平对比，找出物料流失、废物产生和能量浪费的环节，分析废物产生的原因，为制定清洁生产方案提供依据。根据清洁生产审核过程逐步深入的原则，从审核步骤开始，审核工作深入到审核重点。收集资料、物料平衡、分析废物产生的原因、提出清洁生产方案，以及以后的实施方案的产生和筛选、实施方案的确定，都是针对审核重点，开展深入细致的工作。

（一）编制审核重点的工艺流程图和工艺设备流程图

工艺流程图是以图解的方式整理、标示进入和排出审核重点的物料、能量以及废物流的情况，它是分析生产过程中物料、能量损失和污染物产生和排放原因的基础依据。

采用现状调研和现场考察的方式，针对审核重点收集资料，包括工艺资料，原材料、产品和生产管理资料，废弃物资料和国内外同行业资料。在此基础上编制审核重点的工艺流程图，并在图中标出进入和排出系统的原辅材料、能源和废物的情况。

如果审核重点的单元操作比较复杂，则应在审核重点工艺流程图的基础上分别编制各单元操作的详细工艺流程图和功能说明表。表11-3是某单元操作的功能说明表。

表11-3　某单元操作的功能说明

单元操作名称	功 能 简 介
粉碎	将原辅料粉碎成粉，以利于糖化过程物料分离
糖化	利用麦芽所含酶，将原料中高分子物质分解成麦汁
麦汁过滤	将糖化醪中原料溶出物质与麦糖分开，得到澄清麦汁
麦汁煮沸	灭菌、灭酶、蒸出多余水分，使麦汁浓缩至要求浓度
旋流澄清	使麦汁静置，分理处热凝固物
冷却	析出冷凝固物，使麦汁吸氧，降至发酵所需温度
麦汁发酵	添加酵母，发酵麦汁成酒液
过滤	去除残存酵母及杂质，得到清亮透明的酒液

此外，还应该编制工艺设备流程图。工艺流程图主要强调工艺过程，而工艺设备流程图主要强调设备和进出设备的物流。工艺设备流程图主要是为实测和分析服务，在工艺设备流程图上要明确标出重点设备输入、输出物流和监测点。

（二）实测输入输出物流

为了准确掌握审核重点的输入输出情况，必须进行实测。实测是建立物料平衡和能量平衡的前提。

实测前应该制定实测计划并校验实测仪器。实测计划内容包括监测项目的选择、监测点的确定、实测时间和周期的确定。应该对审核重点的全部输入输出物流进行实测，包括原料、辅料、水、产品、中间产品和废物等，以确保监测项目能够满足对废弃物流的分析。监测点的设置应满足物料衡算的要求。实测时间和周期应根据生产过程的性质来确定。间歇过程需要监测整个生产周期，并且至少监测 3 个周期；连续生产过程至少需要监测一个稳定生产周期。

应该在正常工况下进行实测，输入与输出物流的测定应对应相同的生产周期。输入物流是指进入审核重点的所有输入物，包括生产过程的原料、辅料、水、能源(燃料、电、气、蒸汽)、中间产品、循环利用的物料等。输出物流是指审核重点的所有输出物，包括产品、中间产品、副产品、循环利用的物料和废弃物。输入输出物流的实测应包括物料的数量、组分和实测时的工艺条件。

将各单元操作现场实测的数据经过整理、换算，汇总于表中，如表 11 - 4 所示。

表 11 - 4　单元操作实测结果汇总

单元操作	输入物					输出物				
	名称	数量	成分			名称	数量	成分		
			名称	浓度	数量			名称	浓度	数量
单元操作 1										
单元操作 2										
单元操作 3										
…										

在此基础上，将审核重点的输入和输出数据汇总成表(表 11 - 5)。

表 11 - 5　审核重点输入输出数据汇总

输　入		输　出	
输入物	数量	输出物	数量
原料 1		产品	
原料 2		副产品	
辅料 1		废水	
辅料 2		废气	
水		固废	
…		…	
合计		合计	

(三) 建立物料平衡和能量平衡

建立物料平衡和能量平衡是清洁生产审核工作的核心。建立物料平衡和能量平衡的目的是定量确定废弃物的数量、成分和去向，从而发现无组织排放和能量浪费的环节，并为产生清洁生产方案提供科学依据。

物料平衡的理论基础是质量守恒定律，即输入物料的重量等于输出物料的重量。根据实测数据建立物料平衡时，偏差应在 5% 以下。对贵重原料、有毒成分应单独进行物质或元素的物料平衡，偏差应进一步减小。如果偏差过大，则应分析造成偏差的原因，必要时重新实测。

将审核重点的输入输出的物料平衡结果，用示意图标出，就得到该审核重点的物料平衡图。

产品中有不同污染组分时，最好对每种组分分别进行物料平衡测算。

此外，一般还要另外建立水平衡图。水平衡图可由各厂生产情况自定。

根据物料平衡结果，可以得到实际的原料利用率、产品收率等工艺参数和废弃物(包括流失的物料)的种类、数量以及产生部位。

能量平衡的理论基础是能量守恒原理，需要在物料平衡的基础上建立能量平衡。

(四) 分析废弃物产生原因

将物料平衡、能量平衡结果与行业清洁生产标准、清洁生产评价指标体系、国内外先进水平进行对比，从污染物产生的八个方面来分析每种废弃物、每个部位的废弃物以及每种物料流失的原因。下面列出一些常见的废弃物产生和物料流失的原因。

1. 原辅材料和能源

原辅料不纯或未经净化造成废物量增加；原辅料储存、发放、运输过程中因流失而成为废物；原辅料过量投入而成为废物；原辅料及能源的超定额消耗；有毒、有害原辅料的使用；未使用清洁能源、二次资源。

2. 技术工艺

技术工艺落后，原料转化率低而导致废物量增多；设备布置不合理，能量损失大、物料泄露点多；反应及转化步骤过长，导致产品收率低；生产稳定性差，间断生产导致能耗高，产生额外废弃物；工艺条件要求过严。

3. 设备

设备破旧、漏损，造成废物量增加；设备自动化控制水平低，产品质量不稳定；有关设备之间搭配不合理导致能耗提高；设备缺乏有效维护和保养，物料易流失而成为废物；设备的功能不能满足工艺要求，导致产品质量低；设备效能低导致能耗高，产生额外废物。

4. 过程控制

计量检测、分析仪表不齐全或监测精度达不到要求；某些工艺参数(例如温度、压力、流量、浓度等)未能得到有效控制；过程控制水平不能满足技术工艺要求。

5. 产品

产品储存和搬运中破损、泄漏而成为废物；产品的转化率低于国内外先进水平；不利于环境的产品规格和包装；产品使用寿命终结后难以回收、处置。

6. 废物

废物中含有毒性物质或难处理物质；废物没有尽可能资源化；废物的物理化学性状不利于后续的处理和处置；低热值能源未进行梯级利用；未进行废水回收利用；单位产品废物产生量高于国内外先进水平。

7. 管理

有利于清洁生产的管理条例、岗位操作规程等未能得到有效执行；现行的管理制度不能满足清洁生产的需要；缺乏有效的清洁生产激励机制。

8. 员工

员工的素质不能满足生产需求；缺乏对员工的不断培训；员工缺乏主动参与清洁生产的积极性。

（五）提出与实施无/低费方案

主要针对审核重点提出并实施明显的、简单易行的清洁生产无/低费方案。

四、实施方案的产生和筛选

本阶段的任务是对物料流失、资源浪费、污染物产生和排放进行分析，提出清洁生产实施方案，并进行方案的初步筛选。

（一）产生方案

清洁生产方案的数量、质量和可实施性直接关系到清洁生产审核的成效，是审核过程的一个关键环节，因而应广泛发动群众，征集、产生各类方案。

可以通过以下方法产生方案：紧密结合物料平衡和废物产生原因分析的结果产生方案；通过研究国内外同行业的先进技术制定清洁生产方案；组织行业专家进行技术咨询等。在产生清洁生产方案时，应从影响生产过程的八个方面全面系统地产生方案。

（二）汇总和筛选方案

对所有的清洁生产方案，不论已实施的还是未实施的，不论是属于审核重点的还是不属审核重点的，均按原辅材料和能源、技术工艺、设备、过程控制、产品（服务）、废物、管理、员工等八个方面进行汇总。

由于方案可行性研究花费较大，不可能对所有方案都进行可行性分析，所以应该对所有方案先从技术可行性、环境效益、经济效益、实施的难易程度、对生产过程的影响等方面进行初步筛选，划分成可行的无/低费方案、初步可行的中/高费方案和不可行方案三大类。对可行的无/低费方案应立即实施，并推荐三个以上可行性比较明显的中/高费方案供可行性分析。

筛选方法包括简易的初步筛选方法和权重总和计分排序筛选方法。当方案数量较多或指标较多，相互比较有困难时，可运用权重总和计分排序法，对初步可行的中/高费方案进行进一步的筛选和排序。方案的权重总和计分排序法和预审核阶段审核重点的权重总和计分排序法相同，只是权重因素和权重值的选择不同。

权重因素和权重值可参照以下数值：

（1）环境效益，权重值 $W = 8 \sim 10$。重点考察是否减少废物、有毒有害物的排放量和毒性，是否减小对工人安全和健康的危害，是否能够达到环境标准。

（2）经济效益，权重值 $W = 7 \sim 10$。重点考察是否减少投资，降低工艺运行费用，降低环境责任费用（排污罚款、事故赔偿费）；物料或废物是否可以循环利用或回用。

（3）技术可行性，权重值 $W = 6 \sim 8$。重点考察技术是否成熟、先进，是否能找到有经验的技术人员；国内同行业有无成功的例子，运行维修的难易程度。

（4）可实施性，权重值 $W = 4 \sim 6$。重点考察对工厂当前正常生产以及其他生产部门影响大小，施工的难易程度，施工周期长短等。

表 11-6 方案的权重总和计分排序表。

表 11 – 6　方案的权重总和计分排序

权重因素	权重 W	方案得分									
		方案 1		方案 2		方案 3		…		方案 n	
		R	$W \times R$	R	$W \times R$	R	$W \times R$	R	$W \times R$	R	$W \times R$
环境效果											
经济可行性											
技术可行性											
可实施性											
总分($\sum R \times W$)											
排序											

（三）研制方案

经过筛选得出的初步可行的中/高费清洁生产方案，因为投资额较大，而且一般对生产工艺过程有一定程度的影响，因而需要进一步研制，从而提供两个以上方案供下一阶段作可行性分析。

方案的研制内容包括编制方案的工艺流程详图、主要设备清单、估算方案的费用和效益、编写方案说明。对每一个初步可行的中/高费清洁生产方案均应编写方案说明，主要包括技术原理、主要设备、主要的技术经济指标、可能的环境影响等。

研制方案时，应遵循以下原则：①系统性。新过程中各单元操作应相互衔接配套，工艺参数应优化。②综合性。应综合考虑新过程的经济效益和环境效益。③闭合性。闭合性是清洁生产过程与传统生产过程的原则区别。应尽可能实现生产过程物料的闭路循环和废物的零排放。在单一生产过程中无法实现零排放时，要通过过程耦合来实现。④无害性。清洁生产工艺应该是无害的生态工艺，不污染空气、水体和地表土壤，不危害操作工人和附近居民的健康，不损坏风景区、休憩地的美学价值，生产的产品要对环境友好，使用可降解原材料和包装材料。⑤合理性。合理利用原料，优化产品的设计和结构，降低能耗和物耗，利用新能源和新材料，减少劳动量和劳动强度。

（四）继续实施无/低费方案

各项备选方案经过分类和分析，对一些投资费用较少，见效较快的方案，要继续贯彻边审核边实施的原则，组织人力、物力进行实施，以扩大清洁生产的成果。

五、实施方案的确定

本阶段是对筛选出来的中/高费清洁生产方案进行进一步的技术、环境和经济可行性分析，确定拟实施的清洁生产方案。

（一）市场调研

当产品结构需要进行调整、有新的产品（或副产品）产生、将得到可用于其他生产过程的原材料时，需首先进行市场调研。

市场调研不仅要调查市场需求现状，还要预测市场发展趋势。调研市场需求时，应重点调查国内同类产品的价格、市场总需求量和当前同类产品的总供应，产品进入国际市场的能力，产品的销售对象（地区或部门），以及市场对产品的改进意见。在预测市场需求时，应根据产品的销售对象，对国内和国外市场发展趋势进行预测，此外，还应考虑产品开发生产销售周期与市场发展的关系。

通过市场调查和市场需求预测，对原来方案中的技术途径和生产规模可能会作相应调整。在进行技术、环境、经济可行性分析之前，必须确定方案的技术途径。

（二）技术评估

技术评估是对筛选出的中/高费方案的技术先进性、适用性、可操作性和可实施性等进行系统的研究和分析。分析所推荐的技术与国内外同类技术相比是否具有先进性，在本企业是否实用，在技术改造中可行性和可实施性如何，是否能带来环境效益和经济效益。此外，还应分析所推荐的技术是否符合我国国情，引进技术的消化吸收能力如何，资源利用率和技术途径是否合理，技术设备操作是否安全可靠，对产品质量有无影响，在国内是否有实施的先例等。

（三）环境评估

对技术可行的方案，再进行环境评估。清洁生产方案都应该有显著的环境效益，但是，有些方案实施后可能会对环境造成新的影响，因此必须进行环境评估。环境评估的目的是预测某项方案实施后资源能源消耗、污染物产生和排放量的变化。重点评估方案对资源能源利用率、废物产生量的影响，有无污染物在介质中的转移，有无二次污染，废物是否可以回用或再生利用，废物毒性是否变化，操作环境对人员健康有无损害等。

（四）经济评估

对技术和环境可行的方案进行经济评估。经济评估是对方案进行综合性的全面经济分析，通过计算方案实施成本和可能取得的各种经济效益进行比较，预测方案实施后的盈利能力，选择投资最少和经济效益最佳的方案，为投资决策提供科学的依据。

方案实施成本包括建设投资、建设期利息和所需流动资金。建设投资包括固定资产、无形资产、开办费等。

经济效益包括直接效益和间接效益。生产成本的降低、销售的增加等属于直接效益，由于废弃物减排而引起的处理处置费用降低、罚款减少，以及废弃物回收利用的收益属于间接效益。

经济评估主要采用现金流量分析和动态获利性分析。常用的评价指标有总投资费用（I）、年净现金流量（F）、投资偿还期（N）、净现值（NPV）、净现值率（NPVR）、内部收益率（IRR）等。

1. 总投资费用（I）

$$总投资费用 = 总投资 - 补贴 \tag{11-1}$$

其中补贴包括政策补贴和其他来源补贴。

2. 年运行费用总节省金额（P）

部分设备的改造可能会引起收入增加或总运行费用减少，从而节省年运行费用。

$$年运行费用总节省金额 = 收入增加额 + 总运行费用减少额 \tag{11-2}$$

3. 新增设备年折旧费（D）

$$D = \frac{总投资费用（I）}{设备使用年限（Y）} \tag{11-3}$$

193

4. 年净现金流量(F)

年净现金流量是指一年内现金流入和现金流出的代数和。

$$年净现金流量(F) = 年净利润 + 年折旧费$$

$$= 销售收入 - 经营成本 - 各类税 + 年折旧费 \qquad (11-4)$$

年折旧费通常计入经营成本中，不用缴税，是现金流入的一部分。

5. 投资偿还期(N)

投资偿还期是指项目建成投产后，以项目获得的年净现金流量来回收建设总投资所需的年限。

$$N = 1/F \qquad (11-5)$$

投资偿还期反映项目投资回收能力，偿还期越小，经济效益越好。但是它不能反映资金的时间价值，不能全面反映项目方案经济寿命期的效益。

6. 净现值(NPV)

净现值是投资项目经济寿命期内（或折旧年限内），每年的净现金流量在一定贴现率下，贴现为同一时间点（一般为计算期初）的现值之和。

$$NPV = \sum_{j=1}^{n} \frac{F}{(1+i)^j} - I = Fs - I \qquad (11-6)$$

式中，i 是赔现率；n 是项目寿命周期（或折旧年限）；s 是贴现系数。

$$s = \sum_{j=1}^{n} \frac{1}{(1+i)^j} \qquad (11-7)$$

对于任一方案，当 NPV > 0 时，项目方案可按受；NPV ≤ 0 时，项目方案被拒绝。多个方案进行比较时，优先选择净现值最大的方案。

净现值是动态分析的基本指标之一，用于考察项目寿命期（或折旧年限）内获利能力大小，但它不能反映资金利用效率。

7. 净现值率(NPVR)

净现值率是项目净现值与全部投资现值之比，即单位投资额所得到的净现值。

$$NPVR = \frac{NPV}{I} \qquad (11-8)$$

一般情况下，应优先选择净现值率最大的方案。当投资额不可比时，除计算净现值外，还需计算净现值率，以综合比较后选择方案。

净现值和净现值率都是按照规定的贴现率计算得到的，它们不能体现项目本身的实际投资收益率。

8. 内部收益率(IRR)

内部收益率是反映项目获利能力的一个动态评价指标，指投资项目在整个经济寿命期内（或折旧年限内）各年净现值累计为零时的贴现率，即：

$$NPV = \sum_{j=1}^{n} \frac{F}{(1+IRR)^j} - I = 0 \qquad (11-9)$$

计算内部收益率可采用试差法：

$$IRR = i_1 + \frac{NPV_1(i_2 - i_1)}{NPV_1 + |NPV_2|} \qquad (11-10)$$

式中，i_1 为 NPV_1 为接近于 0 的正值时的贴现率；i_2 为 NPV_2 为接近于 0 的负值时的贴现率。i_1 和 i_2 可查表获得，i_1 和 i_2 的差值不应当超过 1% ~ 2%。

当 $IRR \geq i_c$（i_c 为基准收益率、行业收益率或银行贷款利率）时，项目方案可接受；当 $IRR < i_c$ 时，项目方案不能接受。

IRR 是项目投资的盈利率，反映投资效益，可用以确定能接受贷款的最低条件。有多个投资方案供选择时，应选择 IRR 最大者。

例 1 某清洁生产方案预计总投资费用 $I = 120$ 万元，实施后每年可节省运行费用 $P = 30$ 万元，若折旧期（n）按 10 年计，税率（r）按 30% 计，贴现率（I）按 15% 计，计算年增加现金流量 F，投资偿还期 N，净现值 NPV，内部收益率 IRR。

由于总投资费用 $I = 120$ 万元，年节省运行费用 $P = 30$ 万元/年，折旧期 $n = 10$ 年，税率 $r = 30\%$，贴现率 $I = 15\%$，因此

折旧费 $D = I/n = 120/10 = 12$ 万元/年；

应税利润 $T = P - D = 30 - 12 = 18$ 万元/年；

净利润 $R = T \times (1 - r) = 18 \times (1 - 0.3) = 12.6$ 万元/年；

年增加现金流量 $F = R + D = 12.6 + 12 = 24.6$ 万元/年；

投资偿还期 $N = I/F = 120/24.6 = 4.88$ 年；

查贴现系数表，在折旧期 $n = 10$ 年，贴现率 $I = 15\%$ 时，年贴现值系数 s 为 5.0188；

净现值 $NPV = F \times s - I = 24.6 \times 5.0188 - 120 = 3.46$ 万元；

查表，$i_1 = 15\%$ 时，$s_1 = 5.0188$，$NPV_1 = 3.46$；

$i_2 = 16\%$ 时，$s_2 = 4.8332$，$NPV_2 = 1.10$；

内部收益率 $IRR = 15 + 3.46 \times (16 - 15)/(3.46 + 1.10) = 15.76\%$。

例 2 某厂通过清洁生产审核提出了改造旧电镀生产线的清洁生产方案，经技术、环境评估后，剩下两个方案供作经济可行性评估（表 11 - 7）：

表 11 - 7 经济可行性评估

项　　目	方案一	方案二
总投资费用（I）	500	700
年运行费总节省金额（P）	132.70	137.17
年增加现金流量（F）	109.55	120.78
投资回收期（N）	4.6 年	5.8 年
净现值（NPV）（$i = 10\%$，$n = 8$）	84.34	55.76
净现值率（NPVR）	0.17	0.08
内部收益率（IRR）	14.5%	7.78%

由于方案一的投资回收期小于方案二，方案一的净现值率和内部收益率均高于方案二，因此，方案一为推荐方案。

（五）确定拟实施的清洁生产方案

比较各投资方案的技术、环境和经济可行性评估结果，确定最佳的可行的推荐方案。

六、编写清洁生产审核报告

清洁生产审核报告是对审核过程、取得的环境效益、经济效益的总结，并综合分析已

实施清洁生产方案对企业的影响。编写清洁生产审核报告的目的是总结本轮清洁生产审核成果，为落实各种清洁生产方案、持续清洁生产提供一个重要的平台。此外，也是向有关部门提交的主要验收材料。

清洁生产审核报告的主要内容如下：

前言介绍项目来源、背景；企业概况，建厂时间，历史发展变迁；主要产品，市场，产值利税；企业员工数量，人才结构，技术水平分布。

第1章 审核准备。组建审核小组，审核小组人员名单，审核工作计划，宣传教育内容。

第2章 预审核。绘制企业总物流、能流图，介绍设备状况，生产技术水平和自动化扩展水平；主要产品产量，原辅材料消耗、水电气消耗等（与国内外同行业比较）；企业管理模式和实际管理水平，组织机构图；环保概况，各车间"三废"产生、处理处置、排放情况，污染治理设施运行情况、环保管理情况等；确定本轮审核重点，设置清洁生产目标。

第3章 审核。审核重点带污染源的工艺流程图、单元功能说明、工艺设备流程图；实测和物料平衡、能量平衡的做法，按工艺单元给出物料平衡图、水平衡图、能量平衡图，对各个平衡结果进行分析；从八个方面分析废物产生、能量损失的原因。

第4章 实施方案的产生和筛选。包括清洁生产方案产生方法、筛选方法，清洁生产方案分类汇总表，主要针对中/高费清洁生产方案进行方案研制。

第5章 实施方案的确定。清洁生产中/高费方案简介，技术、环境、经济可行性评估，确定采用的中/高费方案，并制定实施计划。

第6章 方案实施效益分析。各类清洁生产方案实施后的实际环境效益、经济效益与预期效益进行对比和分析，清洁生产目标完成情况和原因分析。

第7章 持续清洁生产计划。包括建立清洁生产的组织机构，健全清洁生产的管理制度，制定清洁生产的研究与开发计划、员工清洁生产培训计划下轮清洁生产审核初步计划。

总结与建议对本轮清洁生产审核进行总结，提出未来清洁生产建议。

第三节 清洁生产审核案例

以化工企业为例，说明如何开展清洁生产审核。

某化工厂建立于1956年，是国有重点企业，以生产塑料加工助剂和有机原料为主。主要产品有6大系列：抗氧化剂、两类主要的增塑剂、有机溶剂和两类聚烯烃，总共大约40种产品。由于生产的品种多，原料复杂，生产工艺设备比较落后，因而废物产生量大，污染比较严重。1980年以来，工厂建立了"三废"处理装置，环保设备投资总计816万元，占全厂固定资产的10%，COD排放量6~8t/d，最高可达10t/d，废水对市郊凉水河造成严重污染，工厂每年缴纳排污费790万元。为了达到地方环境部门制订的标准，需要扩大处理能力，将COD对河流的负担在两年内降低20%。

该化工厂的组织结构图见图11-1。

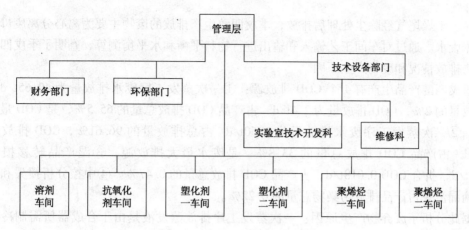

图 11 - 1　某化工厂的组织结构图

一、审核准备

该化工厂决定开展清洁生产审核。成立了清洁生产小组和审核小组，领导小组由生产副厂长(组长)、总工、财务部门主管、技术部门主管、环保部门主管、车间主任组成，审核小组由总工(组长)、车间主任、审核重点的工艺监督员和工程师、维修工程师、环保工程师和会计师组成。

二、预审核

审核小组在现状调研和现场考察时发现，无论在数量还是价值上，两个聚烯烃车间的产出都是最高的，抗氧化剂车间的产出最低。聚烯烃一车间的 COD 排放大约占全厂总量的 50%。抗氧化剂车间的排放量少，但其最终产品(一种有毒的锡的有机物)可能随废水流失，排放物的毒性是最大的。塑化剂一车间和溶剂车间的能耗较低，根据反应计量，其能耗已接近理论最佳值。工程师们认为聚烯烃车间和溶剂车间有较大的清洁生产潜力。清洁生产审核开始公布后，聚烯烃一车间和抗氧化剂车间的工人热切盼望参加评估。

由于聚烯烃一车间是最大的 COD 排放源、具有较大的清洁生产潜力、产出最高、工人参与热情高，抗氧化剂车间含锡的产品毒性大，聚烯烃二车间产出较高，所以审核小组把这三个车间确定为备选审核重点。经过简单比较，选择聚烯烃一车间作为本轮清洁生产审核的审核重点，并确定了以下清洁生产目标：近期内削减全厂 20% COD 负荷，重点削减聚烯烃一车间 40% COD 负荷。

三、审核

该化工厂聚烯烃一车间生产季戊四醇(用作可溶性涂料的分散剂)，设计生产规模为 4000t/a，日产 13t。

季戊四醇生产工艺分为缩合反应、分离和精制干燥三个单元。甲醛、乙醛和 NaOH 溶液加入反应罐中，在充分搅拌下发生缩合反应，生产季戊四醇，副产物包括多季戊四醇和甲酸钠。产物送至中和罐用甲酸中和后，再送至蒸发器经两次蒸发浓缩到所需浓度。一次蒸出液大部分回用，少部分作为废水排放；二次蒸出液直接排放。浓缩产物在结晶罐冷却析出粗季戊四醇结晶，经离心分离，将母液外售回收甲酸盐。粗季戊四醇再经精制干燥得到纯品。干燥尾气经除尘处理后排放，季戊四醇生产排放的废物主要为离心分离废母液和蒸发器废水。通过对车间工艺输入和输出进行物料平衡和水平衡测算，查明了季戊四醇车间废物排放情况和废物产生原因。

季戊四醇产品生产有 4 个 COD 排放源：①一次蒸发工序废水排放量为 40.65t/d，占总排放量的 2%，COD 排放量为 2.4t/d，占产品 COD 排放总量的 65.5%，是 COD 最大排放源。②二次蒸发工序废水排放量为 1950t/d. 占总排放量的 96.61%，COD 排放量为 1.4t/d，占产品 COD 排放总量的 33.8%，是废水最大排放源。③湿产品转移损失为 0.021t/d，折合 COD 0.018t/d，占产品 COD 排放总量的 0.47%。④中控分析损失和设备跑冒滴漏流失占产品排放污染物总量的 0.22%。

据此分析了废弃物产生原因：一次蒸发工序排放蒸发液是由于合成器所需制冷量不足，致使蒸发液不能全部回用，必须排放一部分，造成环境污染。二次蒸发（真空蒸发）工序由于使用的汽水喷射泵进行减压蒸发，造成清洁水与蒸出物料接触，形成大量低浓度有机废水。中控分析及设备跑冒滴漏造成的排污，主要是由于管理不善和分析控制手段落后，依靠手工操作造成。

四、实施方案的产生和筛选

针对废物产生原因分析，运用清洁生产理念，从八个方面提出了 20 个清洁生产方案。针对主要废物源的清洁生产方案如表 11 - 8 所示。

表 11 - 8　针对主要废物源的清洁生产方案

废物源	清洁生产方案
一次蒸出液	增加制冷设备，提高合成工序制冷能力，全部回收一次制冷液，合成工序采用可编程控制器，提高工艺控制水平和合成转化率
二次蒸出液	真空系统改造，用水环泵替换汽水喷射泵
中控分析及设备跑冒滴漏流失	改进离心机，减少产品损失 中控分析采用色谱仪器分析，及时指示操作终点 中控分析设置回收环节 包装量由于 20kg 改为 200kg 严格配料标准 严格工作操作控制，以经济责任制进行考核 强化管理，加强对操作工的清洁生产教育

经过初步筛选，确定了 4 个备选中/高费方案：

（1）增加制冷设备，改造制冷系统；

（2）真空设备改造，用水环泵替换汽水喷射泵；

（3）更换离心机；

（4）合成工序改用程序控制。

五、实施方案的确定

对 4 个备选中/高费方案进行技术、环境、经济可行性分析，结果见表 11 - 9。

表 11-9　清洁生产中/高费方案的技术、环境、经济可行性分析结果

方案编号	方案名称	环境效益	投资/万元	偿还期/年	经济效益
1	增加制冷设备，改造制冷系统	每年减少 600t 原料损失，相当于削减 COD730t	9.1	1.44	增加产品产量30%，节省蒸汽，年增加经济效益 62.19 万元
2	真空设备改造，用水环泵替代汽水喷射泵	年减少废水排放 52.39 万吨，削减 COD420t	110.5	2.81	年节水 43.2 万吨，回收物料折合 28 万元，年创效益 39.82 万元
3	更换离心机	年减少物料损失 106.91t，节水节电	135.2	3.5	提高产品收益，减少工人劳动强度，由 7 人/班降至 3~4 人/班，年创效益 86.79 万元
4	合成工序改用程序控制	减少物料损失	15.2	0.5	提高工艺转化率11%，年增产61.85t，创效益39.51 万

六、清洁生产审核成效

通过本轮清洁生产审核，全部 6 项加强管理方案以及 2 项改进中控分析方案实施，取得了 28.2 万元的经济效益。4 项高费方案需投资 554.9 万元，每年可削减 COD1140t，占全厂 COD 排放量的 34.2%，占该产品排污量的 92%，达到了原来预计削减 40% 的目标。

第四节　清洁生产评价

一、清洁生产评价指标体系

清洁生产评价指标选取依据以下原则：从产品的整个生命周期，全过程地考察对环境的影响；体现污染预防思想，积极预防污染物的产生，而不是优先考虑末端治理；容易量化；数据易得。

清洁生产评价指标可以分为四类：原材料指标、产品指标、资源指标和污染物产生指标。原材料指标包括毒性、生态影响、可再生性、能源强度和可回收利用性，体现了在原材料获取、加工、使用等各方面对环境的综合影响。产品指标包括销售、使用、寿命优化和报废。资源指标包括单位产品耗新鲜水量、单位产品能耗和单位产品物耗，反映了生产过程对生态环境的影响程度。污染物产生指标包括单位产品废水产生量、单位产品主要水污染物产生量、单位产品废气产生量、单位产品主要大气污染物产生量和单位产品主要固废产生量等，体现了生产工艺的先进程度和管理水平的高低。

考虑到清洁生产指标涉及面较广、完全量化难度较大等特点，针对不同的评价指标，确定不同的评价等级，对于易量化的指标评价等级可分细一些，不易量化的指标则分粗一些，最后通过权重法将所有指标综合起来，从而判定建设项目的清洁生产程度。

清洁生产指标可以分成定性指标和定量指标，原材料指标和产品指标属于定性指标，可以分为高、中、低三个等级。资源指标和污染物产生指标属于定量指标，可以分为清洁、较清洁、一般、较差、很差五个等级。

为了统计和计算方便，定性指标和定量指标的等级分值范围都取 0~1。定性指标分

三个等级，定量指标分五个等级，见表 11-10 和表 11-11。

表 11-10　原材料指标和产品指标(定性指标)的等级分标准

等级	高影响	中等影响	低影响
等级分数	[0.0, 0.30)	[0.30, 0.70)	[0.70, 1.00]

表 11-11　资源指标和污染物产生指标(定量指标)的等级分标准

等级	很差	较差	一般	较清洁	清洁
等级分数	[0.0, 0.20)	[0.20, 0.40)	[0.40, 0.60)	[0.60, 0.80)	[0.80, 1.00]

　　清洁生产指标的评价方法采用百分制，首先对原材料指标，产品指标、资源指标和污染物产生指标按等级分标准进行打分，再分别乘以各自的权重值(表 11-12)，最后累加起来得到总分。通过总分值的比较可以基本判定建设项目整体所达到的清洁生产程度，另外各项指标的数值也能反映出该建设项目所需改进的地方。

表 11-12　清洁生产指标权重值

评价指标	权重	评价指标	权重
原材料指标	25	寿命优化	5
毒性	7	报废	2
生态影响	6	资源指标	29
可再生性	4	能耗	11
能源强度	4	水耗	10
可回收利用性	4	其他物耗	8
产品指标	17	污染物产生指标	29
销售	3	总权重值	100
使用	4		

　　如果一个建设项目综合评分结果大于 80 分，说明该项目对原材料的选取对环境的影响、产品对环境的影响、生产过程中资源的消耗程度以及污染物的产生量均处于同行业国际先进水平，因而从现有技术条件看，该项目属于清洁生产项目。如果综合评分结果为70~80 分，则该项目属于传统先进项目，即总体处于国内先进水平，某些指标处于国际先进水平。如果综合评分结果为 55~70 分，则该项目属于一般项目，即总体处于国内中等水平。如果综合评分结果为 40~55 分，则该项目属于落后项目，即该项目的总体水平低于国内一般水平，其中某些指标可能属于较差和很差之列。如果综合评分结果为 40 分以下，则该项目属于淘汰项目。清洁生产指标总体评价分值要求见表 11-13。

表 11-13　清洁生产指标总体评价分值要求

项　目	指标分值	项　目	指标分值
清洁生产	>80	落后	40~55
传统先进	70~80	淘汰	<40
一般	55~70		

二、环境影响评价中清洁生产评价

环境影响评价制度是现行环境管理制度的重要组成部分，为预防新污染源对环境的危害起到了巨大作用。但是以往的环境影响评价存在严重缺陷。以往的环境影响评价侧重于污染物产生之后对环境的影响分析，以及为消除和减轻这种影响所应采取的措施建议，而不是预防污染的产生，因此往往导致末端治理规模过于庞大，投资和运行费用高昂。在我国，大约1/3的末端治理设施在通过验收后就停止了使用；大约1/3的正在使用，但并未按原来设计的要求运转；只有大约1/3的末端治理设施运行良好。主要原因是末端处理运行费用太高，很多企业负担不起。

清洁生产是在环境风险日益显现以及末端治理方法不堪重负的背景下提出的，是环境保护战略由被动反应向主动行动的转变。以往的环评不仅无法达到清洁生产目标，反而促进了对末端治理的投资。为了彻底扭转这种被动局面，《清洁生产促进法》第十八条规定，新建、改建和扩建项目应当进行环境影响评价，对原料使用、资源消耗、资源综合利用以及污染物产生与处置等进行分析论证，优先采用资源利用率高以及污染物产生量少的清洁生产技术、工艺和设备。

将清洁生产理念引入环境影响评价，将大大提高环境影响评价的质量，可能带来如下好处：

（1）减轻末端处理负担。采用清洁生产技术，将大大削减污染物的产生量，从而减轻末端处理负担。

（2）提高建设项目的环境可靠性。末端处理设施的"三同时"一直是我国环境管理的一个重点和难点，如果环评提出的有效末端处理方案不能实施或实施不完全，则直接导致环境负担的增加，这实际上是环境影响评价制度在某种程度上的间接失效，而这种情况在全国各地大量存在。

（3）降低建设项目的环境责任风险。随着环境法律法规标准的日益严格，企业将面临难以预料的环境风险。在环境影响评价中纳入清洁生产评价，有助于企业规避这些环境风险。

（4）提高市场竞争力。清洁生产往往通过提高资源生产率来实现，所以能够降低生产成本、提高产品质量，从而提高市场竞争力。

由于环评和清洁生产的目标都是预防环境污染，无论是预防污染排放还是预防污染物产生，其最终目标都是一致的。此外，环评和清洁生产都要求深入了解和分析建设项目的原材料、工艺路线和生产过程等，许多数据和材料是互通的。因此环评和清洁生产有很好的结合界面。环评中的工程分析可以进一步拓展和深化为清洁生产分析所用。根据《环境影响评价技术导则》（HJ/T 2.1—93），工程分析要求分析工艺过程各环节，资源能源的储运，开车、停车、检修、事故排放和环境影响的来源，即列出污染源清单。利用这些材料，进一步分析污染物产生的原因，提出清洁生产措施。此外，环评中对环保措施的分析可按清洁生产要求进一步延伸。

将清洁生产纳入环评，从清洁生产的角度进行工程分析，从源头分析原因并提出解决方案，可以强化工程分析。此外，针对污染物的产生，提出清洁生产方案，有助于强化环保措施建议。

对于下列反应

$$A + B \longrightarrow C \qquad\qquad (11-11)$$

如果反应物 A 过量，产物 C 收率较高；而如果反应物 B 过量，产物 C 收率较低。在进行工程分析时，要对比不同过程产物收率和过量反应物的毒性，从而提出建议。

对一般建设项目进行清洁生产评价时，要从全生命周期的角度进行分析，从原材料开始，直至产品的使用和使用后的处置进行全过程环境影响分析。还要考虑建设项目的法规符合性，建设项目的工艺、设备与国家和地方现行的环保和技术政策的符合情况，不得属限期淘汰之列。此外，进行清洁生产指标评价，分析建设项目的原材料、水、能源等的单耗指标及单位产品的污染物产生指标在本行业中所处的水平。最后，做出清洁生产结论与建议，提出应采用的节能、降耗、减污清洁生产措施。对于区域建设项目，应重点考虑区域资源和能源的合理配置，以提高资源、能源利用率和环境承载力，实现整个区域内生产、消费体系的最优化。

三、案例分析

某造纸厂地处淮河流域，是当地最大的一家造纸厂。由于造纸厂废水排放对淮河水系造成严重污染，当地决定实行集中制浆，并增加碱回收装置，同时关闭当地其他小造纸厂的制浆生产线。下面对现有工程和集中制浆工程进行对比。

现有工程和集中制浆工程的原材料和产品相同，但资源指标和污染物产生指标有较大差别，如表 11-14 所示。

表 11-14 漂白碱法麦草纸浆造纸的清洁生产评价指标基准数据

指标评价等级		清洁	较清洁	一般	较差	很差
指标评价等级范围		$[0.80, 1.00]$	$[0.60, 0.80)$	$[0.40, 0.60)$	$[0.20, 0.40)$	$[0.0, 0.20)$
		国际先进	国内先进	国内一般	国内较差	国内很差
资源消耗指标	耗水量/(m³/tp)	<100	100~150	150~300	300~400	>400
	耗麦草量/(t/tp)					
	白度 75 度以下	<2.2	<2.2	2.2~2.5	2.5~2.6	>2.6
	白度 75 度以上	<2.4	<2.4	2.4~2.7	2.7~2.8	>2.8
	可回收率	80~85	70~80	50~70	40~50	<40
污染物产生指标	废水量/(m³/tp)	<100	100~150	150~300	300~400	>400
	COD_{Cr}/(Kg/tp)	100~200	200~250	250~450	450~550	>550
	BOD_5/(Kg/tp)	30~60	60~80	80~140	140~180	>180
	SS/(Kg/tp)	<50	50~100	100~200	200~300	>300

注：tp 表示吨产品。

（一）材料指标

毒性：低毒

生态影响：良好

可再生性：良好

能源强度：低

可回收利用性：良好

（二）产品指标

销售：良好

使用：良好

寿命优化：中等

报废：良好（易回收和生物自然降解）

（三）资源指标

现有工程和集中制浆工程的资源指标见表 11-15。

表 11-15　资源指标

项　目	现有工程	集中制浆	项　目	现有工程	集中制浆
单位产品耗新鲜水量/(t/t浆)	455.6	235.2	碱回收率/%	0	75
单位产品物耗麦草/(t/t浆)	2.5	2.5	耗碱量/(t/t浆)	0.32	0.092

（四）污染物产生指标

现有工程和集中制浆工程的资源指标见表 11-16。

表 11-16　污染物产生指标

项　目	现有工程	集中制浆	项　目	现有工程	集中制浆
废水产生量/(t/t浆)	445.6	240.5	COD 产生量/(kg/t浆)	1366.0	201.3
BOD 产生量/(kg/t浆)	412.9	61.6	SS 产生量/(kg/t浆)	383.0	210.0

定性指标评价见表 11-17。

表 11-17　定性指标评价

指　标	状况	指标权重	等级分值	得分（权重×等级分）
原材料指标				
毒性	低毒	7	0.7	4.9
生态影响	良好	6	0.9	5.4
可再生性	良好	4	0.9	3.6
能源强度	低	4	0.9	3.6
循环利用性	良好	3	0.7	2.8
合计		25		20.3
产品指标				
销售	良好	3	0.9	2.7
使用	良好	4	0.9	3.6
寿命优化	中等	5	0.5	2.5
报废	良好	5	0.7	3.5
合计		17		12.3

定量指标评价中，资源指标评价见表 11 - 18。

表 11 - 18　现有工程的资源指标评价

资源指标	指标值	指标权重	等级分值	得分（权重×等级分）
现有工程				
单位产品耗新鲜水量	455.6t/t浆	15	0	0
单位产品耗麦草	2.5t/t浆	4	0.50	2.0
单位产品耗碱量	0.32t/t浆	4	0.75	3.0
碱回收率	0%	6	0	0
合计		29		5.0
集中制浆				
单位产品耗新鲜水量	235.2t/t浆	15	0.49	7.35
单位产品耗麦草	2.5t/t浆	4	0.50	2.00
单位产品耗碱量	0.092t/t浆	4	1.0	4.00
碱回收率	75%	6	0.6	3.60
合计		29		16.95

污染物产生指标评价见表 11 - 19。

表 11 - 19　现有工程的污染物产生指标评价

污染物产生指标	指标值	指标权重	等级分值	得分（权重×等级分）
现有工程				
废水产生量	455.6t/t浆	9	0	0
COD 产生量	136.60kgt/t浆	7	0	0
BOD 产生量	412.9kg/t浆	7	0	0
SS 产生量	383.0kg/t浆	6	0	0
合计		29		0
集中制浆				
废水产生量	240.5t/t浆	9	0.50	4.5
COD 产生量	201.3kg/t浆	7	0.8	5.6
BOD 产生量	61.6kg/t浆	7	0.8	5.6
SS 产生量	210.0kg/t浆	6	0.38	2.28
合计		29		17.98

得分汇总见表 11 - 20。

表 11 - 20　得分汇总表

项　　目	现有工程	集中制浆
原材料指标	20.3	20.3
产品指标	12.3	12.3
资源指标	5.0	16.95
污染物产生指标	0	17.98
总计	37.6	67.53

（五）评价结论

企业在现有情况下，未上集中制浆时，清洁生产评价所得分为 37.60 分；经过集中制浆工程，评价所得分提高到 67.53 分。

根据评分标准，企业不进行改建属于淘汰的范围内；通过扩建，建立集中制浆，上碱回收工程，使该企业达到该行业的中等偏上水平。

四、行业清洁生产潜力评价

在行业层次上评估和预测实施清洁生产的潜力，不仅有助于行业推行清洁生产，同时也为清洁生产相关政策制定提供依据。

（一）清洁生产潜力评价模型

清洁生产潜力评价是通过所评价时期某行业特征污染物产生量与基准值进行对比，从而确定实施清洁生产对削减污染物产生量的潜力。清洁生产潜力评价以行业清洁生产标准不同级别数值为基准值，计算不同经济增长模式下污染物的产生量。

清洁生产潜力可由下式求得

$$P_{ijk} = C_k G_{ik} - \sum_l \lambda_{ijk} S_{il} C_k \qquad (11-12)$$

式中　　P_{ijk}——某产品在第 k 种产量第 j 种经济模式下第 i 种污染物的削减量，即清洁生产潜力；

$C_k G_{ik}$——某产品在第 k 种产量第 i 种污染物的实际（或预测）产生量；

$\sum_l \lambda_{ijk} S_{il} C_k$——某产品在第 k 种产量第 j 种经济模式下第 i 种污染物的产生量；

C_k——某产品的第 k 种产量；

G_{ik}——综合产污系数（在正常技术经济和管理等条件下，生产单位产品所产生的原始污染物量）；

λ_{ijk}——在第 i 种经济发展模式下第 i 种污染物达到第 l 级清洁生产标准时相应产品产量占产品总量的百分比；

S_{il}——第 i 种污染物在第 l 级清洁生产标准的标准值；

l——行业清洁生产标准的级别；

j——经济发展模式的种类。

（二）案例——啤酒行业清洁生产潜力评价

根据清洁生产潜力评价模型，可以评价行业实施清洁生产对污染物产生量的削减潜力进行评价。下面是我国啤酒行业 1999 年的清洁生产潜力。

选取废水产生量和 COD 产生量作为评价指标，计算不同经济发展模式下污染物产生量削弱的潜力。

啤酒行业废水和 COD 的产污系数分别为 $14m^3/kL$ 和 $17.65kg/kL$。啤酒行业清洁生产标准中相关指标见表 11-21。

表 11-21　啤酒行业清洁生产标准中相关指标

项　　目	一级（S_{i1}）	二级（S_{i2}）	三级（S_{i3}）
废水产生量/（m^3/kL）（$i=1$）	≤4.5	≤6.5	≤8.0
COD 产生量/（kg/kL）（$i=2$）	9.5	11.5	14.0

假设不同的经济增长模式如表 11 - 22 所示。

表 11 - 22　经济增长模式表

经济增长模式	模式描述	λ_{ijk}
模式一($j=1$)	0% 的生产能力达到一级水平，100% 的生产能力达到二级水平	$\lambda_{i11}=0\%$，$\lambda_{i12}=100\%$
模式二($j=2$)	20% 的生产能力达到一级水平，80% 的生产能力达到二级水平	$\lambda_{i21}=20\%$，$\lambda_{i22}=80\%$
模式三($j=3$)	50% 的生产能力达到一级水平，50% 的生产能力达到二级水平	$\lambda_{i31}=50\%$，$\lambda_{i32}=50\%$
模式四($j=4$)	100% 的生产能力达到一级水平，0% 的生产能力达到二级水平	$\lambda_{i41}=100\%$，$\lambda_{i42}=0\%$

模式一($j=1$)下废水产生量的削减潜力：

$$P_{11} = C_1 C_{11} - \sum_{l=1}^{2} \lambda_{11l} S_{1l} C_1$$
$$= 2054 \times 14 - (0\% \times 4.5 \times 2054 + 100\% \times 6.5 \times 2054)$$
$$= 15405 \times 10^4 \, m^3$$

表 11 - 23 列出了不同模式下啤酒行业的清洁生产潜力。

表 11 - 23　不同模式下啤酒行业的清洁生产潜力

项　　目	模式一	模式二	模式三	模式四
废水产生量削减潜力/$10^4 \, m^3$	15405.0	16226.6	17459.0	19513.0
废水产生量削减率/%	53.6	56.4	60.7	67.9
COD 产生量削减潜力/$10^4 \, m^3$	12632.1	13453.7	14686.1	27010.1
COD 产生量削减率/%	34.8	37.1	40.5	74.5

由表 11 - 23 可知，啤酒行业实施清洁生产对削减污染的潜力巨大，并且随着经济增长模式的优化，削减比例越大。

第十二章 绿色产品和服务

随着公众意识的提高和环境保护工作的深入开展，社会日益重视绿色消费，公众对绿色产品的期待也越来越明显，为保护和扶持消费者的购买绿色产品的积极性，帮助消费者识别真正的绿色产品，一些国家政府机构或民间团体先后组织实施环境标志计划，引导市场向着有益于环境的方向发展，因此，环境标志又被称绿色标志或生态标志。

我国环境标志的目标是推动企业采用对环境有益的生产工艺和技术，向社会提供质量优、对环境影响小、对人体健康无害的产品，建立绿色生产体系，推动整个社会形成"绿色消费"意识，在整个社会形成"绿色"生产和消费的倾向和趋势。

除了实施环境标志计划，更多的努力还是放在绿色产品的生产和绿色服务的完善上。

第一节 绿色产品

所谓绿色产品，主要是指在生产、使用和报废处理过程中，对人类赖以生存的生态环境无污染或少污染的产品。

一、绿色食品

绿色食品是指在无污染的条件下种植、养殖，施有机肥料，不用高毒性、高残留农药。在标准环境、生产技术、卫生标准下加工生产，经权威机构认定并使用专门标识的安全、优质、营养类食品的统称。

绿色食品在不同国家有不同的名称，如"生态食品"、"自然食品"、"蓝色天使食品"、"健康食品"、"有机农业食品"等。在中国，统一被称作"绿色食品"。

（一）绿色食品的产生

第二次世界大战以后，欧美和日本等发达国家在工业现代化的基础上，先后实现了农业现代化，大大丰富了这些国家的食品供应。但是，随着农田中大量使用化肥和农药，造成有害化学物质通过土壤和水体在生物体内富集，并且通过食物链进入到农作物和畜禽体内，导致食物污染，最终损害人体健康。可见，过度依赖化肥和农药的农业会污染环境、危害人体健康，并且这种危害具有隐蔽性、累积性和长期性的特点。

1962 年，美国海洋生物学家雷切尔·卡逊女士以密执安州东兰辛市为消灭伤害榆树的甲虫所采取的措施为例，披露了杀虫剂 DDT 危害其他生物的种种情况。该市大量使用 DDT 喷洒树木，树叶在秋天落在地上，蠕虫吃了树叶，大地回春后知更鸟吃了蠕虫，一周后全市的知更鸟几乎全部死亡。卡逊女士在《寂静的春天》一书中写道："全世界广泛遭受治虫药物的污染，化学药品已经侵入万物赖以生存的水中，渗入土壤，并且在植物上布成一层有害的薄膜……已经对人体产生严重的危害。除此之外，还有可怕的后遗祸患，可能几年内无法查出，甚至可能对遗传有影响，几个世代都无法察觉。"卡逊女士的论断给全世界敲响了警钟。

20 世纪 70 年代初，旨在限制化学物质过量投入以保护生态环境和提高食品安全性的"有机农业"思潮影响了许多国家，一些国家开始采取措施，鼓励本国无污染食品的开发和生产。自 1992 年联合国环境与发展大会后，许多国家积极探索农业可持续发展的模式，欧洲、美国、日本和澳大利亚等发达国家和一些发展中国家纷纷加快了生态农业的研究。在这种国际背景下，我国决定开发无污染、安全、优质的营养食品，并且将它们定名为"绿色食品"。

（二）绿色食品的特征

与普通食品相比，绿色食品有三个显著特征：第一，强调产品出自最佳生态环境；第二对产品实行全过程质量控制；第三，对产品依法实行环境标志。

绿色食品所具备的条件：产品或产品原料产地必须符合绿色食品生态环境质量标准；农作物种植、家禽饲养、水产养殖及食品加工必须符合绿色食品生产操作规程；产品必须符合绿色食品标准；产品的包装、贮运必须符合绿色食品包装贮运标准。

图 12 - 1 绿色食
品标准图形

绿色食品标志图形由三部分构成，即上方的太阳、下方的叶子和蓓蕾（图 12 - 1）。标志图形为圆形，意为保护、安全。整个图形描绘了一副明媚阳光照耀下的和谐生机，告诉人们绿色食品正是出自纯净、良好生态环境的安全无污染食品，能给人们带来蓬勃的生命力。绿色食品标志还提醒人们要保护环境，通过改善人与环境的关系，创造自然界新的和谐。可以通过产品包装上的四项标注内容来识别绿色食品。即图形商标、文字商标、绿色食品标志许可使用编号和"经中国绿色食品发展中心许可使用"字样。

（三）绿色食品标准概述

绿色食品标准由农业部发布，属强制性国家行业标准，是绿色食品质量认证时必须依据的技术文件。绿色食品标准是应用科学技术原理，在结合绿色食品生产实践的基础上，借鉴国内外相关先进标准所制定的。

绿色食品标准以"从土地到餐桌"全程质量控制理念为核心，由四个部分构成：绿色食品产地环境标准，绿色食品生产技术标准，绿色食品产品标准，绿色食品包装、贮藏运输标准。

目前，绿色食品标准分为两个技术等级，即 AA 级绿色食品标准和 A 级绿色食品标准。AA 级绿色食品标准要求生产地的环境质量符合《绿色食品产地环境质量标准》，生产过程中不使用化学合成的农药、肥料、食品添加剂、饲料添加剂、兽药及有害于环境和人体健康的生产资料。通过使用有机肥、种植绿肥、作物轮作、生物或物理方法等技术，培肥土壤、控制病虫草害、保护或提高产品品质，从而保证产品质量符合绿色食品产品标准要求。A 级绿色食品标准要求生产地的环境质量符合《绿色食品产地环境质量标准》，生产过程中严格按绿色食品生产资料使用准则和生产操作规程要求，限量使用限定的化学合成生产资料，并积极采用生物学技术和物理方法，保证产品质量符合绿色食品产品标准要求。

例如，绿色蔬菜是指在产地生态环境良好的前提下，按照特定的质量标准体系生产，并经专门机构认定，允许使用绿色食品标志的无污染的安全、优质、营养类蔬菜的总称。

"安全"是指在生产过程中，通过严密的监测和控制，防止有毒有害物质在各个环节的污染，确保蔬菜内有毒有害物质的含量在安全标准以下，对人体健康不构成危害。"优质"是指蔬菜的商品质量要符合标准要求。"营养"是指蔬菜的内在品质，即品质优良，营养价值和卫生安全指标高。AA级绿色蔬菜要求产地的环境质量符合中国绿色食品发展中心制订的《绿色食品产地生态环境质量标准》，生产过程中不使用任何有害的化学合成的农药和肥料等，并禁止使用基因工程技术，产品符合绿色食品标准，经专门机构认定，许可使用AA级绿色食品标志的产品。A级绿色蔬菜则要求产地的环境质量符合《绿色食品产地生态环境质量标准》，生产过程中严格按绿色食品生产资料使用准则和生产操作规程要求，允许限量使用限定的化学合成的农药和肥料，产品符合绿色食品标准，经专门机构认定，许可使用A级绿色食品标志的产品。与绿色蔬菜生产不同，普通蔬菜生产地的环境质量不需符合《绿色食品产地生态环境质量标准》，生产过程中不需严格按绿色食品生产资料使用准则和生产操作规程要求将不允许用于蔬菜生产的农药、化肥用于蔬菜生产，或者将允许用于蔬菜生产的农药、化肥超限量使用。

（四）无公害食品、绿色食品和有机食品

无公害食品指产地生态环境清洁，按照特定的技术操作规程生产，将有害物含量控制在规定标准内，并由授权部门审定批准，允许使用无公害标志的食品。无公害食品注重产品的安全质量，其标准要求不是很高，涉及的内容也不是很多，适合我国当前的农业生产发展水平和国内消费者的需求。对于多数生产者来说，达到无公害食品要求并不是很难。严格来讲，无公害是食品的一种基本要求，普通食品都应达到这一要求。

国际有机农业运动联合会（IFOAM）给有机食品下的定义是：根据有机食品种植标准和生产加工技术规范而生产的、经过有机食品颁证组织认证并颁发证书的一切食品和农产品。国家环保总局有机食品发展中心（OFDC）认证标准中有机食品的定义是：来自于有机农业生产体系，根据有机认证标准生产、加工，并经独立的有机食品认证机构认证的农产品及其加工品等。包括粮食、蔬菜、水果、奶制品、禽畜产品、蜂蜜、水产品、调料等。

有机食品标志（图12-2）采用人手和叶片为创意元素，一只手向上持着一片绿叶，寓意人类对自然和生命的渴望；两只手一上一下握在一起，将绿叶拟人化为自然的手，寓意人类的生存离不开大自然的呵护，人与自然需要和谐美好的生存关系。另外，标志的圆形和反白底图的F正是有机食品Organic Food的英文字母字首OF。

图12-2 有机食品标志图形

有机食品与无公害食品和绿色食品的最显著差别是，有机食品在其生产和加工过程中绝对禁止使用农药、化肥、除草剂、合成色素、激素等人工合成物质。无公害食品和绿色食品则允许有限制地使用这些物质（AA级绿色食品标准要求生产过程中不使用化学合成的农药、肥料、食品添加剂、饲料添加剂、兽药及有害于环境和人体健康的生产资料）。此外，有机食品在土地生产转型方面有严格规定。考虑到某些物质在环境中会残留相当一段时间，土地从生产其他食品到生产有机食品需要2～3年的转换期，而生产绿色食品和无公害食品则没有转换期的要求。因此，有机食品的生产要比其他食品难得多，需要建立全新的生产体系，采用相应的替代技术。

当代食品生产需要由普通食品发展到无公害食品，再发展至绿色食品或有机食品。绿色食品跨接在无公害食品和有机食品之间，无公害食品是绿色食品发展的初级阶段，有机食品是质量更高的绿色食品。

绿色无公害食品是出自洁净生态环境、生产方式对环境友好、有害物含量控制在一定范围之内、经过专门机构认证的一类无污染的、安全食品的泛称，它包括无公害食品、绿色食品和有机食品。

二、绿色冰箱

绿色家电是指在产品质量合格的前提下，高效节能且在使用过程中不对人体和周围环境造成危害，在报废后还可以回收利用的家电产品。绿色家电的类型主要集中在资源节约型、低噪音型、减少废物型、低毒安全性产品上。

绿色冰箱是指制冷发泡系统没有含氟物质、不含有害物质、节能、低噪声的电冰箱。

为了节能和减少大气污染，绿色冰箱主要解决以下问题：采用无氟工艺取代现有氟利昂工艺，采用新型制冷系统。

（一）采用无氟工艺

隔热材料是指冰箱外箱和内箱之间箱体夹层的保温材料。最常见的是采用隔热性能好的发泡剂制作的泡沫材料。氟利昂 CFC－11（分子式为 $CFCl_3$）易于发泡，热传导小，隔热效果好，过去作为冰箱隔热材料的发泡剂而长期广泛使用。

制冷剂是在冰箱的制冷回路中循环，通过抽空、充注、蒸发、压缩等工况，完成吸热和放热过程的物质。氟利昂 CFC－12（分子式为 CF_2Cl_2）是过去常用的最优制冷剂。

由于氟利昂会破坏大气臭氧层，因此，目前全球禁止使用氟利昂。氟利昂中含有氯原子，当它上升到高空大气平流层后，在阳光辐射下，就能分解出氯自由基，连续与臭氧起反应，破坏臭氧层，致使南极上空出现臭氧层空洞，北极上空臭氧层变薄。这样，太阳光的紫外线就能长驱直入辐射到地球上来，给地球上的人类和生物带来危害。人类皮肤癌患者的增多，就与臭氧层遭氟利昂的破坏有关。因此，国际社会通过了《保护臭氧层公约》和《蒙特利尔议定书》，根据这两个国际公约，应该停止使用含氟的发泡剂和制冷剂。

环戊烷是冰箱发泡剂 CFC－11 的良好替代品。环戊烷是碳氢化合物，不含氟，对臭氧层无破坏作用，温室效应潜值（GWP）也很小，而且发泡性能优良，可制备绿色全无氟聚氨酯硬泡塑料，对人体无害，因此欧洲生产厂家广为使用。陕西长岭冰箱厂在德国 Bayer 公司的帮助下，于 1997 年率先采用环戊烷生产全无氟绿色冰箱、冰柜。然而，我国环戊烷资源有限，成本偏高。采用资源丰富的正、异戊烷发泡和 R600a（异丁烷）作制冷剂的搭配方案，冰箱的整机性能可以保持在传统方案的水平。

此外，欧洲的一些冰箱生产厂商采用真空隔热技术。在塑料或钢板之间抽成真空，并加入填料（如玻璃纤维、硅藻土、硅石）提高真空板的隔热性能。

目前，R600a 是制冷剂 CFC－12 的最佳替代品。R600a 对臭氧层没有破坏，不会导致全球变暖，无毒无污染，用量小，制冷效率较高，运行压力低，噪声小，能耗可降低 5%～10%，与水不发生化学反应，不腐蚀金属，与 CFC－12 的润滑油完全兼容。

（二）采用新型制冷系统

对冰箱进行生命周期评价可知，冰箱在长期使用过程中耗电的环境影响占整个生命周期环境影响的90%左右。因此，冰箱能效比已经受到世界各国政府和冰箱生产企业的普遍重视。

目前家用冰箱的主流仍采用的蒸汽节流制冷循环，通过采用高效压缩机、真空绝热技术、变频技术来达到节能的目的。采用高效压缩机是最主要的节能途径，通过提高机械和电器效率，改进压缩机内的冷却以及减少活塞余隙容积来实现总体效率的提高。真空绝热技术具有较大的节能潜力，理想状况下可实现30%左右的节能目标，但由于太高的材料成本以及工艺质量控制上的高难度，从而影响该技术的发展。变频技术的原理是通过传感器及电子智能控制系统，根据冰箱冷藏室或冷冻室的需要来改变压缩机转速以满足其制冷量的需要。由于变频技术能最佳地分配冷量，其制冷循环能保持在最节能的状态，相对于普通冰箱可降低能耗20%左右，冰箱内的温度波动也远远低于普通冰箱，从而更有利于食品的保鲜。

目前的蒸汽节流系统的制冷系数最多达到卡诺循环效率的35%，而斯特林制冷机很容易达到40%以上。斯特林制冷机一般采用少量氦气作为制冷工质，整个循环无相变。用于冰箱的斯特林制冷机一般采用整体式自由活塞技术，自由活塞式斯特林制冷机是利用气动技术进行膨胀制冷的，即通过气体压力差和弹簧控制推移活塞的运动，而不是使用电机。自由活塞斯特林制冷机具有结构紧凑、重量轻、无油、运动部件少、可靠性高、低噪音、低振动、不易磨损、寿命长、制冷量方便可调等优点。

（三）提高可回收性

通过冰箱的可拆卸性设计、可回收性设计、模块化设计和绿色包装设计，提高冰箱的可回收性，从而减少资源能源消耗。

冰箱的可拆卸性设计是指在产品设计阶段就将可拆卸性作为结构设计的一个评价准则，使所设计的结构易于拆卸，因而维护方便。并可在产品报废后可回收和再用部分零部件，以达到节约资源和能源、保护环境的目的。冰箱可拆卸性设计的主要策略有：尽可能采用最简单的结构和外形，尽可能组成产品的零部件材料种类最少、零件数量最少；采用易于拆卸或破坏的连接方法，如设计中优先选择易于分离的搭扣式连接，冰箱箱体采用多件拼装式，避免焊接整体形式；尽量避免零件表面的二次加工，如油漆、电镀、涂覆等，尽量避免在注塑零件中嵌入金属件；使用相同规格的固定部件及固定零件，如螺钉等的标准化。

冰箱可回收性设计策略包括：冰箱设计的结构应易于拆卸；使用易于回收的材料（如铁、铜、铝、热塑性塑料），少用不可回收材料（如热固性塑料、合金等）；采用同一材质部件，少用多种材质的部件，如冰箱拉手不要采用塑料加嵌金属件形式；把部件材料的成分进行标识，如增加可回收材料标志等。

冰箱模块化设计就是在一定范围内，在对不同功能或相同功能下的不同性能、不同规格的产品进行功能分析的基础上，划分并设计出一系列功能模块。通过模块的选择和组合可以构成不同的产品，以满足市场的不同需求。如在冰箱设计通常将冰箱分为门体、箱体、制冷系统和电气系统四大模块。这种绿色设计思想可以同时满足产品功能属性和环境属性，一方面可以缩短研发与制造周期，增加产品系列，提高产品质量，快速应对市场的变化；另一方面可以减少或消除对环境的不利影响，方便再用、升级、维修和产品废弃后的拆卸、回收处理。

绿色包装技术就是从环境保护的角度，优化产品包装方案，使得资源消耗和废弃物产生最少。冰箱绿色包装设计应遵守减量化、回收再用、循环再生、能量再生和可降解原则。冰箱绿色包装设计可以从包装材料、包装结构和包装废弃物回收处理三个方面着手。如按照减量化原则，减少冰箱包装箱纸层数，在满足保护功能前提下，可由五层改为三层。按照回收再用原则考虑，冰箱包装的 EPS 泡沫可由蜂窝纸板代替。因为 EPS 回收比例低，在大自然中难降解，焚烧时又会放出破坏臭氧层的化学物质，污染严重，而纸易于回收利用，在大自然中易分解，不会污染环境。

（四）新颖绿色冰箱

声能冰箱。它的制冷系统是由超声波发生器、电磁铁和振动音圈膜盒组成的，不用氟利昂做制冷剂，而改用氦压缩膨胀散热的方法。比普通冰箱耗电量低，工作噪声很低。与此类似，还有一种变害为利的噪声制冷冰箱。其外形呈圆筒状，圆筒外面是玻璃纤维板，筒里充满无公害的惰性气体，筒端被封闭。另一端是振动膜片盒，膜片盒与音圈、导线和磁铁相连。当多种噪声的声波作用于弹性膜片时，迫使筒内气体膨胀，产生的热量由玻璃纤维板迅速散失，达到降温制冷目的。

蓄氢合金冰箱。日本开发出一种蓄氢合金制冷冰箱。它的制冷系统是利用蓄氢合金吸收和放出氢气时的放热吸热原理设计而成，无噪声，无氟利昂污染。

电子冰箱。这种冰箱利用电子冷却方式达到制冷和冷冻。冰箱内装有两种不同的半导体制冷，可把冰箱内的温度控制在 5℃。冰箱的噪声只有 18dB，比普通冰箱小得多。

光能冰箱。这种绿色冰箱内装太阳能电池，直接利用太阳的热来制冷。在低湿度时，活性炭吸附甲醇。当甲醇蒸发时，吸附了冰箱中的热，使水温降低，当降到 0℃，水就结成冰。白天，阳光接收器吸收太阳能，使活性炭温度升高，释放出甲醇变为液体，流回储存器。夜晚气温下降，甲醇蒸发冷凝，活性炭周围压力减小，将循环冷却系统的甲醇抽回太阳板，再度被活性炭吸附而制冷工作。

磁热冰箱。这种冰箱是采用磁热效应的制冷原理制成的。用磁性材料制成小珠，再填满一个空心圆环，绕轴旋转，转到冰箱外侧的半个环，受到磁场的作用，放出热量。当转至冰箱内侧的半个环时，由于失去磁场作用，而从冰箱内吸取热量，如此循环下去，冰箱便保持冷冻状态。这种冰箱虽然也用电作电源，但不装压缩机，不用氟利昂，体积小，寿命长，效率比现有冰箱高 1 倍。

帕耳帖冰箱。这种冰箱是采用超导材料的帕耳帖效应制成，其外壳由两层金属板组成，中间夹一层以镧和钇为主的陶瓷材料，通电后产生帕耳帖效应。冰箱外壳的外层金属面升温，而作为冰箱内壁的金属面冷却，从而达到制冷的目的。该冰箱不用氟利昂，无污染，无泄漏，体积小，重量轻，磨损小，无噪声，结构简单，安全可靠。

第二节 绿 色 服 务

本节以绿色饭店为例，说明如何开展绿色服务。

一、绿色饭店的含义和特点

绿色饭店是运用安全、健康、环保理念，坚持绿色管理、倡导绿色消费、保护生态和合理使用资源的饭店。绿色饭店有四个主要特点：环保、健康、节约、安全。环保是指在饭店的经营过程中减少对环境的污染，实现服务与消费的环境友好。健康是指饭店为消费者提供有益于大众的身心健康的服务和产品。安全是指饭店在服务中确保公共安全和食品安全。节约主要是指在饭店的经营过程中注重循环经济，节能降耗。

绿色饭店的核心是为顾客提供舒适、安全、有利于人体健康要求的绿色客房和绿色餐饮，并且在生产经营过程中加强对环境的保护和资源的合理利用。

绿色饭店的"绿色"有三层意思：第一，提供的服务是绿色的。要求为顾客提供舒适、安全、符合人体健康要求的绿色客房和绿色餐饮等。第二，服务过程中使用的物品是绿色。要求用于服务的所有物品是安全的、环保的。第三，经营管理过程中注重保护生态和资源的合理利用。总之，要在确保服务品质的前提下，做到尽量节约能源，降低物质消耗，减少污染物的产生和排放。

绿色饭店的指导思想是：以环境友好为理念，将环境友好行为、环境管理融入饭店经营管理中；贯彻环保、节约、健康和安全的宗旨；坚持绿色管理和节约资源、建设绿色消费、保护生态环境和合理使用资源的饭店。

二、绿色饭店的起源与发展

20世纪80年代末期，在可持续发展战略的指导下，一些发达国家的饭店开始改变经营策略，加强环保意识，实施环境管理，极力营造饭店的"绿色"氛围。其中最主要的措施就是采用先进的节能设备，加强排放物的污染控制，尽量回收可再生的物资，同时倡导绿色消费。将绿色饭店作为企业新的形象，以提高经济效益和社会效益，并取得了较好效果。

20世纪90年代中期，国外"绿色饭店"的理念传入我国，在北京、上海、广州等一些大城市的外资、合资饭店和一些由国外管理集团管理的饭店中实施"绿色行动"，其他也有一些饭店开展了自发活动。1999年，国内首次在省级区域浙江开展创建"绿色酒店"活动，并于2000年6月5日通过第一批浙江省"绿色酒店"。2002年，国家经济贸易委员会颁布了我国第一个绿色饭店国家行业标准——《中华人民共和国商业行业标准绿色饭店等级评定规定》，2003年3月1日起正式实施。该标准突破了绿色饭店概念的传统范围，把绿色饭店的概念由单纯的"环保型饭店"扩展为"安全、健康、环保"，为其注入了新的内涵。绿色饭店分为A级到AAAAA级5个等级，用具有中国特色的银杏叶为标识，授予根据标准评定的饭店。

三、建设绿色饭店的意义

（一）节能降耗，改善环境，降低饭店运营成本

饭店业并非无烟工业。一家中档饭店每日经营所需能耗和废气排放量与同规模的工矿企业相当，豪华饭店甚至要高于同规模的工矿企业。例如，一家建筑面积在8000～10000m² 的星级饭店，全年消耗1.3万～1.8万吨标准煤，其能耗不亚于一个大型的工厂；一家三星级以上的饭店平均每个客人每天的耗水量约为0.5～1.1t，是居民耗水量的4～10倍；一座饭店一年要排放污水近10万吨，这些污水中除了生活污水外，还包括含油量很高的厨房污水、含多种有机物的洗衣房污水，这些污水都将对环境造成不同程度的污

染。宾馆、饭店在为宾客提供良好环境和优质服务的同时，大量的能量消耗和污染物的排放问题也引起人们的广泛关注。绿色饭店的建设过程中所采取的大部分措施将在减少废物排放的同时，降低饭店的日常消耗(例如能源、水、客房用品和工作人员的办公用品等)，从而降低了饭店的运营成本，使饭店更具有竞争力。

（二）提高饭店的公众形象和知名度

现在有越来越多的顾客，特别是国外顾客开始关心环境问题，绿色饭店活动的开展，可使顾客们感受到饭店在给他们提供优质服务的同时，也同样致力于保护环境和可持续发展，这将赢得顾客的尊敬与信赖。因此，除了成本低以外，绿色饭店还会受到越来越多顾客的欢迎。饭店通过创绿活动把自己的努力与社会公众及时沟通，将大大提高饭店的公众形象和知名度，给饭店创造很大的无形资产和商业机会。

（三）适应社会发展的要求

我国可持续发展战略的确立，从政策上、法律上对我国饭店的经营行为作了规范，要求饭店必须要采取措施来适应这一大环境的变化。同时国际环境保护的潮流也对我国饭店业产生重大冲击，要求饭店按国际环境标准进行经营活动。在国内外的环保压力下，我国不少饭店开始为自己的饭店量身订做一套建立绿色饭店的方案与制度，使之既适合本身的实际情况，又符合国家政策法规。

四、我国绿色饭店的创建方法

（一）节约材料消耗

节约材料，从源头减少废物的产生。高度重视设备设施的保养和维修，延长设备更换周期。物品的采购应进行科学统计，避免浪费；对可重复使用物品进行循环再生利用，如纸张应正反两面用等；对不能重复使用的物品(如废纸、塑料、铝制品等)进行分类回收；国外有的饭店还将用剩的肥皂头回收，卖给厂家，通过回收可减少不可再利用的垃圾；充分利用燃料，提倡回炉处理。

（二）确保产品的安全使用、卫生和方便

可以从开辟绿色客房、创办绿色餐厅和提供绿色服务三方面着手。

绿色客房是指客房的物品应尽量包含"绿色"因素，如床单毛巾最好是纯天然的棉织品或亚麻织品；肥皂宜选用纯植物油脂皂；客房应摆上一、两盆植物，便客房有生气、有春意，同时引导入住客人成为资源的节约者、环境的保护者。将客房淋浴器冷热水调节板改为灵敏度较高的冷热水调节板；在不降低淋浴舒适度的前提下，改换新式节水喷头，从而节约水资源和能源。增加客房窗户的密封性；拉开窗帘，导入阳光，减少空调制热；关上窗帘，挡住阳光，减少空调制冷；采用钥匙取电，使客人不在房间时空调和电灯自动关闭。合理调配室内照度，使用节能灯泡，减少总电耗。采用小冲水量的坐便器，减少冲厕水的使用量。浴室中使用对环境影响小的清洁剂和消毒剂。加强对服务员节水意识教育，减少卫生间清洗时水资源浪费。

绿色餐厅是指以绿色食品为原料，而且不食用珍稀野生动植物及益鸟、益兽。食品洗涤和制作时，避免长流水。不使用一次性塑料桌布，通过美化桌面和周围环境来提高餐厅档次，吸引顾客，尽量减少台布的使用。服务员在收拾桌子的时候就将脏的和干净的(例如茶碟)餐具分类摆放，然后分类洗涤；使用有利于环境的洗涤剂(例如无磷洗涤剂)；使用有利于环境的消毒剂(例如臭氧或紫外线消毒);严格控制蒸气消毒时间,避免过度无效消毒。绿色服务是指饭店提供的服务是以保护自然资源和人类生态环境和人类健康为宗旨的、并能满足绿色消费者要求的服务。例如,选用无磷洗涤剂,改用臭氧、紫外线等消毒方式替代含氯消毒剂的使用。采用 H_2O_2 替代含氯漂白剂,用油或天然气等更洁净的燃料替代煤作燃料等。

(三) 加强环境管理

在饭店建设和运行过程中,应将对环境的影响和破坏降低到最小。例如,避免一次性消耗用品的使用;继续添加没有使用完的用品;对同一位住店客人不必每天更换棉织品;洗衣房要使用无磷洗涤剂和清洁剂;完善污水和废气处理设施,实现达标排放;固体废弃物进行综合利用和分类收集,特别要对废电池进行单独收集;对饭店重新改造时,要采用具有环保标志的材料等。

合理安排服务流程,并给出方便明确的提示,给顾客提供更多的保护环境机会,这样许多顾客会很乐意来配合酒店。加强管理,严格操作规程,避免不必要的消耗和浪费。加强设备的维护和保养,避免跑冒滴漏。更新设备,尽量采用节能、节水设备。清污分流,考虑重复利用和循环使用,减少末端处理负担。

(四) 倡导绿色消费

为减少客人就餐时的浪费,可引导消费者适量点菜,注意节约,提供剩菜打包、剩酒寄存服务。一次性消耗用品的过度使用会导致污染,饭店可对没有使用完的用品不再添加。对以前饭店服务规范中所要求的每天更换棉织品,绿色饭店可根据顾客的意见更换,这样既可以降低饭店成本,又可以减少对环境的污染。提示客人在洗浴过程中,控制热水温度不要过高,尤其是夏季。增加说明,提示客人将衣服送到洗衣房洗涤。

第三节 绿色消费

一、绿色消费

绿色消费,是一种以适度节制消费、避免或减少环境破坏、崇尚自然和保护生态等为特征的新型消费行为和过程。绿色消费是伴随着社会大众环保和健康意识不断增强而出现的一种消费新理念。无论是绿色食品、绿色家电,还是绿色经济、绿色采购,其消费方式都要考虑资源和环境的承载能力,在满足当代人需求的同时,也要保障后代人的发展。随着人们绿色意识不断增强,越来越多的绿色产品进入市场,绿色消费已经成为一种潮流。

中国消费者协会提出的"绿色消费"有三层含义:①倡导消费者在消费时选择未被污染或有助于公众健康的绿色产品;②在消费过程中注重对垃圾的处置,不造成环境污染;③引导消费者转变消费观念,崇尚自然、追求健康,同时注重环保、节约资源和能源,实现可持续消费。

目前,国内各大城市都开展了与绿色消费相关的调查与决策研究,绿色消费还处于逐步深入之中,其明显特征是,人们逐渐了解了绿色消费内容及内涵;许多法律、法规需要出台或完善,绿色消费评价体系需要细化和完善;绿色消费的宣传教育需要加大力度;生活垃圾的处理技术需要继续提高;绿色消费各个公益性环节的资金来源需要充实;一次性物品、非环保性包装、习惯性非生态食品等还会在一定时期内存在；规范化的行业标准等待制定和施行。由于绿色消费各个环节的责权利比较模糊，绿色消费涉及面非常广，因此它的推行难度非常大。

二、企业的绿色消费

人们往往从经济学角度来看待企业，希望它能给人类带来更多的经济利益。因而，那些能为社会提供更多的产品，更大的经济效益的企业被称为"素质高"、"生命力强"的企业，往往忽略其对生态环境的危害程度。在这种思想的指导下，企业的目的就是单纯追求经济效益最大化，而对生态效益的大小根本不予以重视。

然而，企业在环境问题中承担着不可推卸的责任。经济学中，对于环境、资源这些公共物品，由于外部的不经济、环境成本的外部化，生产企业可以通过逃避责任或搭便车，将成本转嫁给政府或社会。一方面，企业即使采取了破坏环境的行为(如造成了污染)，在进行成本核算时不计入企业的生产成本中，而由社会共同承担，企业的破坏行为会继续进行。另一方面，出于节约成本的考虑，企业可能愿意使用更高效的能源、资源，但是如果这种清洁能源价格更高，或者为了节约能源需要购买昂贵的机器设备时，企业也会放弃这种努力。此外，同国际绿色企业的发展状况相比，国内企业对"绿色"理解的广度和深度也还存在很大差距。在广度上，国外对"绿色"这一概念几乎波及到社会生活的各个方面，每一行业都有自己"绿色"发展的目标和计划。而国内则相对集中于食品、电器等少数几个行业。在深度上，国外对"绿色"的理解已不再停留在产品的层次上，而是在企业的经营管理上融入可持续发展观念，进而把它上升为一种经营理念和经营哲学。而在国内，生产者对"绿色"的理解普遍还停留在产品阶段，绿色价值观还只是表现在绿色产品所能带来的利润上，并没有深入到生产经营者的经营理念中去。

因此，需要通过政府的法令法规、严格管制，限制企业的不利行为，提高整个社会的利益。我们拿美国和欧洲的环保法规做一个对比。美国的环保法规制定非常苛刻，要求美国企业在环境控制上使用可获取的最佳技术，严格限制了企业的行为，导致美国企业纷纷进行立法对抗，希望逃过这次劫难，导致环境问题解决成效缓慢。欧洲的环保法规则采取循序渐进的方法，引导企业进行改进，并且明确今后会越来越严格，从而促使企业持续努力改进环保技术，取得了很好的效果。从这里可以看出，"严法"并不等于是"良法"，只有企业的投入和参与，环境问题的最终解决才是有效的，环境改善离不开我国企业的主动参与。

三、政府绿色采购

政府绿色采购，就是通过政府庞大的采购力量，优先购买对环境影响较少的环境标志产品，促进企业环境行为的改善，抓好生产领域资源的有效利用和污染治理，推动国家循环经济战略及其具体措施的落实，真正落实科学发展观，同时对社会绿色消费起到巨大的推动和示范作用。

在我国，尽管消费者和生产者的消费意识比以往有了较大的改善，但是绿色环保意识仍较淡薄。绿色产品的环保技术含量高，成本和价格较高，在市场中不占优势，绿色产品的需求与供给都很不足，绿色产业尚未形成，大量污染环境的商品仍充斥着国内市场。在这种情况下政府的引导和支持就显得尤为重要。政府绿色采购因具有消费规模大和市场带动作用明显等特点，成为引领绿色消费的重要手段，是我国建立可持续消费模式的突破口。

一般说来，政府是环保的坚定支持者，会优先购买绿色产品并愿支付较高的价格，以表明其对环保的支持。而且，政府采购的范围比较广，大多数商品都在政府采购的范围之内。所以，政府在采购时可以主动选择对环境无污染或采用新型绿色材料的绿色产品，扩大绿色消费需求。我国的政府采购规模比较大，在整个消费市场中占有相当大的份额。因此政府采购可发挥对民间消费的替代作用，直接支持和刺激绿色产业的生产。并且，政府的消费行为在一定程度上能够对公众消费产生影响。政府从办公用品到家具、电器、汽车与公众消费均有相似之处，政府可以通过优先采购来提高绿色产品的销售额，来支持环保产品的生产和营销，扩大绿色产品生产企业的规模。如美国政府规定，所有办公室用品和设备必须达到美国国家环境保护局规定的标准。政府的这种示范行为能够为我国绿色消费的实施和普及起到积极的推动作用。

政府行为代表社会公共利益，政府采购也在另一方面调控国家经济。因此，政府在采购过程中，考虑自身成本收益的同时，也注重将经济效益与社会效益相结合，对环境的保护也理所当然地成为它考虑的目标范围。目前，我国环境污染越来越严重，在招标计划中优先考虑绿色产品、劳务和有利于环保的工程项目自然成为一种需求，必然会引导我国企业向绿色方向发展。也就是说，政府作为理性的消费者，其采购行为具有明显的政策导向作用。

实行政府绿色采购，需要从以下几个方面的工作着手。首先要制定具有可操作性的绿色采购制度，完善相关法律法规，为政府绿色采购建立法律基础。从长远来说，我国应像许多发达国家一样，制定专门的《政府绿色采购法》，对政府实行绿色采购的主体、责任、绿色采购标准和绿色采购清单的制定和发布进行明确规定。其次要建立绿色采购标准，发布绿色采购清单。从国际经验看，环境标志产品是各国制定绿色采购产品标准和指南的重要基础。为了核查和审计的方便，许多国家都将环境标志产品与政府绿色采购产品挂钩，政府绿色采购产品指南的制定都以环境标志产品为依据和基础，要求政府采购环境标志产品。因此，环境标志产品认证成为推动政府绿色采购的重要制度。此外，还要建立并完善监督制约机制。从目前我国的实际情况来看，建立政府绿色采购制度的条件已基本具备。我国《政府采购法》对绿色采购已有原则性规定，具备了一定的法律基础。作为政府绿色采购的相关配套制度，环境标志产品认证制度培育了绿色消费市场，促进了绿色技术和清洁技术的发展，使我国的绿色采购产品市场具备了一定规模，是下一步我国制定政府绿色采购标准、清单和指南的重要基础。

四、公众的绿色消费

绿色消费是 21 世纪的主导消费模式。在欧美等发达国家，绿色消费已蔚然成风，绿色产品销售量逐步递增。相对于西方发达国家，中国的绿色消费起步较晚，但发展速度很快。在我国，近几年"绿色食品"、"绿色家居"、"绿色家电"、"绿色建材"、"绿色服装"等绿色产品已逐渐受到人们的青睐。中国社会调查事务所（SSTC）对北京、上海、天津、广州、武汉、南京、重庆、青岛、长沙、南宁等城市的消费者的绿色消费观念及消费行为专题调查显示，有 53.8% 的消费者愿意购买绿色产品，有 37.9% 的人表示已经购买过绿色商品。在中国，绿色消费正逐渐深入人心。

（一）绿色消费在政府的大力推动下迅速发展

随着环境运动的深入开展，绿色消费已经得到国际社会的广泛认同。国际消费者联合会从 1997 年开始，连续开展了以"可持续发展和绿色消费"为主题的活动。1999 年国家经贸委、国家环保总局、卫生部、铁道部、交通部、国家工商总局、质检总局等部委启动了以"提倡绿色消费，培育绿色市场，开辟绿色通道"为主要内容的"三绿工程"，目前已取得了阶段性的成果。2005 年 6 月 28 日到 29 日，由国家环境保护总局主办，国家环境保护总局环境认证中心承办的"政府绿色采购国际研讨会"在北京召开。政府绿色采购将成为我国建立可持续消费模式的突破口，类似的活动在全国正在兴起，它们推动着绿色消费进入更多人的生活。

（二）绿色消费正在全国各地全面展开

许多地方政府注意发挥自身的生态优势来发展绿色经济。哈尔滨市 2002 年无公害农产品创造产值 11.4 亿元，方正、巴彦、延寿等地的无公害大米每千克以高出普通大米3～4 倍的价格销往上海、广州、深圳等 17 个省市；江苏省组建了绿色食品金陵商社，已在南京、无锡、徐州、扬州等地筹办市场、商店或专柜，该商社还在积极筹建中国绿色食品江苏配货销售中心，逐步建设规范化、国际化和连锁化的绿色食品商贸点；大连市消协与政府有关行业部门共同开展推介"十大绿色产品基地"活动，拟推介绿色苹果、绿色大米、绿色乳制品、绿色海产品、绿色鸡蛋、绿色装饰材料、绿色肉类、绿色豆制品、绿色住宅小区等十大"绿色"基地；以奶类消费为切入点引导健康消费等。

（三）我国公众的绿色消费观念正在向欧美国家靠近

国际消费者联会从 1997 年开始，连续开展了以"可持续发展和绿色消费"为主题的活动，受到了联合国的高度重视，引起了世界各国政府和绿色环保组织的极大关注。中国消费者协会将"绿色消费"确定为 2001 年主题，同时将其确定为 21 世纪主题。为推动整个社会向"绿色消费"方向迈进，中国消费者协会在全国范围内开展了"千万个绿色消费志愿者在行动"大型绿色消费调查承诺活动。调查结果显示：98.9% 的消费者愿做一名绿色消费志愿者，为推动绿色消费尽力；97.5% 的消费者为了人体健康和生态安全愿意多花一点钱买绿色食品；97.4% 的消费者愿意选择绿色家居用品和环保装修；94.2% 的消费者愿意每度电多花一点钱，成为绿色电力用户；94.6% 的消费者能够拒绝过度包装的商品；97.5% 的消费者为保护大气愿意支持发展公共交通；97.8% 的消费者"能节约用水，使用节水龙头"；97.4% 的消费者能够不吃野生动物，拒绝野生动物制品。调查结果说明我国居民绿色消费观念正在向欧美国家靠近。

五、影响绿色消费的因素

（一）企业方面

绿色产业的技术发展落后。绿色产业是绿色消费的支撑点。发展绿色消费，必须有丰富的绿色产品。我国的绿色产业技术落后，已成为最大的制约因素。由于绿色产品的开发难度大、成本高、风险大、获利不确定，使企业选择绿色产品生产、营销的动力不足。此外，绿色产业作为新兴产业在我国刚刚兴起，多数绿色产品尚未形成规模生产，产品结构单一、技术含量低。目前我国绿色产品的生产规模偏小，品种欠丰富，绿色市场发育程度不高，这在很大程度上制约了我国绿色消费水平。

缺乏整体促销力度。消费者对绿色产品的认知程度不高是制约绿色消费的一大障碍。虽然有很多有眼光的企业看到了绿色产业的先机，也致力于绿色产品的开发和推广，但在具体操作过程中，舍不得投入资金进行深入的市场调查和产品宣传。很多企业只是重表面肤浅的宣传，忽视了内在的、本质的以及对人类与环境、社会起作用的宣传，把产品的销售扩大全部寄托在绿色标志上，未能考虑消费者对绿色标志的认识程度、接受程度甚至不信任感。

（二）消费者方面

消费者收入水平低。众所周知，消费需求同国民收入的关系呈严格正相关关系，国民收入越高，消费需求越高（部分物品例外）。这一点是我国绿色消费滞后于欧美国家的原因之一。绿色产品由于在制造资源、制造工艺等方面的改进，生产企业为其投入大量的资金。高成本投入必然导致价格上扬，昂贵的价格使得绿色消费成为老百姓心目中的高档消费、贵族消费。而中国目前整体收入水平不高，大部分消费者的收入水平仍处于中、低阶段，有的还处于贫困阶段，仅仅追求基本生存消费的满足。这对绿色消费的普及和推广造成了很大的障碍。绿色消费意识比较淡薄。绿色消费是建立在消费者普遍具有较高的生态意识、环保意识以及责任感的基础之上的，是一种高层次的理性消费意识。中国的绿色营销起步较晚，绿色消费教育还没有跟上。据一份在上海 15 个区所做的随机调查表明：绝大多数市民不知道什么是绿色消费。面对一道关于什么是绿色消费的选择题，有 86.08% 的市民回答错误或不够正确。况且，中国农村居民的绿色消费意识远远落后于城镇居民。总体来说，我国消费者的绿色消费意识还比较淡薄。

（三）市场方面

绿色产品入市还存在一定的难度。国内绿色产品的管理机制还不完善，一方面绿色产品的申办认证过程相当繁杂，手续费也高达几万元，挫伤了企业申请绿色标志的积极性；另一方面农副产品只能是经过规模化批量生产出来的产品，对于中小型无公害蔬菜基地和农民自己生产的不用化肥、农药的蔬菜，国家还没有相应的标准来衡量、规范这些产品。消费者购买时没有有效的标志来鉴别这些产品，从而在很大程度上限制了绿色市场的扩大。

外部性在一定程度上造成了当今的环境问题。外部性是指企业或个人的行为给他人造成的影响。这种影响可能是有利的，即正的外部性；也可能是不利的，即负的外部性。在讨论外部性的时候，往往只关注企业（生产者）的外部性，而忽略了个人（消费者）的外部性。而正是这种外部性的存在以及对它的漠视才在一定程度上造成了当今的环境问题。我们按照微观经济理论讨论消费者的需求以及影响因素是以一个隐含的假设为前提的：单个消费者或生产者的经济行为对社会上其他人的福利没有影响，即不存在"外部性"。但在绿色消费领域，这个假设不能成立。绿色产品除了由于原料、技术等因素给消费者本身带来的健康方面的好处之外，还带有明显的外部性，主要体现为对大气、土壤及水资源等公共环境的保护，其收益对象不具有排他性。因此购买廉价的非绿色产品的消费者也同样享受了由绿色消费者带来的生态环境和资源得到保护的好处，而并没有为此多付出成本。而购买绿色产品的消费者给社会上其他成员带来好处，却要自己承担成本，且无法从中得到补偿，此时，消费者购买绿色产品的行为便产生了"消费的外部经济"。对于单个消费者来说，这种收支不等的影响是巨大的。作为分散决策的经济理性人，消费者在进行消费决策时和消费过程中所考虑的，往往是在消费收益一定时，是消费成本最小化；或者在消费成本一定时，个人短期效用最大化。在没有外部激励和内部冲动的情况下，当然没有持久的意愿来提供外部经济。绿色消费由于具有积极的外部性，对于追求自身效用最大化的消费者来说，会产生成本分担效应，从而降低其购买欲望。

绿色产品市场紊乱。近年来，我国市场经济秩序相当紊乱，经常出现假冒伪劣产品，以假乱真。绿色产品更会出现假冒伪劣产品。按照中国相关法规的规定，"绿色产品"必须是国家环境标志产品认证委员会经过严格审查合格的产品，判别绿色产品的唯一依据就是合法的绿色标志。但是有的产品根本不是绿色产品，却加以包装，打上"绿色食品"或者"中国环境标志"的字样，使消费者难以认清真正的绿色产品，丧失对绿色标志的信任，并且严重威胁着绿色生产企业的生存。

六、走向绿色消费的途径

（一）企业要大力发展物美价廉的绿色产品

首先，绿色产品的生产企业应具有敏锐的嗅觉，及时收集绿色信息，充分了解国际国内的绿色需求，开发出符合国际潮流的绿色产品。企业应把好绿色关，在原材料的采购、产品的设计与制造、保管和运输各环节坚持绿色标准，全面开展绿色营销，使绿色产品从原料、生产到销售过程的每一个环节都必须符合绿色产品的质量要求。企业应该真正保证绿色产品的绿色效果，加强技术创新，坚持诚信原则，客观宣传绿色产品，科学介绍绿色产品，提高绿色消费满意度，激发消费者对绿色产品的消费动机。

其次，我国绿色产品的发展还要从产品的品种与结构上下工夫。这在很大程度上取决于绿色产品的生产技术。生产企业应在充分研究分析消费者绿色需求与偏好的基础上，运用恰当的绿色技术组织生产。绿色技术源于当今的环境问题，环境问题即是绿色技术努力的方向。对于环境技术的研究与开发，国家在产业政策方面应给予足够的扶持。

（二）消费者要树立绿色消费观念

树立绿色消费观念是发展绿色消费的思想基础和前提条件。在消费过程中，人们的消费观念对其消费取向影响很大，因此，树立绿色消费观念十分重要。绿色消费观主要体现为健康消费、适度消费和消费的社会责任意识。

培育公众的绿色消费观，首先要在全社会普及环保知识。继续在大中小学校开展形式多样、内容丰富的环境教育，因为他们是未来的主力消费者，而且对家庭的消费行为有很大的影响。鼓励在新闻媒体和社区建立更多的环境知识宣传窗口。我国是一个民间环境组织缺乏的国度，应大力支持其发展，发挥其自我教育、社会教育及社会监督的作用。其次要在全社会形成适度消费、爱护环境和他人的社会风尚。

（三）政府要进一步加强宏观调控

一是要进一步健全和完善绿色法规。绿色消费行为是建立在消费道德基础上的，现阶段的中国，单靠道德约束是不够的，还应建立有效的法律、法规和政策约束。对有关自然资源保护、环境污染防治和环保行政等方面现有的30多部法律法规，要根据我国经济发展的需要，参照国际惯例，适时进行修订；对立法体系上还存在着相当数量的空白要尽快予以填补和完善；对环境执法要加强监督检查。如制定和出台相应的法律法规，限制污染严重的产品的生产；制定相应的产业优惠政策，在产业规划时要充分体现绿色技术思想，大力扶持绿色产业的发展和绿色产品开发。

二是要加强对发放"绿色标志"和实施绿色营销的管理和监督，严厉打击绿色产品的假冒行为。查处假冒伪劣商品时，把那些因污染对人民健康造成危害的产品和假冒的绿色产品作为制止和打击的重点，加大行政保护力度，保证绿色产品和产业的健康发展。

（四）营造良好绿色消费环境

消费环境也是影响消费的一大因素。良好的绿色消费环境，有利于降低绿色消费的寻求、购物等成本，有利于减少绿色消费风险，因而有利于发展绿色消费。营造良好绿色消费环境应从以下几方面着手。

为消费者提供准确的绿色信息。绿色信息包括绿色产品信息、生产者信息、经营者信息、政策信息等，重点是绿色产品信息。当前绿色市场"绿色"充斥、鱼目混珠，难辨真"绿"。为此必须建立公正、权威、第三方的绿色信息供给机制和渠道，严格规范商标、标签和包装的信息披露。

构建便捷、通畅的绿色渠道。绿色渠道包括正向渠道和反向渠道。前者指绿色产品到达、进入消费的路径与环节，要解决的问题是让消费者便利、快捷地购物，是一个配送问题。后者指消费废弃物（如包装、报废品）的处置、回收与循环利用问题。两种渠道的建设都必须引起重视。

总之，绿色消费涉及生产、流通和分配等社会再生产诸环节，关系到政府、企业和消费者等经济主体。因此，发展绿色消费是一项系统工程。发展绿色消费，不仅需要生产者和消费者提高认知、增强责任感，也需要政府调整政策、规范秩序，还需要其他社会组织和社会舆论的支持与配合。迫切需要企业、消费者、政府联合起来，解决目前存在的问题，使绿色消费真正成为大众所接受的主导消费模式。

参 考 文 献

[1] 沈洪艳，任洪强．环境管理学[M]．北京：中国环境科学出版社，2005.

[2] 朱庚申，刘天齐．环境管理[M]．北京：中国环境科学出版社，2007.

[3] 郭廷忠，周艳梅，王琳．环境管理学[M]．北京：科学出版社，2009.

[4] 王蕾，刘晓艳．环境管理体系最新标准应用体系[M]．北京：化学工业出版社，2009.

[5] 陈全．新版环境管理体系实施指南[M]．北京：中国石化出版社，2005.

[6] 王远．环境管理[M]．南京：南京大学出版社，2009.

[7] 白志鹏，王珺．环境管理学[M]．北京：化学工业出版社，2007.

[8] 叶文虎．环境管理学[M]．北京：高等教育出版社，2000.

[9] 方园，李梅，吴璋灵．化工行业 ISO14001：2004 标准理解与实施[M]．北京：中国计量出版
   社，2006.

[10] 王庆华．环境管理与环境知识问答[M]．北京：化学工业出版社，2006.

[11] 王立新．环境管理创新与可持续发展[M]．北京：中国环境科学出版社，2005.

[12] 张明顺．环境管理[M]．北京：中国环境科学出版社，2005.

[13] 曾思育．环境管理与环境社会科学研究方法[M]．北京：清华大学出版社，2004.

[14] 张宝莉，徐玉新．环境管理与规划[M]．北京：中国环境科学出版社，2004.

[15] 王家德．环境管理体系认证教程[M]．北京：中国环境科学出版社，2003.

[16] 夏青．环境管理体系：ISO 14001 国际环境管理标准[M]．北京：中国环境科学出版社，2002.

[17] 李春田，贾岚．环境管理体系实施案例[M]．北京：中国标准出版社，2002.

[18] 李春波．环境管理管理体系实施问答[M]．北京：中国计量出版社，2003.

[19] 李春田．环境管理体系的建立与内部审核[M]．北京：中国标准出版社，2001.

[20] 张承中．环境管理的原理和方法[M]．北京：中国环境科学出版社，1997.

[21] 于秀娟．环境管理[M]．哈尔滨：哈尔滨工业大学出版社，2002.

[22] 于启武．环境管理标准化理论与方法：企业实施 ISO 14000 指南[M]．北京：首都贸易大学出版
   社，2001.

[23] 宫学栋．环境管理学[M]．北京：中国环境科学出版社，2001.

[24] 赵文军．环境管理的发展与实践研究[D]．西安：西北大学，2003.

[25] 赵晶晶．政府环境管理权责一致性研究[D]．上海：上海交通大学，2010.

[26] 刘东霜．我国政府环境管理的问题及对策研究[D]．长春：吉林大学，2009.

[27] 张儒．公众参与环境管理问题研究[D]．哈尔滨：东北林业大学，2010.

[28] 龚亦慧．完善我国环境管理体制若干问题研究[D]．上海：华东政法大学，2008.

[29] 肖娜．我国环境管理的政府对策研究[D]．郑州：郑州大学，2004.

[30] 胡莉莉．我国公众参与环境管理研究[D]．兰州：兰州大学，2009.

[31] 宋海水．公众参与环境管理机制研究[D]．北京：清华大学，2004.

[32] 王志荣．绿色管理理念在建设项目环境管理中的应用[D]．广州：华南理工大学，2010.

[33] 戚本超，周达．东京环境管理及对北京的借鉴[J]．宁夏社会科学，2010，(5)：41～44.

[34] 张孟超．浅析制约环境行政科学管理的问题与对策[J]．黑龙江省政法管理干部学院学报，2010，
   (9)：33～35.

[35] 周根华，张瑛，唐永贵．关于环境工程管理体系的研究[J]．价值工程，2010，(27)：57.

[36] 柳亮．农村环境污染应急管理的思考[J]．吉林农业，2010，(10)：128～129.

[37] 何兰平．我国环境管理研究[D]．成都：四川大学，2007.

[38] 贺晴雨．完善我国企业环境管理的对策研究[D]．合肥：合肥工业大学，2007.

[39] 赵由才，刘洪．我国固体废物治理与资源化展望[J]．苏州城建环保学院学报，2002，15（2）：1～9．

[40] 洪崇恩．资源循环我国的废物处理和垃圾污染问题[J]．人与自然，2003，（3）：6～16．

[41] 段宁．从清洁生产、生态工业到循环经济[J]．宁波经济，2004：29～31．

[42] 赵跃龙．中国脆弱生态环境类型分布及综合整治[M]．北京：中国环境科学出版社，1999．

[43] 商彦蕊．自然灾害综合研究的新进展——脆弱性研究[J]．地域研究与开发，2000，19（2）：73～77．

[44] 高洪文．生态交错带理论研究进展[J]．生态学杂志，1994，13（1）：32～38．

[45] B. I. Kochunov. 脆弱生态的概念及分类[J]．地理译报，1993，13（1）：36～43．

[46] 段宁．从清洁生产、生态工业到循环经济[J]．宁波经济，2004：29～31．

[47] 国家环境保护总局科技标准司．清洁生产审计培训教材[M]．北京：中国环境科学出版社，2001．

[48] 国家环境保护局．企业清洁生产审计手册[M]．北京：中国环境科学出版社，1996．

[49] 解振华．生态工业理论与实践[M]．北京：中国环境科学出版社，2002．

[50] 宋瑞祥．零排放——后工业社会的梦想与现实[M]．北京：中国环境科学出版社，2003．

[51] 赵玉明．清洁生产[M]．北京：中国环境科学出版社，2005．

[52] 赵天柱，石磊，贾小平．清洁生产导论[M]．北京：高等教育出版社，2006．

[53] 金适．清洁生产与循环经济[M]．北京：气象出版社，2007．

[54] [美]T. E Graedel，B. R. Allenby 著．产业生态学．第2版[M]．施涵译．北京：清华大学出版社，2004．

[55] [美]P. L．Pollution prevention：Fundamentals and practice[M]．北京：清华大学出版社，2002．

[56] 顾国维，何澄．绿色技术及其应用[M]．上海：同济大学出版社，1999．

[57] 邓南圣，吴峰．工业生态学——理论与应用[M]．北京：化学工业出版社，2003．

[58] 劳爱乐[美]，耿勇．工业生态学与生态工业园[M]．北京：化学工业出版社，2003．

[59] 王福安，任保增．绿色过程工程引论[M]．北京：化学工业出版社，2002．

[60] 闫立峰．绿色化学[M]．合肥：中国科学技术大学出版社，2007．

[61] 熊文强，郭孝菊，洪卫．绿色环保与清洁生产概念[M]．北京：化学工业出版社，2003．

[62] 奚旦立．清洁生产与循环经济[M]．北京：化学工业出版社，2005．

[63] 杨京平，田光明．生态设计与技术[M]．北京：化学工业出版社，2006．

[64] 周珂，高桂林，王权典．突破绿色壁垒方略——企业环保法治的理论与实践[M]．北京：化学工业出版社，2004．

[65] 张坤民．可持续发展论[M]．北京：中国环境科学出版社，1997．

[66] 曲格平．环境保护知识读本[M]．北京：红旗出版社，1999．

[67] 国际环境与发展研究所，世界资源研究所编．世界资源报告（1987）[M]．中国科学院自然资源综合考察委员会译．能源出版社，1989．

[68] 王素玲．循环经济理念下的清洁生产立法问题研究[D]．太原：山西财经大学，2008．

[69] 刘伟．清洁生产在环境影响评价中的运用[D]．天津：天津大学，2010．

[70] 田亚峥．运用生命周期评价方法实现清洁生产[D]．重庆：重庆大学，2003．

[71] 王璐．基于清洁生产的环境成本管理研究[D]．兰州：兰州商学院，2008．

[72] 闫玉静．火力发电厂清洁生产综合评价[D]．保定：华北电力大学，2009．

[73] 魏海琼．清洁生产法律制度研究[D]．北京：中国地质大学，2008．

[74] 袁力．八项质量管理原则在环境监测实验室管理中的应用探讨[J]．科技资讯，2010，（29）：251～253．

[75] 梁流涛，曲福田，冯淑怡．农村发展中生态环境问题及其管理创新探讨[J]．软科学，2010，（8）：53～57．

[76] 王国生．旅游生态环境管理探析[J]．山西财经大学学报，2010，（S2）：1～2．

[77] 余德辉，魏晓琳．我国清洁生产现状和发展思路[J]．中国环保产业，2001：16~19．

[78] 车秀文，林楠．清洁生产：给中国一个绿色的未来[J]．交通标准，2004，(1)：62~64．

[79] 苏伦·埃尔克曼．工业生态学[M]．经济日报出版社，1999．

[80] 马中．环境与资源经济学概论[M]．北京：高等教育出版社，2002．

[81] 肖序，毛洪涛．对企业环境成本应用的一些探讨[J]．会计研究，2000，(6)：44．

[82] 王立彦等．关于企业家环境观念及环境管理的调查分析[J]．经济科学，1997，(4)：37~38．

[83] 王立彦等．我国企业环境会计实务调查分析[J]．会计研究，1998，(8)：44~45．

[84] 陈流圭．环境会计和报告的第一份国际指南[J]．会计研究，1998，(5)：4．

[85] 环境会计中两种有效可行的方法——作业成本法和生命周期成本法[J]．四川会计，1999，(6)：66~67．

[86] 温东辉，陈吕军．污染预防与清洁生产原理[M]．中国环境科学出版社，2003．

[87] 王守兰．清洁生产理论与事务[M]．机械工业出版社，2002．

[88] 赵家荣．清洁生产回顾与展望[J]．节能与环保，2003(2)：23~24．

[89] 王旭，韩福荣．我国实施清洁生产的现状及对策研究[J]．中国质量，2002，(3)：23~26．

[90] 郑晔．浅议清洁生产[J]．经济问题，2000，(1)：23~25．

[91] 张坤民．可持续发展论[M]．中国环境科学出版社，1997．

[92] 段宁．关于加速推动我国企业清洁生产审核工作的几点思考[J]．中国清洁生产，1998，1(1)：21．

[93] 段宁．催生新清洁生产．科技日报，2001，08(11)．

[94] 刘慧等．浅谈ISO 14001与清洁生产[J]．环境保护科学，2002，10(28)：53~54．

[95] 陈珍珍．可持续发展与评价指标体系[J]．中国经济问题，1998，(6)：37~42．

[96] 张平，陈东辉．清洁生产指标体系的评价模式探讨[J]．污染防治技术，2004，17(1)：107~108．

[97] 国家经贸委资源节约与综合利用司．清洁生产概论[M]．中国检察出版社，2000．

[98] 贾爱娟等．国内外清洁生产评价指标综述[J]．陕西环境，2003，6(10)：31~35．

[99] 魏宗华．工业企业清洁生产评估指标的研究[J]．检测与评价，2000，(5)：22~24．

[100] 席德立．清洁生产和产品的生态设计[J]．上海环境科学，1994，13(12)：3~7．

[101] 郭强，张继昌．建设项目环境影响评价中的清洁生产分析[J]．河南师范大学学报，2003，31(2)：82~85．

[102] 孙启宏等．国外生命周期评价(LCA)研究综述[J]．世界标准化与质量管理，2000，(12)：28．

[103] 邓圣南．生命周期评价[M]．北京：化学工业出版社，2003．

[104] 曹磊．简论国内外污染预防和清洁生产[J]．甘肃环境研究与监测，1997，10(1)：28~31．

[105] 侯宏卫．绿色化学进展[J]．环境保护，2001，(9)：4~7．

[106] 梁开玉．绿色化学——实现可持续发展的主流[J]．重庆工商大学学报(自然科学报)，2004，21(8)：333~335．

[107] 苗泽华．工业企业的清洁生产与产品生态设计初探[J]．地质技术经济管理，2003，25(1)：49~52．